可靠性技术丛书

软硬件综合系统软件需求建模及可靠性综合试验、分析、评价技术

工业和信息化部电子第五研究所组编

胡璇　编著

電子工業出版社
Publishing House of Electronics Industry
北京•BEIJING

内容简介

随着科学技术的发展，特别是近20年来，各项技术取得了突破性的进展，使得现代的各种系统朝着综合化、信息化的方向迅猛发展，导致系统变得越来越复杂。这种复杂性不仅体现在系统的结构和规模上，还体现在系统的动态特性、工作条件和功能层次上。这使得对系统可靠性进行研究变得越来越困难。本书主要针对软硬件综合系统，从系统的软件需求建模及可靠性综合试验、分析、评价技术等方面展开研究，所研究的工作具有重要的理论和应用价值，有助于指导软硬件综合系统的设计、维护，并为其进一步完善奠定基础。

本书适合从事软件可靠性、软硬件综合系统可靠性研究的相关技术人员阅读，也可供高校教师和研究生参考。

图书在版编目（CIP）数据

软硬件综合系统软件需求建模及可靠性综合试验、分析、评价技术 / 工业和信息化部电子第五研究所组编；胡璇编著. —北京：电子工业出版社，2021.10

（可靠性技术丛书）

ISBN 978-7-121-41911-9

Ⅰ. ①软… Ⅱ. ①工… ②胡… Ⅲ. ①软件需求②软件可靠性 Ⅳ. ①TP311.5

中国版本图书馆 CIP 数据核字（2021）第 177778 号

责任编辑：牛平月　　　　特约编辑：田学清

印　　刷：北京七彩京通数码快印有限公司

装　　订：北京七彩京通数码快印有限公司

出版发行：电子工业出版社

北京市海淀区万寿路 173 信箱　　邮编：100036

开　　本：720×1000　1/16　印张：19.25　字数：400.4 千字

版　　次：2021 年 10 月第 1 版

印　　次：2023 年 9 月第 2 次印刷

定　　价：118.00 元

凡所购买电子工业出版社图书有缺损问题，请向购买书店调换。若书店售缺，请与本社发行部联系，联系及邮购电话：(010)88254888，88258888。

质量投诉请发邮件至 zlts@phei.com.cn，盗版侵权举报请发邮件至 dbqq@phei.com.cn。

本书咨询联系方式：niupy@phei.com.cn。

前言

科学技术的飞速发展和新技术革命的兴起，使得现代的各种软硬件系统越来越复杂。这种复杂性涵盖系统的静态结构、动态特性、工作条件和功能层次等多个方面，因此对系统可靠性的研究变得越来越困难。软硬件综合系统通常包含多个功能模块和多层结构。每个模块和层次都由不同的部件或子功能组成，部分部件或子功能的失效并不代表整个系统的失效。同时，系统内子系统间或部件间的关系又较为密切，关联性强，影响因素众多且影响程度不一，因此通常具有比较复杂或特殊的动态特性，如系统失效形式。此外，这类系统的软件密集型发展趋势及伴随而来的自适应行为的凸显，要求系统必须具备在高度动态的工作条件下正常运行的能力。现有研究已经证明工作条件的变化会对系统的可靠性产生不同的影响。这些影响条件既包括温度、湿度和电压等环境条件，也包括操作人员或维修人员的操作、生理状况等人因条件。综上所述，软硬件综合系统承载的信息量越大，其重要性就越高，应用范围就越广，一旦系统失效，所带来的损失将是巨大的，甚至是灾难性的。如果能够准确、有效地对系统的可靠性进行研究，并在此基础上给出一套切实可行的试验及分析方法，则无论是对正确估计实际系统的性能，还是对进行可靠性增长设计，以及减少投资、降低风险，都具有极为重要的意义。

本书是关于软硬件综合系统软件需求建模及可靠性综合试验、分析、评价技术的著作，全面系统地介绍了可靠性基础理论及可靠性综合试验、分析、评价技术。全书共 13 章。第 1 章介绍了可靠性理论的发展、几个基本概念、常规可靠性的数学表征、软件工程与软件可靠性、传统系统可靠性建模与分析、软硬件综合系统可靠性、确信可靠度等内容。第 2、3 章介绍了软件缺陷、故障及失效的相关内容，以及软件测试技术。第 4 章介绍了软件缺陷模式及软件需求缺陷模式概念，并对这两个概念的核心三要素，即场景、缺陷和解决方案进行了详细介绍。第 5 章介绍了软件需求缺陷模式本体表示，包括单叶节点软件需求缺陷模式表示和多叶节点软件需求缺陷模式表示。第 6 章介绍了多本体需求知识框架的建立。本书基于实践经验，选取软硬件综合系统中的航电系统进行上述框架的建立。该框架由航电系统泛化本体、任务本体、领域本体和应用本体等组成。实例验证部分详细介绍了考虑地理环境因素的无人机飞行控制与管理系统软件需求抽取本体构建及评价过程。第 7 章介绍了基于多本体需求知识框架的软件需求抽取。这一方法克服了现有方法中存在的需求规约不充分、部分利益相关者参与度不足及需求易变性等问题。案例部分介绍了采用对比实验的方法验证本章提出的基于本体的需求抽取方法的全过程，并验证了该方法的有效性。第 8 章介绍了可靠性试验，内容包括可靠性试验类型、可靠性鉴定试验及传统可靠性试验的不足。第 9 章介绍了软硬件综合系统可靠性综合试验技术，内容包括可靠性试验的任务剖面信息扩充、软硬件综合系统可靠性综合试验设计等。第 10 章介绍了软硬件综合系统可靠性综合试验的软件测试用例优化，内容包括基于 CMC 的软硬件综合系统状态模型构建和不同情况下的软件测试用例优化技术等。第 11 章介绍了软硬件综合系统可靠性分析，内容包括用于研究稳态可靠性的基于 HSRN 的系统可靠性分析和用于研究瞬时可靠性的基于 Markov 过程的系统可靠性分析，以及基于飞行剖面的任务可靠性模型构建及任务可靠性评估。第 12 章介绍了软硬件综合系统安全性分析，内容包括一般性的软件系统安全性分析、软件系统级 FMEA 知识本体构建、软件系统级模糊 FMEA、软硬件综合 FMEA。实例验证部分介绍了将软件系统级分析方法应用于某型无人机飞行控制与管理系统软件的全过程，并验证了该方法的有效性。第 13 章介绍了基于确信可靠度的软硬件综合系统可靠性评价。实例验证部分介绍了以某软硬件综合系统的子系统为实验对象进行基于确信可靠度的可靠性评价的全过程，并验证了该方法的有效性。

由此可见，本书内容较为丰富，理论结合实际，实用性强。本书融合了编著者从事可靠性工作近 20 年的经验和体会，可为广大可靠性专业人员及科技工作者提供参考。

衷心感谢工业和信息化部电子第五研究所的刘杰研究员和纪春阳研究员对本书提出的宝贵意见，同时向为编著本书时提供参考文献的作者表示谢意，向为本书出版发行做了大量工作的电子工业出版社有关领导和同志表示衷心的感谢。

由于编写时间紧，加之编著者经验和知识有限，书中难免有疏漏之处，敬请读者批评指正。

编著者

2021 年 4 月于广州

目录

第1章 绪论

1.1 可靠性理论的发展

可靠性理论起源于20世纪30年代，经过数十年的研究和发展，其已渗透到现代社会的各个领域，得到了极其广泛的应用。随着科技的发展，现代社会对产品各方面的要求越来越高，使得产品的可靠性问题日益突出，与之相关的研究也越来越多、越来越深入。同时，现代技术的不断进步及研究方法的改善也大大推动了可靠性理论的迅速发展，促使其日趋完备。时至今日，可靠性理论已经发展成由故障分类学、统计学、失效物理学、环境科学和系统工程等构成的综合性学科，形成了可靠性数学、可靠性物理、可靠性工程三个主要技术领域，其研究对象由最初的硬件可靠性扩展到软件可靠性、人因可靠性等，形成了各具特色的流派和分支，取得了许多重大理论成果。

近20年来，各项技术取得了突破性的进展，使得现代的各种系统朝着综合化、信息化的方向迅猛发展，这导致系统变得越来越复杂，这种复杂性不仅体现在系统的结构和规模上，还体现在以下几方面。

第一，系统的动态特性复杂。当前许多系统部件或子系统之间的关系比较密切，关联性强，影响因素众多且影响程度不一，因此系统通常具有比较复杂或特殊的动态特性（如系统失效形式），这导致系统可靠性研究产生了很大的困难。此外，随着信息世界与物理世界、信息化与工业化融合的趋势日渐明朗，复杂系统中软件占比大大提高，使得其软件密集型发展趋势日益显现。由于具有自适应行为的特点，系统所处理的对象将从数据扩展至知识，并具有在高度动态的环境中工作的能力。

第二，系统的工作条件复杂。现有研究已经证明工作条件的变化会对系统可靠性产生不同的影响。这些影响条件既包括温度、湿度和电压等环境条件，也包括操作人员或维修人员的操作、生理状况等人因条件。由于现代系统应用的广泛性，很多时候系统需要工作在复杂的条件下。

第三，系统的功能层次复杂。系统通常有多个功能模块和多层结构，每个模块和层次都由不同的部件或子功能组成，部分部件或子功能的失效并不代表整个系统的失效。系统结构和运行机理的复杂性、现实条件的限制及人们认知上的局限性，导致系统的某些部件、子功能或整个系统的真实状态是不可测或无法定量分析的。

复杂系统承载的信息量越大，其重要性就越高，应用范围也就更加广泛，一旦系统失效所带来的损失将是巨大的，甚至是灾难性的。如果能够准确、有效地对复杂系统的可靠性进行研究，并在此基础上给出一套切实可行的试验及分析方法，则无论是对正确估计实际系统的性能，还是对进行可靠性增长设计及减少投资、降低风险，都具有极为重要的意义。

1.2 几个基本概念

1. 可靠性

可靠性是指产品在规定条件下和规定时间内完成规定功能的能力，表示在一定时间内产品无故障发生的概率。如果想确定系统的可靠性，那么必须对以下几方面进行精确定义。首先，必须能够清晰、明确地描述故障，故障定义应与系统功能相关。其次，必须确定时间单位。例如，时间间隔可以日历时间、时钟时间、工作时间或多个周期为单位。一个周期可以指飞机起降一次的时间、货物装卸一次的时间、电机开关一次的时间等。在某些情况下，可靠性无法用时间定义，而要用其他度量单位定义，如行驶里程。生产系统的可靠性是以产出量或产出批量数来定义的。最后，必须观测系统正常工作时的状态。观测参数包括设计载荷（如质量、工作电压、压力）、环境参数（如温度、湿度、振动、高度）和使用条件（如消耗、储存、维修、运输）。

2. 维修性

维修性是指故障部件或系统在规定条件下和规定时间内，按照规定的程序和方法进行维修时，恢复或修复到指定状态的概率，表示故障部件或系统在特定时间内被修复的概率。通常情况下用时钟时间来计算维修性（当然也可以用其他时间，如服务时间和轮班时间）。维修时间可以包含也可以不包含如下时间量：等待维修人员和备件的时间、运输时间和管理时间。一般情况下，维修时间是指固有维修时间，只包括故障单元的手动修复时间，而不包括管理或资源延误时间。

规定的维修程序不仅包括维修方式，还包括维修资源（人员、备件、工具和技术手册）、预防性维修计划、维修人员技术水平和维修人员数量。

3．可用性

可用性是指部件或系统在规定时间点和规定条件下完成规定功能的概率。可用性也可以解释为部件或系统在规定的时间内能工作时间的百分比，或者在给定时间点仍能工作的部件数量占总部件数量的百分比。用运行时间或停机时间度量可用性有很多种不同的表示方法。可用性与可靠性不同，它表示部件或系统现在处于非故障状态的概率，而不管此前部件或系统是否发生故障，因此系统的可用性不小于可靠性。当系统或部件可以修复时可用性是一个比较好的度量指标，因为它考虑了系统故障（可靠性）和维修（维修性）情况。

4．质量

质量与可靠性的概念很接近，后者经常被认为是质量概念的一个子集。质量可以定性地定义为产品满足使用者（顾客）需求的程度。产品的质量是功能设计的一部分并应与设计规范相一致，与生产系统相关，依赖于制造过程和制造公差。质量要求可以通过制订健全的质量保证计划来实现，质量保证计划是生产高质量产品所必需的过程或步骤的集合。

另外，可靠性关心的是产品开始工作后能连续正常工作多长时间。低质量产品的可靠性可能很低，高质量产品的可靠性可能很高，但可靠性不仅受产品本身质量的影响，还受外界因素的影响。可以认为可靠性是产品的工作性能在时间上的延伸，这种定义将质量的概念扩展到了时间范畴。

1.3 常规可靠性的数学表征

在可靠性发展的早期阶段，人们接触的多为不可修复或极难修复的产品，主要采用可靠度和失效率对产品的可靠性（狭义可靠性）进行表征。

1．可靠度

可靠度通常定义为产品在规定的条件下、规定的时间$[0,t]$内完成规定功能的概率。如果用一个非负随机变量X来描述产品的寿命，则X相应的分布函数（失效分布函数）为

$$F(t)=P(X\leqslant t) \tag{1.1}$$

式中，$F(0)=0$，$\lim_{t\to\infty}F(t)=1$。

$F(t)$就是在t时刻之前产品失效的概率。产品在t时刻之前不失效的概率为

$$R(t)=P(X>t)=1-F(t)=\bar{F}(t) \tag{1.2}$$

式中，$R(t)$称为该产品的可靠度或可靠度函数。$R(t)\geqslant 0$，$R(0)=1$，$\lim_{t\to\infty}R(t)=0$。

定义函数：

$$f(t)=\frac{\mathrm{d}F(t)}{\mathrm{d}t}=-\frac{\mathrm{d}R(t)}{\mathrm{d}t} \tag{1.3}$$

称该函数为概率密度函数（PDF），此函数描述失效分布的形态。$f(t)$有如下两个性质：$f(t)\geqslant 0$，$\int_0^{\infty} f(t)\mathrm{d}t=1$。

如果给定$f(t)$，那么有

$$F(t)=\int_0^t f(t')\mathrm{d}t' \tag{1.4}$$

$$R(t)=\int_t^{\infty} f(t')\mathrm{d}t' \tag{1.5}$$

因此，可靠度和失效概率应满足：$0\leqslant R(t)\leqslant 1$，$0\leqslant F(t)\leqslant 1$。

计算可靠度常用函数$R(t)$，计算失效概率常用函数$F(t)$。

2. 失效率

失效率定义为工作到 t 时刻尚未失效的产品在该时刻后的单位时间内失效的概率，也称为失效率函数，记为$\lambda(t)$。失效率与可靠度存在以下关系：

$$\lambda(t)=\frac{-R'(t)}{R(t)} \tag{1.6}$$

$$R(t)=\mathrm{e}^{-\int_0^t \lambda(t)\mathrm{d}t} \tag{1.7}$$

随着可修复产品的出现和大量应用，出现了维修性的概念。维修性用于衡量产品发生故障后维修的难易程度，主要采用维修度和修复率来进行表征。

3. 平均失效前时间

平均失效前时间（Mean Time to Failure，MTTF）的定义为

$$\text{MTTF}=E(T)=\int_0^{\infty} tf(t)\mathrm{d}t \tag{1.8}$$

也就是由$f(t)$定义的概率分布函数的均值或期望。

容易证明：

$$\text{MTTF}=\int_0^{\infty} R(t)\mathrm{d}t \tag{1.9}$$

式（1.9）比式（1.8）更便于使用。

4. 维修度

维修度是指在规定条件下使用的产品发生故障后，在规定时间[0,t]内完成修复的概率，记为$M(t)$。如果用非负随机变量Y描述产品的修复时间，则有

$$M(t)=P(Y\leqslant t) \tag{1.10}$$

5. 修复率

修复率是已指修理到t时刻，尚未修复的产品在该时刻后的单位时间内完成修复的概率，记为$\mu(t)$。修复率与维修度存在以下关系：

$$\mu(t)=\frac{M'(t)}{1-M(t)} \tag{1.11}$$

$$M(t)=1-\mathrm{e}^{-\int_0^t \mu(t)\mathrm{d}t} \tag{1.12}$$

1.4 软件工程与软件可靠性

软件是新经济的使能因素和驱动器。自 20 世纪 60 年代末起，随着微电子技术的发展，计算机硬件的性能价格比和质量稳步提高，相应的计算机软件逐步变为以计算机为基础的系统的核心部件。随着计算机应用领域的不断扩大，对软件的需求不断增多，软件数量急剧增长，软件复杂度和规模越来越大，软件需求日益繁复，这些都使得手工作坊式的软件开发方法难以应对软件的开发任务，同时导致软件研制费用在整个系统研制费用中所占比例越来越大，软件开发成本越来越高，软件维护难度越来越大，软件研制和软件可靠性暴露出来的问题越来越突出。例如，进度计划和成本估算往往很不准确；软件无文档或文档不适当；用户往往对交付的系统不满意；软件质量常被怀疑；软件常常是不可维护的等。这种由软件的开发和生产仍停留在手工作坊方式致使出现的开发和生产的软件产品质量不高、生产率过低、资金大量浪费、进度无法保证的局面，也使得软件成为计算机发展的关键因素，从而导致了所谓的“软件危机”。软件危机是指在软件的研制和维护中所遇到的一系列严重的问题，通常来说包括如何开发软件，怎样才能满足对软件的日益增长的需求，如何维护数量不断增多的已有软件等。软件危机无疑与软件本身的特性有关。软件是逻辑的系统部件而不是物理的系统部件，软件的维护往往意味着要修改设计，而不是简单地进行备件替换。产生软件危机的主要原因就是采用不正确的方法进行软件的研制和维护。据报道，20 世纪最后十年里，计算机软件故障已成为导致系统瘫痪的主要原因，为了摆脱软件危机所造成的困境，保证开发出优质、高效、低成本的软件产品，迫切需要采取一系列措施来提高软件质量。为此，软件工程这一工程

技术学科应运而生。1968 年在联邦德国 Garmush 召开的计算机软件技术、管理和维护讨论会上，首次以“软件工程”一词来标志会议主题。也是在这次会议上，软件工程作为一门独立的学科正式诞生，它融合了各个学科的知识和技术，如计算机科学、工程管理、界面设计和知识发现等，其目的是为软件开发过程建立具有良好定义的工程化原理，以便能够经济地获得可以在实际机器上有效运行的可依赖的软件。软件工程关注软件的设计、开发和文档化。此后，这一术语很快为科技界所接受。

1.4.1　软件工程的内涵及目标

软件工程过程是指为获得软件产品，在软件工具的支持下由软件工程师完成的一系列软件工程活动，包括以下四方面。

第一，P（Plan）——软件规格说明。规定软件的功能及其运行时的限制。

第二，D（Do）——软件开发。开发出满足软件规格说明的软件。

第三，C（Check）——软件确认。确认开发的软件能够满足用户需求。

第四，A（Action）——软件演进。在软件运行过程中不断改进软件以满足用户新需求。

从软件开发的观点看，软件工程就是使用适当的资源（包括人员、软硬件资源、时间等），为开发软件进行的一组开发活动，在活动结束时输入（用户需求）转化为输出（满足用户需求的软件产品）。

将科学的软件工程方法应用于软件生命周期的全过程，可达到以下软件工程的基本目标。

第一，得到一种定义良好的方法学，该方法学是面向包括计划、开发和维护等阶段的软件生命周期的。

第二，得到一组可以预测的里程碑，在整个软件生命周期，每隔一定时间可以对它们进行评审。

第三，得到一组确定的软件成分，它对软件生命周期的每一步建立文档资料，并且具有按步显示轨迹的能力。

1.4.2　软件需求工程及需求抽取

到 20 世纪 80 年代中期，逐步形成了软件工程的子领域——需求工程。需求工程过程是发现、记录和管理计算机系统需求的过程。其目标是尽可能产生一组完整的、一致的、相关的、能够反映用户真实需求的系统需求。进入 20 世纪 90 年代后，需求工程成为软件界研究的重点之一。从 1993 年起，每两年举办一次需求工程国际研讨会（the International Symposium on Requirements Engineering，ISRE）。从 1994 年起，每两年举办一次需求工程国际会议（the International Conference on Requirements Engineering，ICRE）。1996 年，Springer-Verlag 发行新的刊物——*Requirements Engineering*。2002 年，ISRE 和 ICRE 合并为需求工程国际联合大会（the Joint International Requirements Engineering Conference，Re'02）。

需求工程问题无疑是当前软件工程中的关键问题，由美国 Standish Group 于 1995 年开始进行的一项调查的结果就足以看出这一点。在这项调查中，研究人员对全国范围内的 8000 个软件项目进行跟踪调查，结果表明，从总体上说，项目的成功率只有 16.2%，有 1/3 的项目没能完成，而在完成的 2/3 的项目中，又有 1/2 的项目没有成功实施。未完成和未成功实施的项目所消耗的经费平均超出预定经费 189%，所消耗的时间平均超出规定时间 222%，所消耗的经费和时间远远超出了预算或计划。根据这些统计数据估计，当时美国的公司和政府代理在被取消的项目上白白花费了近 81 亿美元。研究人员仔细分析失败原因后发现，与需求工程相关的原因占 45%，而其中缺乏最终用户的参与及不完整的需求又是两大首要原因，各占 13%和 12%。此外，美国麻省理工学院系统与软件安全性项目组的研究人员通过对大量与软件相关的事故进行统计分析发现，几乎所有与软件相关的事故都涉及软件需求问题。

从本质上说，软件开发由若干知识密集型活动组成，其中最难以建模的过程便是需求抽取。因此，需求抽取被认为是软件开发中最为关键的知识密集型活动。需求抽取在传统的软件开发过程中扮演了重要角色，这是因为需求定义和构建是需求规约的基础，并可作为后续设计和编码的依据。随着软件系统规模的扩大，需求抽取与定义在整个软件生命周期中的作用越来越重要，甚至直接关系到软件开发的成功与否。人们逐渐认识到需求抽取活动不再仅发生在软件开发的最初阶段，而是贯穿软件开发的整个生命周期。

从总体上说，需求抽取应完成如下四方面任务。

第一，理解应用领域。应用领域知识是系统将要运行于其中的领域的一般性知识。

第二，理解问题域。根据一般性领域知识发现目前解决方案中的问题，也就是定位待开发系统将要解决的特定领域问题。

第三，理解物理世界运作流程。软件加强型系统中的软件的作用一般来说都是使系统能更好地运作，有更好的性能，因此必须理解这些待开发软件系统如何与整体系统的其他部分发生交互，如何对它们产生影响，以及它们融为一体后如何对提高整体系统的性能做出贡献。

第四，理解需求相关者的需要和约束。系统如何支持需求相关者工作的特殊需要是进行需求抽取时要特别关注的，必须理解待开发系统须支持的工作流程，以及支持这些工作流程的现有系统所能起到的作用。

需求抽取不仅包括一系列对软件系统目标和动机充分理解的活动，还包括确认系统为了实现其目标而必须满足的需求。被抽取需求的范围为从对易理解问题和系统的修改到对要被自动化实现的新问题的模糊理解，再到相对自由的需求。就此而言，大部分需求抽取的研究关注改善需求细节的精确性、正确性和多样性的技术，这些技术具体如下。

确认利益相关者（Identifying Stakeholders）的技术。这项技术能够确保与软件相关的所有人都能参与到需求抽取过程中。

类推技术（Analogical Techniques），如 Metaphors 和 Personas。这项技术能够帮助利益相关者对他们的需求进行更为深入和精确的考虑。

上下文和个人需求工程技术（Contextual and Personal RE Techniques）。这项技术分析关于特定上下文、环境及个人用户的利益相关者需求，以确保最终系统在那种环境下是适用的。

创造需求技术（Techniques for Inventing Requirements），如头脑风暴（Brain-Storming）和创造力工作组（Creativity Workshops）。这项技术用于确认一些不重要的需求，从而使得产品更具吸引力。

反馈技术（Feedback Techniques）。这项技术使用模型、模型动画、仿真和脚本来抽取系统早期表示的正面和负面反馈。

此外，在需求抽取过程中，模型的使用将有助于促进讨论及发现和了解利益相关者需求。这类解释模型，如用例（Use Cases）、场景（Scenarios）、企业模型（Enterprise Models）和某些策略及目标模型（Policy and Goal Models）是倾向于非正式的和直觉的，并能实现利益相关者处的早期反馈。

从字面意思上看，需求抽取就是一个简单的信息转换过程，即需求工程师从需求提供者那里获得存在的信息并记录下来。但在实际操作层面上，这个过程却有相当的难度。一是，需求提供者一般很难清楚地勾画出他们对待开发系统的期望；二是，不同的需求提供者可能会有不同的期望，这些期望中蕴含着冲突的需求；三是，需求的可实现性还可能受到技术上的限制；等等。同时，随着软件规模的不断增大和复杂性的不断提高，参与研发的人员日趋庞杂，软件需求抽取过程的知识密集化趋势愈演愈烈。这一特征在航电系统领域软件上表现得尤为明显，这也是由航电系统的自身特点，如结构复杂、应用面广，具有高可靠性、高安全性要求，包含大量实时嵌入式软件，与硬件联系紧密，与交互环境相关等决定的。因此，如何使软件需求抽取成为一项知识完备、知识精确的活动，从而为获得高质量软件奠定坚实基础也成为业界面临的一大难题。需要说明的是，本书的研究将主要在软硬件综合系统的子类——航电系统领域内进行。

1.4.3 软件可靠性

1.4.3.1 软件可靠性定义

可靠性是软件的一个质量要素。关于软件可靠性的确切含义，学术界有过长期的争论。有人认为软件的正确性就是可靠性，还有一些软件工程专家认为软件具有与硬件不同的性质，不宜将硬件可靠性的定义引申到软件领域。经过长期的争论和研究，1983 年美国 IEEE 计算机协会对“软件可靠性”一词正式做出了如下定义。

第一，在规定的条件下，在规定的时间内，软件不引起系统失效的概率，该概率是系统输入和系统使用的函数，也是软件中存在的错误的函数。系统输入将确定是否会遇到已存在的错误（如果错误存在的话）。

第二，在规定的时间周期内，在所述条件下程序执行所要求的功能的能力。

这个定义随后经美国国家标准与技术研究院批准作为美国国家标准。1989 年我国国家标准 GB/T 11457 采用了这个定义。该定义表明，软件可靠性具有定性和定量两层含义。在强调其定量含义时，工程上常用软件可靠度来代替软件可靠性。

采用更简洁的表述为，软件可靠性是软件产品在规定的条件下和规定的时间内完成规定功能的能力。该定义中要注意四个要素，即条件、时间、功能和能力。描述软件可靠性要先规定前三个要素，在此前提下谈该软件的可靠性才有意义。同一个软件，如果这三个要素不一样，其可靠性一般也会不同。

条件是指软件的实际运行条件，即直接与软件运行相关的计算机系统状态和软件的输入条件，统称为外部输入条件，也称为操作剖面。这些条件与硬件产品的使用条件不同。

时间是指软件的实际运行时间区间。时间区间是指时间标尺上两个给定时刻之间的部分，时间标尺可能是连续的日历时间，也可能是离散的周期数。

功能是指一个实体或其特征动作能实现特定目标的能力，或者动作的方式，通过此动作，系统设计可以实现一个或多个规定的性能特性。规定功能是指为提供给定的服务，产品必须具备的功能。

能力的含义就是一般词源的给定解释，没有特殊的定义。与硬件一样，用概率来表示这种能力就是软件可靠度。

1.4.3.2 软件可靠性工程

软件可靠性一词出现后近 20 年，研究焦点基本局限于软件可靠性数学模型，真正的工程化应用比较少见，更谈不上用软件可靠性理论指导软件开发。进入 20 世纪 90 年代后，局面发生变化，软件可靠性工程一词出现并为 IT 产业界所接受，表明软件可靠性迎来了理论和应用相结合的新时代，这是一项意义重大的进展。

1988年，贝尔实验室（AT&T）将其内部软件可靠性系列教程命名为软件可靠性工程教程，软件可靠性工程从此登上了学术和工程舞台。贝尔实验室在解释这个词汇时明确说明，它不仅包括软件可靠性模型及软件可靠性度量，还包括应用模型和度量实现软件可靠性管理。1990年，IEEE计算机协会成立了软件可靠性分技术委员会，该委员会在成立的第一年就发起召开了第一届软件可靠性工程国际会议（International Symposium on Software Reliability Engineering，ISSRE），科技界的反应十分积极。此后这个会议每年召开一次，沿袭至今，会议的影响日益扩大，当代IT产业界的知名企业纷纷成为该会议的赞助者和积极参与者。这个事实说明IT产业界已经认识到软件可靠性工程应用的价值。但是软件可靠性工程一词的准确含义仍有待权威性的标准化机构做出定义。为了帮助读者认识和理解该词汇，本书引用1992年贝尔实验室对软件可靠性工程内涵的说明。贝尔实验室的研究人员认为针对重要软件项目的开发应该制定一个软件可靠性大纲，一个好的软件可靠性大纲应当包括下列4个系列20个工作项目。

1．可行性和需求

（1）确定功能剖面。
（2）失效定义和分类。
（3）识别需方的可靠性需求。
（4）进行权衡分析。
（5）设置可靠性目标。

2．设计和实施

（1）在部件中分配可靠性需求。
（2）适应可靠性目标的工程措施。
（3）确定基于功能剖面的重点资源。
（4）进行对故障的引入和传播的管理。
（5）进行外供软件的可靠性测量。

3．系统测试和现场试验

（1）确定运行剖面。
（2）进行可靠性增长测试。
（3）跟踪测试进展。
（4）进行项目必需的附加测试。
（5）认可可靠性目标。

4. 售后及维护

（1）建立必需的售后服务机构。

（2）监视现场可靠性是否满足可靠性目标。

（3）跟踪需方对可靠性的满意程度。

（4）拟定软件的改进和提高进度。

（5）拟定产品和开发过程改进指南。

由于软件可靠性工程是为了达到软件产品的可靠性要求而进行的一系列软件工程活动，因此也可以认为其内涵涉及以下四方面活动和有关技术。

第一，软件可靠性分析：进行软件可靠性需求分析、指标分配、故障树分析、失效模式和影响分析，以及软件开发过程中有关软件可靠性的特性分析等。

第二，软件可靠性设计和实现：进行防错设计、容错设计、纠错设计、故障恢复设计和软件可靠性增长设计等。

第三，软件可靠性测量、测试和评估：在软件生命周期各阶段进行有关软件可靠性的设计、制造和管理方面的属性测量，进行软件可靠性测试、软件可靠性预计、软件可靠性评估和软件可靠性验证等。

第四，软件可靠性管理：确定影响软件可靠性的因素，制定必要的设计和实现准则，以及对软件开发各阶段软件可靠性相关过程和产品的要求。依据上述第三条所述有关测量数据和分析结果控制与改进开发过程，进行风险管理（不仅要考虑安全性等技术风险，还要考虑进度和经费方面的风险），改进效费比，改进开发过程，对采购或重用的软件进行可靠性管理等。

实施软件可靠性工程要解决三个问题，即软件可靠性指标的确定与分配、软件可靠性要求的实现和软件可靠性的验证。

1.4.4 软件工程与软件可靠性的关系

软件工程与软件可靠性既有密切关系，又有重要区别。

第一，软件可靠性低是造成软件危机的重要原因之一。

软件作为一种产品，是计算机系统的灵魂，也是许多复杂系统的神经中枢和关键部分。由软件缺陷造成系统瘫痪、失效、人员伤亡和重大经济损失的例子时有发生。1963 年，在美国发射金星探测火箭的控制程序中，有一条循环语句中的“,”误写为“.”，仅这一点之差，就酿成发射失败、损失达上千万美元的事故。1996 年 6 月 4 日，阿丽亚娜 5 型运载火箭首航，原计划运送 4 颗太阳风观察卫星到预定轨道，但因软件引发的问题导致火箭在发射 39 秒后偏离轨道，从而激活了火箭的自毁装置。

后来查明事故原因是，阿丽亚娜 5 型运载火箭的发射系统代码直接重用了阿丽亚娜 4 型运载火箭的相应代码，而阿丽亚娜 4 型运载火箭的飞行条件和阿丽亚娜 5 型连载火箭的飞行条件截然不同。此次事故造成的损失约为 3.7 亿美元。2011 年 7 月 23 日 20 时 30 分 05 秒，甬温线浙江省温州市境内，由北京开往福州的 D301 次列车与由杭州开往福州的 D3115 次列车发生动车组列车追尾事故，造成 40 人死亡、172 人受伤，中断行车 32 小时 35 分钟，直接经济损失达 19 371.65 万元。“7・23”动车事故原因是温州南站信号设备在设计上存在严重缺陷，遭雷击发生故障后导致本应显示为红灯的区间信号机错误地显示为绿灯。软件可靠性是软件质量的重要特性之一。软件质量不高首先反映为软件可靠性低从而被人们广泛关注和重视，也自然成为人们讨论软件危机的一个热点。

第二，软件工程是保障软件可靠性的基础。

优质、高效、低成本是软件工程的三大目标。保证和提高软件可靠性是开展软件可靠性活动的目标。实施软件工程，包含保证和提高软件可靠性这一重要的子目标。

软件可靠性与技术、社会、经济、文化等各种因素密切相关，即与软件开发方法、测试策略、程序设计语言、运行环境、开发工具、参与开发项目的各类人员的能力和经验等密切相关。因而在软件可靠性多年的研究过程中，人们逐步认识到要确保和提高软件可靠性，必须要求软件行业全体人员积极自主地工作和广泛协作。1990 年前后，形成了软件可靠性工程的概念。在美国，每年都要举办一届国际软件可靠性工程学术年会。可以认为，软件可靠性工程是预计、度量和管理以软件为基础的系统的可靠性，以最大限度地满足用户要求的应用科学。也可以认为，软件可靠性工程是软件工程与软件可靠性的结合，是为保证经济、及时地实现软件可靠性目标而采取的系统的活动和方法。没有软件工程，便没有软件可靠性。在软件可靠性工程中须坚持以下 6 条原则。

（1）系统地考虑软件生命周期全过程。选用最适合的软件开发方法学（如结构化方法、面向对象方法、形式化方法等）和相应的软件生命周期模型，作为软件开发和组织管理的统一依据。

（2）根据选定的软件生命周期模型，制订软件开发计划，认真实施，不轻易变更。

（3）加强开发过程与产品的控制，逐阶段明确转移准则，进行验证或评审。

（4）重视人的因素，配备适当的人员，明确职责，制定奖优罚劣政策。

（5）规范开发过程，切忌随意化，开发过程持续改进。美国卡内基梅隆大学软件工程研究所（SEI）研制的软件工程能力评估模型（CMM）是评估、改进软件过程的一种科学的系统化模型。

（6）采用先进技术和工具，并且及时组织相应培训，充分发挥先进技术和工具的作用。

第三，软件可靠性具有专门的技术和方法。

为保证软件可靠性，除以软件工程为基础，遵循软件工程的一般规范之外，还需要某些专门的软件可靠性技术和方法。

（1）软件可靠性分析与设计。确定软件可靠性指标（含总指标及其分配），进行软件故障模式及影响分析（FMEA）和故障树分析（FTA），进行软件可靠性设计（如避错、查错、容错设计，通常采用 N 文本法及恢复块法）。

（2）软件可靠性度量与评估。在软件生命周期进行有关软件可靠性设计、制造、管理的度量、评估和预计，用失效数据和软件可靠性模型评估（或预计）软件可靠性。

（3）软件可靠性增长与验证测试。设计软件可靠性测试环境，进行软件可靠性增长及验证测试。

（4）软件可靠性管理与控制。确定影响软件可靠性的因素，利用质量数据和其他信息来控制和改进软件开发过程，改进效费比，并对采购或重用的软件进行管理。

1.5 传统系统可靠性建模与分析

目前传统系统可靠性建模与分析方法主要包括解析法、模拟法及混合法。其中，解析法主要有故障模式、影响及危害性分析（Failure Mode, Effects and Criticality Analysis，FMECA）法，可靠性框图（Reliability Block Diagrams，RBD）法，故障树分析（Fault Tree Analysis，FTA）法，动态故障树（Dynamic Fault Tree，DFT）分析法，Markov 过程法，Petri 网法等；模拟法主要是指 Monte Carlo 模拟法；混合法是指综合使用解析法与模拟法，充分利用解析法模型精确、物理概念清楚的特点，在能用解析法的地方充分利用解析法，在求解规模超出解析法的求解能力时应用 Monte Carlo 模拟法。下面对上述方法进行介绍。

1. FMECA 法

FMECA 分为两步，即故障模式及影响分析（FMEA）和危害性分析（CA），FMEA 为自下而上的可靠性定性分析方法，通过对系统各组成单元潜在的故障模式及对系统功能的影响进行分析，可确定系统的薄弱环节，并为发现及消除故障提供依据；CA 按每种故障模式的严酷度类别及发生概率产生的影响进行分类，以便全面地评价各种可能故障模式的影响，CA 仅可作为 FMEA 的补充和扩展。将 FMECA 单独应用于系统可靠性分析，由于故障间的因果关系表达不明确，因此不能体现系统与组件之间的信息传递，所以一般将其与FTA等其他方法结合使用。

2. RBD法

RBD法是一种自上而下的可靠性分析方法。RBD可表示系统的功能与组成系统的组件之间的可靠性功能关系，故RBD是系统和组件功能逻辑结构的图形表示。对RBD的量化评估，可使用布尔技术、真值表法或割集分析法等依据结构进行计算，得到系统的可靠性指标值并将其用于系统可靠性评测。

3. FTA法

FTA法同样为自上而下的可靠性分析方法，它可以表示系统特定事件（不希望发生的事件）与它的构成组件故障事件之间的逻辑关系，即从最顶端开始依次确定到最底端的系统功能级别的可能故障原因或故障模式，逐步确定不希望的系统操作直到要求的最低级别的无须再深究的因素为止。FTA法把导致系统失效的各种因素联系起来，从而易于找到系统薄弱环节。故障树的定性评价一般是基于最小割集的，最小割集是所有可能导致系统故障（顶事件发生）的部件故障的组合，其不仅是定性评价的主要结果，也是定量评价的基础。定量评价一般以顶事件的故障概率或失效率等定量数据及各组件的概率重要度等作为最后的评价结果，比较简单的故障树可以由人工直接分析，但若遇到复杂系统的故障树模型，则须借助计算机编制相应的软件才能解决问题。

4. DFT分析法

传统的FTA法是一种基于静态逻辑或静态故障机理的分析方法，对于具有顺序相关性、容错性及冗余（冷、热备件）等动态特性的系统可靠性分析是无能为力的。DFT分析法则通过引入表征上述动态特性的新的逻辑门符号并建立相应的DFT模型实现对系统可靠性的分析，是对具有上述动态特性的系统进行可靠性分析的有效途径。

5. Markov过程法

Markov过程法适用于评价具有复杂的失效与维修模式的可维修系统的可靠性。当系统各部件的寿命分布和故障后的修理时间分布及其他有关分布均为指数分布时，适当定义系统状态，并采用图形方式（系统状态转移图）建立系统可靠性模型，最终可通过Markov过程来分析系统可靠性；若相关的分布为非指数分布，则系统所构成的随机过程将不是Markov过程，因此需要借助更新过程、补充变量等方法来分析系统可靠性。这些方法利用Markov理论，通过数学模型评价系统在具体点或时间段内处于各状态的概率，通过系统状态转移图构造转移矩阵并将其用于系统可靠性计算。

6. Petri 网法

Petri 网法用图形符号表示事件的因果关系，着眼于系统状态描述及状态的动态变化，兼有图形化建模和数学计算能力，为复杂系统的集成化建模、分析和评价提供了良好环境。Petri 网及其扩展形式已成为系统可靠性研究的热点，目前用于可靠性分析的 Petri 网主要有随机 Petri 网（Stochastic Petri Net，SPN）、广义随机 Petri 网（Generalized SPN，GSPN）及随机回报网（Stochastic Reward Net，SRN）三种形式，其中 SPN 把变迁与随机的指数分布实施延时相联系，一个 SPN 同构于一个 Markov 链；GSPN 是 SPN 的扩充，将变迁分成瞬时变迁与延时变迁两类，GSPN 的提出有效缓解了状态爆炸；SRN 是 GSPN 的进一步扩充，主要表现在系统的可靠性度量可以用回报形式表达，并且在 GSPN 的基础上通过添加弧权变量、变迁实施函数及变迁实施优先级做了扩展。

1.6 软硬件综合系统可靠性

系统可靠性描述的是系统在规定时间内和规定条件下完成规定功能的能力，其中系统是指由一些基本部件（组件）构成的用于完成某种指定功能的整体。这里系统的概念是相对的。例如，飞控计算机系统可看作一个系统，其中的飞控计算机可以看作系统的一个组件，但是在单独研究飞控计算机时可以把它看作一个系统，而它又是由硬件和软件组件构成的用于完成某种指定功能的整体。由于设计软硬件综合系统一般来说是为了使系统具有更高的性能，因此系统越复杂就越容易发生故障，这也使得软硬件综合系统的可靠性问题成为亟待解决的问题。当从体系结构上考虑系统的可靠性时，由于系统的软硬件结构、冗余结构应用广泛，因此本书针对上述两类结构给出目前对其进行建模与分析的现状。

目前国内外部分学者已针对软硬件综合系统可靠性开展了相关研究。文献[9]基于嵌入式系统提出了一种软件故障与硬件故障的划分方法，为具体的故障分析提供了依据；文献[10]利用 RBD 建立了考虑硬件失效与软件失效的网络服务器的可靠性模型；文献[11]利用 Markov 过程建立了由硬件与软件组成的分布式系统的可靠性模型；文献[12]利用 Markov 过程建立了考虑硬件与软件失效的单组件、三组件冗余系统和冷备系统的可靠性模型；文献[13]利用 FTA 法建立了用于某复合计算机系统可靠性分析的故障树，并将故障树分为硬件子系统故障树和软件子系统故障树；文献[14]利用 DFT 分析法对考虑了硬件容错与软件容错的数字飞控计算机系统的可靠性进行了分析。上述关于软硬件综合系统的可靠性分析将系统的硬件与软件视为不同的子系统，将系统故障分为由硬件子系统引起的系统故障和由软件子系统引起的系统故障，分析模型假定硬件与软件是相互独立的而忽略了硬件与软件之间的相互作用关系。

近年来，国内外部分学者在对软硬件综合系统可靠性进行分析时开始考虑硬件与软件之间的相互作用关系，如文献[15]分析了在软件运行时，内存失效时的软件可靠性；文献[16]通过故障注入的方法定性地给出了硬件与软件之间的相互作用关系，尤其是软件对硬件的故障容错；文献[17]在考虑软硬件结合故障的基础上建立了不可维修的软硬件综合系统可靠性分析模型；文献[18]在一种新的软件可靠性分析方法基础上，参考硬件系统阶段性任务可靠性的建模方法，为考虑硬件与软件之间的相互作用关系的计算机系统可靠性提出了解决方法；文献[19]根据系统的可维修性建立了可编程逻辑控制器（Programmable Logic Controller，PLC）系统的可靠性分析的 Markov 模型，并根据模型提出了提高 PLC 系统有效度的有效措施；文献[20]对故障容错系统进行了可靠性分析，并考虑了组件的功能和结构的相互作用及整个系统的重组和维修策略，但建模过程较为复杂。总之，在进行软硬件综合系统可靠性分析时，应根据实际情况考虑软件与硬件之间的相互作用关系，建立系统可靠性模型，并使模型能用于实际系统的可靠性分析，从目前国内外的研究现状来看，此类研究仍存在不足。

1.7 确信可靠度

软硬件综合系统可靠性评价最初的研究主要集中在分别对软件、硬件的可靠性进行评价，进而将评价结果综合，其中的主体工作是进行各种模型的组合与匹配，但这种方法未解决软硬件故障机理不同造成影响这一问题，因此存在一定的局限性。软硬件综合系统的可靠性水平实质上描述的是其完成规定功能的不确定性，这种不确定性又主要体现为系统故障对完成功能的影响。基于概率统计的传统可靠性理论在把握可靠性水平时，将系统视为一个黑盒，对导致系统故障的确定性原因并不关注，而是通过收集、分析故障时间数据，基于统计方法对系统整体的可靠性水平进行描述。然而，随着可靠性理论逐步发展完善，这种事后反馈的传统可靠性理论的局限性日益凸显。在此背景下，出现了基于故障物理的可靠性理论，利用故障机理模型描述故障的确定性规律，利用模型参数的分散性刻画不确定因素的影响。因此，基于故障物理的可靠性理论将故障原因划分为确定性原因（以故障机理模型描述）和模型参数不确定性影响两类。但是模型参数的分散性描述的只是客观存在的不确定性，即固有不确定性，对于故障机理、所选模型是否准确这类受分析者认知状态影响的不确定性则没有考虑。显然，要想获得准确的软硬件综合系统可靠性评价结果，还需要充分考虑系统的认知不确定性。1990 年，美国麻省理工学院教授 Apostolakis G 在《科学》杂志上撰文指出，除模型参数的不确定性之外，还存在着由建模者知识不完备导致的模型本身存在的不确定性，即认知不确定性。与之相对，客观世界内在的不确定性被称为固有不确定性。实际上，系统的故障规律受到确定性原因、固有不确定性与认知不确定性的共同影响。基于这一认识，文献[21]提出了一种综合考虑设计裕量、固有不确定性与认知不确定性三方面影响的可靠性度量指标——确信可靠度；文献[22]进一步给出了确信可靠度的计算方法；在文献[23]中，认知不确定性对系统可靠性的影响由参数“认知不确定因子”定量地表达。在工程上，认知不确定性对系统可靠性的影响已经得到了广泛的重视。事实上，很大一部分与系统可靠性相关的工程活动的目的就是降低认知不确定性的影响。例如，进行FMEA。通过 FMEA 可以确定各个单元可能发生的故障的模式及其对系统的影响，从而采取针对性的改进措施，减少由对单元故障模式认识不清带来的可靠性问题。对软硬件综合系统而言，若在 FMEA 过程中不仅考虑硬件故障的影响，还充分考虑软硬件综合系统故障的影响，则可以进一步降低认知不确定性。

确信可靠性理论以不确定理论和机会理论作为理论基础。不确定理论是由刘宝碇教授在 2007 年提出的一种基于不确定测度的理论，不确定测度服从规范性公理、对偶性公理、次可加性公理、乘积公理四个基本公理。机会理论可以看成概率理论和不确定理论的交叉理论，它的基本测度是由概率测度和不确定测度交叉而得到的。由于不确定测度服从对偶性公理和乘积公理，确信可靠性理论在对可靠性进行度量时可以克服上述方法中存在的对偶性问题及指标衰减过快的问题，因此确信可靠性理论更加适合对工程中受到认知不确定性影响的可靠性进行度量。

参考文献

[1] 覃庆努．复杂系统可靠性建模、分析和综合评价方法研究[D]．北京：北京交通大学，2012.

[2] 曹晋华，程侃．可靠性数学引论（修订版）[M]．北京：高等教育出版社，2006.

[3] 王少萍．工程可靠性[M]．北京：北京航空航天大学出版社，2000.

[4] 黄锡滋．软件可靠性、安全性与质量保证[M]．北京：电子工业出版社，2002.

[5] APOSTOLAKIS G.The concept of probability in safety assessment of technological systems[J]．Science，1990，250（4986）：1359-1364.

[6] EBELING C E．可靠性与维修性工程概论[M]．康锐，李瑞莹，王乃超等译．北京：清华大学出版社，2010.

[7] 范梦飞，曾志国，康锐．基于确信可靠度的可靠性评价方法[J]．系统工程与电子技术，2015，37（11）：2648-2653.

[8] 胡璇．复杂系统可靠性综合试验及分析方法研究[R]．华南理工大学/工业和信息化部电子第五研究所联合招收博士后研究工作报告，2014.

[9] 帅桂华，慕晓冬，梁洪波，等．一种嵌入式系统中软硬件故障的划分方法[J]．火

力与指挥控制，2009，34（8）：38-40.

[10] CANO J，RIOS D. Reliability forecasting in complex hardware/software systems[C]// Proceedings of the First International Conference on Availability. Reliability and Security，2006：1-5.

[11] LAI C D，XIE M，POH K L，et al. A model for availability analysis of distributed software/hardware system[J]. Information and Software Technology，2002，44：343-350.

[12] STEPHEN R，BARRY W J，JAMES H A. Reliability modeling of hardware/software system[J]. IEEE Transactions on Software Engineering，1995，44（3）：413-418.

[13] 陈光宇，黄锡滋，唐小我. 故障树模块化分析系统可靠性[J]. 电子科技大学学报，2006，35（6）：989-992.

[14] 程明华，姚一平. 动态故障树分析方法在软、硬件容错计算机系统中的应用[J]. 航空学报，2000，21（1）：34-37.

[15] CHOI J G，SEONG P H. Software dependability models under memory faults with application to a digital system in nuclear power plants[J]. Reliability Engineering & System Safety，1998，59（3）：321-329.

[16] CHOI J G，SEONG P H. Dependability estimation of a digital system with consideration of software masking effects on hardware faults[J]. Reliability Engineering & System Safety，2001，71（1）：45-55.

[17] TENG X，PHAM H，JESKE D R. Reliability modeling of hardware and software interactions, and its applications[J]. IEEE Transactions on Reliability，2006，55（4）：571-577.

[18] 饶岚，王占林，李沛琼，等. 一种新的硬/软件系统可靠性分析方法[J]. 宇航学报，1999，20（1）：57-61.

[19] 万毅，胡志文. 可编程逻辑控制系统软-硬件综合可靠性分析[J]. 计算机集成制造系统，2008，14（7）：1399-1402.

[20] KANOUN K，ORTALO-BORREL M. Fault-tolerant system dependability-explicit modeling of hardware and software component-interactions[J]. IEEE Transactions on Reliability，2000，49（4）：363-376.

[21] ZENG Z G，WEN M L，KANG R. Belief reliability: a new metrics for products' reliability[J]. Fuzzy Optimization and Decision Making，2013，12（1），15-27.

[22] ZENG Z G，KANG R，WEN M L，et al. Measuring reliability during product development considering aleatory and epistemic uncertainty[C]//proc. of the reliability and maintainability symposium，2015：1-6.

[23] HU X，LIU J. The reliability evaluation method of software and hardware integrated systems based on belief reliability[C]. Proceedings of 2020 the 10th International Workshop on Computer Science and Engineering（WCSE 2020），Shanghai，2020: 450-458.

第 2 章

软件缺陷、故障及失效

2.1 几个基本概念

对软件缺陷（Bug/Defect）、故障（Fault）、失效（Failure）的研究是软件可靠性研究的基础，因此本章对上述概念进行介绍。缺陷、故障、失效等词汇的含义很相近，在软件领域使用这些词汇时更容易混淆。因此，在进行讨论之前，先对这些词汇的含义分别进行介绍。

1．软件缺陷

软件缺陷一词最早出现在 1945 年的 Annals 年报中，并被称为“Bug”。随着软件工程及软件缺陷学的发展，产生了对软件缺陷发展过程各个阶段的定义，软件缺陷也变为由“Defect”来描述。然而，计算机应用领域仍然沿用“Bug”来描述软件缺陷。目前，软件工程领域已普遍认为软件缺陷是软件的一种固有属性，并且可以通过修改软件而消除。

ISO 9126 将软件缺陷定义为“Bug”，可分为两类。

（1）Defect，其定义为未满足期望的使用需求（the Nonfulfillment of Intended Usage Requirements）。

（2）Nonconformity，其定义为未满足需求的准确性（the Nonfulfillment of Specified Requirement）。

目前软件缺陷学界将缺陷定义为“Defect”，其含义包括 ISO 9126 定义的“Bug”的所有内容。此外，还有其他一些软件缺陷定义，如能力成熟度模型（Capability Maturity Model，CMM）中对软件缺陷的定义是系统或系统部件中能造成它们无法实现被要求功能的缺点，若在系统执行过程中遇到缺陷，则可能导致系统故障。

本书中对软件缺陷的定义如下：软件缺陷是指存在于软件中的那些不希望出现或不可接受的偏差，其结果是软件在运行于某一特定条件时出现故障。当软件意指

程序时，软件缺陷与软件“隐错”（Bug）同义。

上述定义表明，软件缺陷是软件产品的静态属性，其表现为与预期不一致。软件产品包括文档和程序；与预期不一致包括软件产品与用户需求不一致、与软件自身需求不一致、与隐含需求不一致。

2. 软件故障

当运行软件时激活了软件缺陷，可能导致软件故障。在 ISO/CD 10303-226 中，软件故障被定义为存在于组件、设备或子系统中异常的条件或缺陷，常常会导致系统失效。

本书中对软件故障的定义如下：软件故障是指软件的运行与规定不符，使软件或其组成部分丧失了在规定的限度内完成所要求的功能的能力。软件只有在执行一次任务时用到有缺陷的部分程序，才会发生故障，如果在执行一次任务时未用到有缺陷的部分程序，则软件仍能正确运行。

3. 软件失效

软件失效是指软件故障使软件不能完成规定功能，是一种外部行为结果。软件故障不一定使软件在执行任务时失效。

本书中对软件失效的定义如下：软件失效泛指当软件故障无法被容错技术处理时，软件在运行过程中丧失全部或部分功能、偏离预期的正常状态。

由上述分析知，软件失效是软件缺陷发展的最终阶段，也是影响软件质量的关键性因素。因此，三者间遵循缺陷→故障→失效的关系。软件缺陷与软件故障、软件、失效的区别在于：软件缺陷是软件固有的静态属性，而软件故障、软件失效是软件的动态属性；软件缺陷是软件故障、软件失效的根本原因。软件失效标志着软件一次使用寿命的结束。失效过的软件通常仍然是可用的。只有当软件频繁失效或公认已经“陈旧”时，软件才被废弃，这一点需要加以说明。进一步给出软件缺陷生命周期，如图 2.1 所示。由图 2.1 可见，软件缺陷生命周期分为软件缺陷引入、软件缺陷传播、软件缺陷激发和软件缺陷定位及修改四部分。

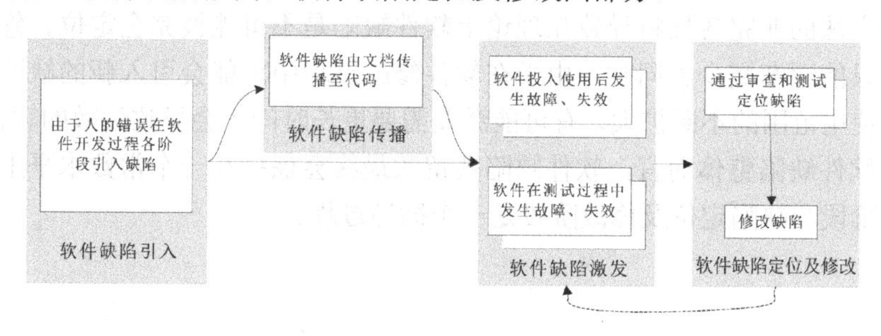

图 2.1 软件缺陷生命周期

（1）软件缺陷引入：由人的错误（以下“错误”均指由人为失误所导致的错误）导致软件产品中存在缺陷的过程称为软件缺陷引入，导致软件缺陷引入的原因很多。由 Ram Chillarege 等学者提出的正交缺陷分类（Orthogonal Defect Classification，ODC）中就包含软件缺陷引入，即“缺陷起源”（Source）属性。由于软件缺陷引入是软件缺陷生命周期的起始阶段，对该阶段的预防性研究也成为软件缺陷学领域的热点问题，并取得了一定的成果。Eitan Farchi 等学者针对多线程软件结构的特点指出，使用统一建模语言（Unified Modeling Language，UML）可以在很大程度上避免多种并行软件缺陷的引入。W. Eric Wong 等学者将程序切片技术引入规范说明与描述语言（Specification and Description Language，SDL），用于预防软件架构设计阶段的缺陷引入。

（2）软件缺陷传播：软件开发前期引入的缺陷导致软件开发后期引入相关缺陷的过程称为软件缺陷传播。例如，软件需求分析阶段引入的缺陷可能导致软件概要设计、软件详细设计、软件编码阶段引入相关缺陷。因此，在软件开发后期定位、修改软件缺陷的成本比在软件开发前期定位、修改软件缺陷的成本要高得多。

（3）软件缺陷激发：将静态的软件缺陷触发为动态的软件故障或失效的过程称为软件缺陷激发。软件缺陷激发的方式主要有两种：第一种是在软件版本固化并投入使用之后，软件发生故障或失效的激发方式；第二种是在软件测试过程中，通过运行软件（包括人脑运行软件的审查过程和系统运行软件的测试过程）激发软件缺陷，导致预期结果与实际结果不符的方式。

（4）软件缺陷定位及修改：针对软件故障进行分析，最终找到导致该故障的软件缺陷的过程称为软件缺陷定位，对该缺陷的修正称为软件缺陷修改。由软件缺陷生命周期中的传播阶段所导致的软件缺陷定位一直是软件缺陷学领域的难题。*SD Times* 的主编 Alan Zeichick 经调查表明：软件缺陷定位、修改费用的一般规律为，在软件开发阶段花费 10 美元，在软件质量保证阶段花费 100 美元，在软件 BETA 版本测试阶段花费 1000 美元，而在软件投入使用之后则会花费 10 000 美元以上。对单个软件缺陷而言，其生命周期的最后阶段就是被修改直至消除。但对软件缺陷整体而言，测试方法的非完备性将导致在理论上软件缺陷是不可能被完全定位、修改乃至消除的，只能逐渐减少。同时，由于在软件修改过程中可能会引入新的缺陷，并且随着软件使用范围的不断扩大，有可能激发需要更长时间才会导致失效的软件缺陷，这导致对软件缺陷整体而言，软件缺陷残留数最终会保持在一个常数水平上，并且缺陷激发阶段和缺陷定位及修改阶段是一个循环过程。

2.2 软件缺陷分类

以前述研究为基础，软件缺陷学领域学者进一步对软件缺陷分类进行了大量研究，获得了多种软件缺陷分类法。根据软件缺陷属性进行软件缺陷分类也是研究软件缺陷的基础。目前软件缺陷分类有基于缺陷起源、基于缺陷性质、基于对用户的影响、基于缺陷等级、基于缺陷发现的测试环节、基于故障产生位置等多种方法，每种分类方法都有自己的关注点。这里主要介绍应用比较广泛的基于缺陷性质的分类和 ODC，其中 ODC 本质上是一种缺陷分析方法，由 Ram Chillarege 和他的同事基于在 IBM 的工程实践于 1992 年提出。ODC 通过给每个缺陷添加一些额外的属性，利用对这些属性的归纳和分析来反映产品设计、代码质量、测试水平等方面的问题，从而得到一些办法来对工作进行改进。例如，对于测试团队，通过 ODC 可以知道测试工作是否变得更加复杂；每个测试阶段是否利用了足够多的触发条件来发现缺陷；退出当前测试阶段有什么风险；哪个测试阶段做得好，哪个测试阶段需要改进等。对于开发团队，利用 ODC 可以知道产品设计和代码编写的质量情况。采用 ODC 方法可以提高用户满意度，减少产品投入市场后的维护花费。这种方法也是目前使用最多、影响最广的缺陷分类方法之一。

表 2.1 所示为几种典型软件缺陷分类法简介，主要包括基于缺陷性质的分类和立体分类。立体分类是指采用多个正交属性来刻画缺陷，以最大限度地获得语义并在此基础上实施度量的缺陷分类方法。基于缺陷性质的分类的代表分类法包括 Goel 软件缺陷分类法和 Thayer 软件缺陷分类法；立体分类的代表分类法包括 ODC 和 IEEE 软件缺陷分类法。

表 2.1　几种典型软件缺陷分类法简介

分类	代表分类法	具体类型
基于缺陷性质的分类	Goel 软件缺陷分类法	语法缺陷、语义缺陷、运行缺陷、说明缺陷、性能缺陷
	Thayer 软件缺陷分类法	计算缺陷、逻辑缺陷、输入/输出缺陷、数据加工缺陷、操作系统及系统支持软件的缺陷、配置缺陷、接口缺陷、用户需求改变、预置数据库缺陷、全程变量缺陷、重复缺陷、文档缺陷、需求一致性缺陷、性质不明的缺陷、操作员缺陷、问题

续表

分类	代表分类法	具体类型
立体分类	ODC	活动（Activity）、目标（Target）、触发（Trigger）、影响（Impact）、缺陷类型（Defect Type）、来源（Source）、限定符（Qualifier）、年龄（Age）
	IEEE软件缺陷分类法	缺陷标识符（Defect ID）、描述（Description）、状态（Status）、资产（Asset）、重要度等级（Severity）、模式（Mode）、缺陷引入活动（Insertion Activity）、类型（Type）、失效索引（Failure Reference）、修正索引（Change Reference）、缺陷修正版本（Version Corrected）、优先级（Priority）、人工制品（Artifact）、缺陷发现版本（Version Detected）、概率（Probability）、部署（Disposition）、影响（Effect）、缺陷探测活动（Detection Activity）

2.2.1 Goel软件缺陷分类法

Goel 软件缺陷分类法是一种按照缺陷性质分类的方法。这种分类法可以显示缺陷的属性，以及各类缺陷的比例，因此有助于加深对缺陷发生规律的认识，并有助于寻求避免缺陷产生的方法。Goel 软件缺陷分类法将软件缺陷分为语法缺陷、语义缺陷、运行缺陷、说明缺陷、性能缺陷五大类别。

1．语法缺陷

语法缺陷是指程序不符合编程语言的语法规则所造成的缺陷。语法缺陷可以用目察的方法发现，也可以用编译程序中的语法分析程序和词法分析程序在上机编译时发现，这类缺陷最容易察觉，并且大多出自缺乏经验的程序员之手。

2．语义缺陷

语义缺陷是指程序不符合计算机环境的语义分析程序要求所造成的缺陷。常见的语义缺陷有类型检查缺陷、执行限制缺陷。这些缺陷可以用目察的方法发现，也可以在上机编程时发现。

3．运行缺陷

运行缺陷是指在程序实际运行中发生的缺陷，这些缺陷又分为以下三类。

（1）定义域错误：是指程序变量值超出变量说明规定的范围，或者超出硬件描述的物理极限。变量说明有隐式和显式两种。例如，Pascal 语言可以用枚举或子域来说明变量值的范围。有的编译程序能产生检查定义域错误的运行代码，有的编译程序对定义域错误有恢复功能。某些语言（如 Pascal）的编译程序能自动检查超出变量说明规定的范围的变量值，但是用有的语言（如 Fortran）编制的程序，在运行中一旦出现定义域错误，程序便中断执行。定义域错误是一种严重的错误，它会使程序

给出错误的结果，使程序中断执行。对于实时系统，程序中断执行可能造成非常严重的后果。

（2）计算错误：是指程序给出错误的输出。计算错误又称为逻辑错误，由计算公式的错误、控制流的错误、变量的赋值错误及参数错误等原因产生。在程序执行过程中，不可能产生测定计算错误的运行代码，因为计算错误是由程序输出和程序说明之间的偏离所造成的，现有的软件测试技术无法保证消除全部计算错误。

（3）非终止错误：是指在没有外界干预的情况下，程序无法终止运行。在非终止错误中，最常见的是程序进入无限循环。如果一组并行的程序陷入死锁状态，也可能出现非终止错误。在软件测试中，通常通过执行程序中的循环语句来查找无限循环。这个方法不能保证消除无限循环，因为某些无限循环只有在变量达到特定值时才发生。

4．说明缺陷

说明缺陷是指由需求说明与用户陈述要求不符，或者用户陈述要求与用户实际要求不符所造成的缺陷。目前还没有完善的方法可用来检查和消除说明缺陷，因为没有一种非常有效的需求规格说明语言，能够将用户的需求翻译成清晰、完备和一致的术语。说明缺陷又分为三类：不完全说明、不一致说明、多义性说明。

5．性能缺陷

性能缺陷是指程序的实际性能与要求的性能之间出现差异。程序的性能一般可通过以下几个方面来衡量：响应时间、运行时间、存储空间、工作区要求等。

2.2.2 Thayer 软件缺陷分类法

Thayer 软件缺陷分类法是另一种按照缺陷性质分类的方法。Thayer 软件缺陷分类法中用于缺陷分类的原始信息是软件测试和使用中填写和反馈的软件问题报告，因此 Thayer 软件缺陷分类法中包括不属于软件本身的缺陷，如操作系统及系统支持软件的缺陷或操作员缺陷。

Thayer 软件缺陷分类法的特点是类别详细，适用于各种类型的程序。Thayer 软件缺陷分类法包括下列 16 种类型。

（1）计算缺陷：指从程序方程的代码中产生的缺陷。

（2）逻辑缺陷：指设计程序时出现的逻辑上的错误，如错误的通路、错误的循环、死循环、错误的逻辑、错误的判断条件，以及没有对旗标和规定的数据值进行检验等。

（3）输入/输出缺陷：指由程序输入/输出语句产生的缺陷，如输出格式、输出位置及输出数据的完备性不符合要求等。

（4）数据加工缺陷：指在数据的读写、移动、存储和变更时发生的缺陷。

（5）操作系统及系统支持软件的缺陷：指在程序运行时，控制、支持程序运行的软件产生的缺陷。这些缺陷不属于程序本身，需要把它们和程序本身的缺陷区别开。在 Thayer 研究的三个软件项目中，这一类型的缺陷数量很少。

（6）配置缺陷：指软件经过修改后发生的，不能与操作系统或其他应用软件兼容的缺陷。这类缺陷会导致灾难性的后果，它们往往是由赶进度、违背配置管理规则造成的。

（7）接口缺陷：指在程序与分程序的接口、程序与系统软件的接口、程序与数据库的接口、程序与用户的接口处所发生的缺陷。

（8）用户需求改变：指在程序投入使用后，用户对软件功能提出的新需求使程序无法适应。

（9）预置数据库缺陷：指在数据库中，预置变量初始值的错误和常数的错误。

（10）全程变量缺陷：指适用于全部程序的变量或常数的错误。

（11）重复缺陷：指重复发生的同样的缺陷。Thayer 软件缺陷分类法把重复缺陷作为一个专项列出，借以从数量上考察缺陷重复发生的可能性。

（12）文档缺陷：指软件文档中存在的缺陷。

（13）需求一致性缺陷：指软件偏离需求规格说明而产生的缺陷。

（14）性质不明的缺陷：指根据已有信息，无法判明其性质的缺陷。

（15）操作员缺陷：指在操作员或测试人员运行程序时产生的人为缺陷。

（16）问题：指软件问题报告中提出的需要答复的问题。

Thayer 软件缺陷分类法中，在 16 种类型之下，还有 164 个子类别，详细内容参见文献[9]。

2.2.3 层次化软件缺陷分类法

经验表明，通过代码审查能够有效地发现软件中 30%～70%的逻辑设计和编码缺陷。IBM 通过使用代码审查方法发现，缺陷的检测效率高达全部查出缺陷的 80%。Myers 的研究发现，代码审查和代码走查平均能查出全部缺陷的 38%。在某些情况下，代码审查可以比动态测试更有效地发现某些特定类型的缺陷，并且实施无需特别条件，成本较低。对代码缺陷进行分类并收集实例是有效实施代码审查的基础。目前已有很多针对软件缺陷分类的研究，但权威、实用且专门针对代码审查阶段的软件缺陷分类标准较少，不利于对实际审查工作进行指导或为开发人员提供良好的编程准则。各个开发和测评单位使用的缺陷分类方法缺乏统一标准，导致数据收集质量和共享使用效率较低。本节介绍层次化软件缺陷分类法，并将其范围限定为代码级，其他层级的软件缺陷分类方法将在后续章节讨论。

程序由符号序列组成，词法缺陷即符号序列在组成程序时可能出现的问题。组成程序的上述符号可以进一步作为语句和声明的序列，在更大单元的过程，如符号组成过程中，可能出现不符合编程语言语法规则的问题，即语法缺陷。即使编程时避免了以上两类缺陷，程序仍然可能与编程者实际想表达的意思不一致，即产生语义缺陷。语义缺陷可以分为内存使用缺陷、指针使用缺陷、计算缺陷、数据加工缺陷和控制流缺陷等。可维护性缺陷是专门考察程序注释问题和变量、语句多余问题的缺陷类型。在此分类基础上，本节给出缺陷产生原因和缺陷影响分析，为缺陷预防提供依据。本节总结的缺陷类型基于航空型号软件的测试经验，编程语言为 C 语言和一些汇编语言，详细的缺陷分类如表 2.2 所示，其中 A 表示笔误；B 表示违反编码风格或标准；C 表示设计缺陷；D 表示表意不清；E 表示对某些应用场景欠考虑；F 表示理解错误。

表 2.2　详细的缺陷分类

缺陷类型		缺陷名称	缺陷产生原因	缺陷影响分析
词法缺陷		十进制数与八进制数的混淆问题	A	—
		单字符与多字符符号的混淆问题	B	
		形似运算符（如“=”与“==”）的混淆问题	A/B	
语法缺陷	预处理缺陷	宏参数未用括号围起问题	B	—
		宏展开式未用括号围起问题	B	
		使用宏定义产生副作用问题	C	
	其他缺陷	条件判断语句后多余分号问题	A	使条件语句之后的相关语句成为与条件判断无关的语句
		遗漏分号问题	A	—
		遗漏程序分支的返回值问题	A/B	将导致程序的某些行为非预期，并可能威胁到系统的一致性和安全性
		混合编程问题	B	—
		push 指令未与 pop 指令对应问题	B	将导致栈顶端指针指向错误位置从而造成严重后果

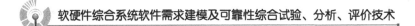

续表

缺陷类型			缺陷名称	缺陷产生原因	缺陷影响分析
语义缺陷	内存使用缺陷		内存泄漏问题	B	调用 malloc 动态分配内存后未调用相应的free函数释放它将导致废弃内存增多、可用内存减少，并可能导致系统崩溃
			内存的读写冲突问题	E	多线程（中断）共享同一块内存时可能会产生竞争状态，从而导致严重后果
	指针使用缺陷		未对某指针是否为空做判断问题	C	可能导致程序崩溃
			错误地使用“野指针”问题	C	可能导致程序崩溃
	计算缺陷		判浮点数相等问题	C	使得判断条件难以满足，影响系统功能实现
			精度损失问题	C	—
	数据加工缺陷		越界访问问题	C	数组中实际不存在的越界元素只可用于赋值和比较操作，对这类元素的引用将导致不可预期的后果
			未使用 const 保护具有“只读”属性的变量问题	B	某些具有“只读”属性的变量在程序运行的全生命周期都必须保持初值，对它们的修改将导致程序运行不正常
			循环终止条件问题	E	某些形式复杂的循环终止条件经逻辑简化得到的是常值（0/1），这将导致程序运行无法进入循环或陷入死循环
			循环控制变量类型与其使用形式不一致问题	C	可能导致程序运行无法进入循环或陷入死循环
	控制流缺陷	中断处理缺陷	发送/应答类型的程序在函数异常返回前未完成必要工作问题	E	可能导致硬件死等
			中断现场保护问题	C	中断前一时刻的状态将被破坏，从而产生非预期的后果
			中断服务程序执行超时问题	C	中断服务程序执行时间过长将严重降低系统性能
			中断服务程序使用时未对共享资源进行保护问题	E	在使用中断服务程序时，若任由其对共享资源进行使用将会造成非预期的后果
		其他缺陷	未对不可重入函数进行保护问题	C	将影响共享资源（全局变量、系统资源等）的共享

续表

缺陷类型		缺陷名称	缺陷产生原因	缺陷影响分析
可维护性缺陷	注释缺陷	不正确的注释问题	A/F	不直接影响程序的正确运行，但会对软件维护产生不良影响
		有歧义的注释问题	D	
		未清除已被注释的代码问题	B	
	变量、语句缺陷	变量多余问题	B	
		语句多余问题	B	

2.2.3.1 词法缺陷

词法缺陷主要关注程序的基本组成单元，即符号的错误使用。第一个字符是数字 0 的整型常量被视为八进制数。有时在上下文中为了使格式对齐，可能将十进制数写成八进制数。例如：

```
struct {
int part_number;
char description;
} parttab[ ]= {
046, "left-handed widget", /* 46 本应是十进制数 */
125, "frammis" };
```

2.2.3.2 语法缺陷

语法缺陷关注符号在组成声明、表达式、语句和程序时产生的错误。

1. 预处理缺陷

（1）宏参数未用括号围起问题。例如：

```
#define mul(x, y) (x*y)
```

考虑如下例子：

```
mul(2+6, 7)=(2+6*7)=44
```

而程序本意是要得到(2+6)×7=56。

（2）宏展开式未用括号围起问题。例如：

```
#define A(x) x+x
```

考虑如下例子：

```
A(5)*A(5)=5+5*5+5=35
```

而程序本意是要得到(5+5)×(5+5)=100。

（3）使用宏定义产生副作用问题。例如：

```
#define max(a, b) ((a) < (b) ? (b) : (a))
```

一种错误的使用情况如下：

```
max(++j, k)=> ((++j) < (k) ? (++j) : (k))
```

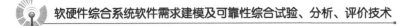

如果++j 的结果不小于 k，则 j 会递增 2 次，而这可能与编程人员的本意不一致。

2. 其他缺陷

（1）遗漏分号问题。例如：

```
if (n<3)
return
logrec.date = x[0];
logrec.time = x[1];
```

return 语句后遗漏了一个分号，但这段代码仍然能通过编译，并将 logrec.date=x[0];作为 return 的操作数。若代码所在函数声明的返回值为 void，则编译器会因为实际返回值类型与函数声明返回值类型不一致而报错。当函数不需要返回值时，有些编译器会默认函数返回值类型为 int，编译器将无法检测到错误。

（2）遗漏程序分支的返回值问题。在下例中，b 为 1 的分支返回值未定义，因此当执行到该分支时，程序的结果是不确定的。

```
int a (int b)
{
if (b == 0){
return 0;
} else {
if (b ==1)
d = 3; /*分支无返回值*/
else
return 1; } }
```

2.2.3.3 语义缺陷

即使程序的词法和语法都无缺陷，程序仍然可能无法表达编程者原本的意思，即产生语义缺陷。

1. 内存使用缺陷

内存使用缺陷主要指内存的读写冲突问题。例如：

```
interrupt void insert (void)
{ char new;
new = inp (0xf3);
queue fila [pos] = new;
pos++;}
char remove (void)
{ char ret;
if (pos == 0) return -1;
ret = fila [pos];
pos--;
return ret; }
```

中断服务程序 insert 从硬件端口读一组字符到数组中，程序 remove 将这些字符删除。因为 remove 执行时没有关中断，中断服务程序将干扰 remove 的正常执行，可能导致严重后果。

2. 指针使用缺陷

（1）未对某指针是否为空做判断问题。例如：

```
char *str = malloc(1024);
sprintf (str, "%d-n", 1234);
free(str);
```

在执行后两句代码之前未对 str 是否为空做判断。若 malloc 执行失败，则将导致 str 为空指针，使后两句代码无法正常执行。因此，应在 char *str = malloc(1024);后加条件判断语句 if (str !=null)，再执行后面的语句。

（2）错误地使用“野指针”问题。“野指针”不是 NULL 指针，而是指向“垃圾”内存的指针。指针 p 指向的内存被释放后未置为 NULL，让人误以为 p 是合法指针。free 操作释放指针所指内存，而没有清除指针本身。通常用语句 if (p != NULL)进行防错处理，但此时 if 语句无法起到防错作用，因为即使 p 不是 NULL 指针，它也不指向合法内存块。例如：

```
char *p = (char *) malloc(100);
strcpy(p, "hello");
free(p); /*p 所指的内存被释放，但是 p 的值不变*/
if(p) /*p 不是空指针,但也不指向合法的内存*/
strcpy(p, "world");
```

3. 计算缺陷

（1）判浮点数相等问题。浮点数在计算机中的二进制表达方式决定了大多数浮点数都无法精确表达，并且浮点数的计算精度有限。在进行浮点运算时，浮点数的计算精度限制通常会导致运算结果与实际期望结果之间有误差。因此，要避免浮点型变量之间的“==”或“! =”比较，一般的做法是将两个浮点数相减，然后与允许误差进行比较来确定这两个浮点数是否相等。

（2）精度损失问题。要谨防各类数值型数据混合运算产生精度损失。例如，double 型数据向 float 型数据转换及浮点型数据向整型数据转换都会产生精度损失。

4. 数据加工缺陷

数据加工缺陷主要是指循环控制变量类型与其使用形式不一致问题。例如：

```
void a (int b)
{char i;
static c[256];
for (i = b; i > 0; i--)
c[i] = 0; }
```

在上例中，当参数 b 的值大于 127 时，由于循环变量 i 为 char 型数据，经转换后其值变成负数（char 型数据的范围为[-128,127]），导致循环无法进入。

5. 控制流缺陷

正确的控制流能保证程序有序、正常地执行。对控制结构的不正确使用将导致非预期的代码执行，并且可能导致危险状况的发生。

（1）中断处理缺陷。中断服务程序是实时系统的重要组成部分。系统通过中断机制与外部环境通信并对外部事件做出响应。当中断来临时，CPU 暂时停止当前程序的执行转而处理中断服务程序。

①发送/应答类型的程序在函数异常返回前未完成必要工作问题。例如：

```
void interrupt int_rx (void)
{if (n_queue == MAX) return;
/*此处未对硬件进行应答，可能导致硬件死等*/
queue [n_queue++] = inport (P_ADDRESS);
outport (EOI, EOIVALUE); }
```

当 if 条件满足时，程序直接返回而不执行后两条语句。此时，程序即使成功从外部取到数，也不对外部发数硬件进行应答，从而导致硬件死等。

②中断现场保护问题。当出现中断时，应将 CPU 的当前状态，即中断的入口地址保存到堆栈中，转而执行其他任务。其他任务执行完成后，从堆栈中取出中断的入口地址继续执行。中断现场保护就是保护中断前一时刻的状态不被破坏。

（2）其他缺陷。其他缺陷主要是指未对不可重入函数进行保护问题。函数重入是指由于外部因素或内部调用，在一个函数没有完成一次执行的情况下，又一次进入该函数使其重新执行。可重入函数必须保证资源互不影响地使用，以保证被多个任务调用而不会导致数据被破坏。

本书采用控制变量加以保护，使函数不可重入（不能保证资源，如全局变量、系统资源等互不影响地被使用）。例如：

```
void routine(void)
{static int IO_TEST = 0;
if (IO_TEST) fail();
IO_TEST = 1;
…/*函数执行*/
IO_TEST = 0; }
```

2.2.3.4 可维护性缺陷

可维护性缺陷关注程序注释问题和变量、语句多余问题。在本书中，变量多余是指变量被定义后，在后续代码中未被使用（未参与计算或逻辑运算）；语句多余是指不影响程序功能（或性能）的冗余代码。

2.2.3.5 实例应用

代码审查单是代码审查中使用的主要工具，是对缺陷探测经验的总结，通常包括一系列表示为问题形式的典型缺陷和实例，用于指导审查员对代码进行分析。基于上文对缺陷的分类得到代码审查单，如表 2.3 所示。其中，各审查项对应的缺陷实例可以参考上述内容。

表 2.3　代码审查单

1 词法缺陷
C1.十进制数与八进制数的混淆问题
C2.单字符与多字符符号的混淆问题
C3.形似运算符（如“=”与“==”）的混淆问题
2 语法缺陷
2.1 预处理缺陷
C4.宏参数未用括号围起问题
C5.宏展开式未用括号围起问题
C6.使用宏定义产生副作用问题
2.2 其他缺陷
C7.条件判断语句后多余分号问题
C8.遗漏分号问题
C9.遗漏程序分支的返回值问题
C10.混合编程问题
C11.push 指令未与 pop 指令对应问题
3 语义缺陷
3.1 内存使用缺陷
C12.内存泄漏问题
C13.内存的读写冲突问题
3.2 指针使用缺陷
C14.未对某指针是否为空做判断问题
C15.错误地使用“野指针”问题
3.3 计算缺陷
C16.判浮点数相等问题
C17.精度损失问题
3.4 数据加工缺陷
C18.越界访问问题
C19.未使用 const 保护具有“只读”属性的变量问题
C20.循环终止条件问题
C21.循环控制变量类型与其使用形式不一致问题
3.5 控制流缺陷
3.5.1 中断处理缺陷
C22.发送/应答类型的程序在函数异常返回前未完成必要工作问题

C23.中断现场保护问题
C24.中断服务程序执行超时问题
C25.中断服务程序使用时未对共享资源进行保护问题
3.5.2 其他缺陷
C26.未对不可重入函数进行保护问题
4 可维护性缺陷
4.1 注释缺陷
C27.不正确的注释问题
C28.有歧义的注释问题
C29.未清除已被注释的代码问题
4.2 变量、语句缺陷
C30.变量多余问题
C31.语句多余问题

上述代码审查单已投入实际代码审查使用。表 2.4 列出了某航空型号软件测试项目代码审查阶段根据该审查单发现的各类缺陷个数和各重要度等级的缺陷个数。由表 2.4 可见，语义缺陷的重要度等级较高，由于它们直接影响程序的可靠性和安全性，因此是审查重点。可维护性缺陷个数较多，但重要度等级不高，因为它们不直接影响程序的可靠性和安全性，仅对代码维护产生影响。该测试项目代码审查阶段发现的缺陷类型可以被审查单中的缺陷类型覆盖。在完成全部测试项目后，统计得到代码审查阶段发现的缺陷个数占全部缺陷个数的 75%。审查结果表明，该代码缺陷分类方法能有效指导实际代码审查。

表 2.4　某航空型号软件代码审查结果

缺陷类型			缺陷个数	各重要度等级的缺陷个数		
				关键	重要	一般
词法缺陷			2	0	2	0
语法缺陷	预处理缺陷		0	0	0	0
	其他缺陷		4	0	4	0
语义缺陷	内存使用缺陷		1	1	0	0
	指针使用缺陷		2	2	0	0
	计算缺陷		3	0	3	0
	数据加工缺陷		8	2	1	5
	控制流缺陷	中断处理缺陷	3	2	1	0
		其他缺陷	0	0	0	0

续表

缺陷类型		缺陷个数	各重要度等级的缺陷个数		
			关键	重要	一般
可维护性缺陷	注释缺陷	6	0	1	5
	变量、语句缺陷	4	0	0	4
总计		33	7	12	14

2.3 已有软件缺陷分类法的不足

上述软件缺陷分类法在特定的历史时期都发挥了巨大的作用，但它们也存在不足。表 2.5 在表 2.1 的基础上分析了这几种软件缺陷分类法的特点和不足。由此可见，非常有必要对上述软件缺陷分类法进行发展和完善，这就催生了软件缺陷模式相关研究。第 4 章将介绍软件缺陷模式的相关内容。

表 2.5 几种软件缺陷分类法的特点和不足

软件缺陷分类法	特点	不足
Goel 软件缺陷分类法	可显示缺陷的属性及各类缺陷的比例，因此有助于加深对缺陷发生规律的认识，并有助于寻求避免缺陷产生的方法	将软件生命周期各阶段的缺陷混在一起，减少了有效的信息量
Thayer 软件缺陷分类法	用于缺陷分类的原始信息是软件测试和使用中填写和反馈的软件问题报告，因此包括不属于软件本身的缺陷，如操作系统及系统支持软件的缺陷或操作员的缺陷等	
ODC	是一项填补定量分析和定性分析之间空白的技术。通过分类实现缺陷的语义抽取，并将缺陷语义信息转化为对产品和过程的度量。因此本质上是一个将定性信息转化为定量度量的多维度量系统	对软件生命周期各阶段发生和发现的缺陷使用统一属性描述，忽略了个体差异，仅能从宏观上度量软件过程，不能对软件审查和测试提供详细指导
IEEE 软件缺陷分类法	形式上与 ODC 类似，本质上也是一个将定性信息转化为定量度量的多维度量系统	通常需要根据项目情况分类且分类过程复杂，不利于快速进行软件缺陷分类及软件过程度量
层次化软件缺陷分类法（代码级）	基于现有软件缺陷分类中的代码缺陷分类，结合实际工程经验，适当增加新形势下的常见代码缺陷类型，并采用分层方法细化代码缺陷类别，以形成对当前代码审查和开发工作具有指导意义的代码缺陷分类	仅考虑了代码级缺陷，范围较为局限

参考文献

[1] SMILLIE K. The Use of Bug in Computing[C]//IEEE Annals of the History of Computing. IEEE Computer Society，1994，16：54-55.

[2] ISO/IEC 9126:1991. 软件产品评价-质量特性及其使用指南[S].

[3] PAULK M C，CURTIS B，CHRISSIS M B，et al. Capability maturity model SM for software [R]. CMU/SEI-93-TR-024，1993.

[4] CHILLAREGE R，et al. Orthogonal Defect Classification - A Concept for InProcess Measurement[C]//IEEE Transactions on Software Engineering.IEEE Computer Society，1992（18）：32-38.

[5] FARCHI E，NIR Y，Ur S. Concurrent Bug Patterns and How to Test Them[C]// Proceedings of the International Parallel and Distributed Processing Symposium. IEEE Computer Society，2003.

[6] WONG W E，et al. Smart Debugging Software Architectural Design in SDL[C]//Proceedings of the 27th Annual International Computer Software and Applications Conference. IEEE Computer Society，2003.

[7] STEVEN J，NICHOLS V. Building better software with better tool[J]. Technology News，2003：12-14.

[8] THAYER T A. Government Report AD A030798[R]. USA，1976.

[9] 周涛. 航天型号软件测试[M]. 北京：宇航出版社，1999.

[10] 黄锡滋. 软件可靠性、安全性与质量保证[M]. 北京：电子工业出版社，2002.

[11] 梁成才，章代雨，林海静. 软件缺陷的综合研究[J]. 计算机工程，2006，32（19）：88-90.

[12] 张文浩，曹健. 软件缺陷预防过程与方法[J]. 计算机工程，2004，30（增刊）：23-24.

[13] 胡璇，刘斌，陆民燕. 软件代码缺陷分类及其应用[J]. 计算机工程，2009，35（2）：30-33.

第3章

软件测试

软件测试在软件开发中具有非常重要的作用。软件测试的目的在于按照规定的步骤，采用适当的方法，对软件进行严格的检查，以发现和纠正软件缺陷，使软件质量在测试过程中不断提高，逐步达到规定的要求，能够交付用户使用。软件开发经验表明，软件测试需要消耗大量资源，软件测试所需工时通常高达开发期总工时的 40%～50%。只有科学地制定测试策略，合理地安排测试进程，才能有效地控制资源消耗，提高测试效率。由此可见，软件测试不仅是软件开发中的一项技术措施，而且对于项目主管及质量保证部门也具有非常重要的意义，对软件质量不能简单地用测试过程中发现和纠正软件缺陷的多少来评价。需要说明的是，传统观点认为软件测试阶段是指软件开发过程中程序编写完成后的一个阶段，软件测试技术则是指在软件测试阶段所使用的技术。现在软件工程界普遍认为，尽管通常在软件测试阶段对软件进行密集测试，但软件测试并非始于软件开发过程中的测试阶段，它实际上存在于软件全生命周期，软件设计和软件测试无法割裂。例如，在软件实现阶段，模块编码一旦完成，随即可进行模块测试。程序中各个模块设计完成时间有先有后，模块测试的起始时间不宜机械地强求一致。另外，软件测试本身也需要妥善设计。软件测试设计涉及测试策略、测试进度、测试方法、测试案例选择、预期结果及文档，而且软件测试设计工作应当与软件设计工作同步进行。软件测试技术类型如图 3.1 所示。

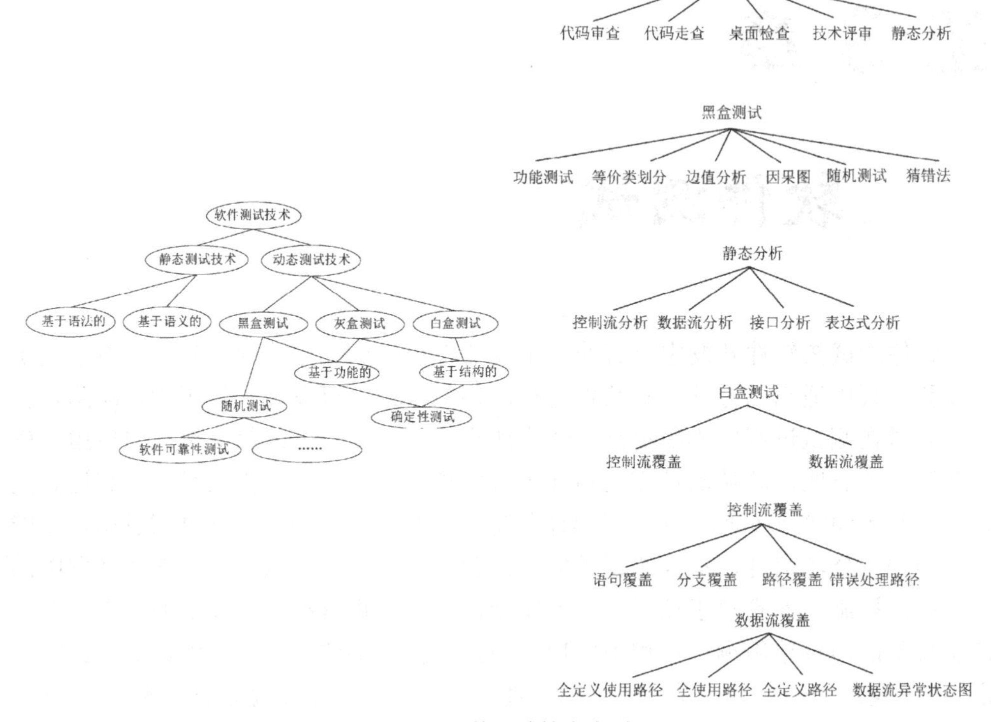

图 3.1　软件测试技术类型

3.1 静态测试技术

静态测试是不运行程序而寻找程序中可能存在的缺陷或评估程序的过程。静态测试可以由人工进行，也可以借助软件工具自动进行。静态测试具有以下特点。

第一，静态测试不必运行程序。

第二，静态测试可以由人工进行，充分发挥人的逻辑思维优势。由人的思维局限及交流障碍造成的逻辑错误，由人通过逻辑思维去解决是一种非常有效的办法。特别是在充分利用人的逻辑思维优势互补的条件时，检测出缺陷的水平很高。

第三，静态测试实施无需特别条件，容易开展。

静态测试技术包括主要由人工进行的代码审查、代码走查、桌面检查，以及主要由软件工具自动进行的静态分析。如果从广义上来理解静态测试技术，那么它还包括软件需求分析和设计阶段的技术评审。

代码审查（Code Inspection）和代码走查（Code Walkthrough）是由若干个程序员与测试员组成一个小组，集体阅读并讨论程序或用大脑“执行”并检查程序的过程。代码审查和代码走查分两步完成：首先做一定的准备工作，然后举行会议进行讨论。会议的主题是发现缺陷而不是修正缺陷。

桌面检查是指由程序员阅读自己所编写的程序，这是一种很陈旧的技术。它有几方面的缺点：第一，出于心理上的原因，程序员容易偏爱自己所编写的程序，没有发现缺陷的欲望（这和已经知道程序有缺陷从而读程序、找缺陷极为不同）；第二，由于人的思维定式，有些习惯性的问题自己不易发现；第三，如果从根本上对功能理解错了，自己不易修正。所以桌面检查效率不高，可用于个人自行检查程序中明显的疏漏或笔误。

代码审查和代码走查不仅比桌面检查优越得多，而且与动态测试技术相比也具有其自身优势：第一，使用这种技术测试，一旦发现缺陷，就知道缺陷的性质和位置，因而调试所付出的代价低；第二，使用这种技术一次能揭示一批缺陷，而不是一次只揭示一种缺陷。动态测试技术通常仅用于揭示发生缺陷的征兆。

经验表明，通过代码审查和代码走查能够有效发现30%～70%的逻辑设计和编码缺陷。IBM 的研究表明，使用代码审查技术，缺陷的检测率高达 80%。Myers 的研究发现，代码审查和代码走查平均可查出全部缺陷的 38%。此外，有研究表明，对某类缺陷使用代码审查和代码走查技术比使用计算机测试技术更为有效，而对另一类缺陷情况正好相反。由此可见，代码审查和代码走查技术与计算机测试技术是互补的，缺少任何一种都会影响缺陷的检测率。

3.2 动态测试技术

3.2.1 动态测试的特点

动态测试是使用测试数据运行程序并分析输出以发现缺陷的过程。根据测试理论，如果测试数据满足一定要求，那么通过测试可以发现程序中的大多数缺陷，并且可以评估程序质量（如正确性、可靠性等）。

动态测试具有以下特点。

第一，实际运行被测试程序，得到程序运行的真实情况、动态情况，进而进行分析。这是动态测试的优势，也带来一定的要求。实际运行被测试程序需要运行环境、输入数据及输出处理手段，有时还需要运行控制手段。尤其对于软硬件综合系统，这类系统中的软件一般具有如下特点：具有极高的专用外部设备处理要求，和硬件联系紧密；通常要求强实时性；通常运行于特定或具有特殊条件的环境，与交互环境相关；安全性要求高。因此，要建立一个满足具有上述特点软件要求的运行环境实属不易。此外，还需要输入数据和运行控制手段，就更增加了难度。

第二，必须生成测试数据来运行程序，测试质量依赖于测试数据。

第三，生成测试数据、分析测试结果工作量大，开展测试工作费时、费力。

第四，动态测试涉及多方面的工作，涉及的人员多、数据多、设备多，要求有较好的管理和工作规程。

动态测试包括三部分核心内容：生成测试数据、运行程序与验证程序的输出结果。围绕上述核心内容还有文档编制、数据管理、操作规程化及工具应用等方面的工作，其中最重要的内容是生成测试数据的策略。测试数据准确、完整的名称应为测试用例，包括输入数据和预期结果。一般在说到测试用例生成时，由于预期结果构造的困难性，因此侧重或仅生成输入数据，并称其为测试数据，下面的讨论即按此约定进行。

生成测试数据的策略有黑盒测试和白盒测试，它们共同构成动态测试技术的基本内容。

3.2.2 黑盒测试和白盒测试

黑盒测试（Black-Box Testing）是一种按照需求规格说明设计测试数据的测试技术。它把程序看作内部不可见的黑盒，测试者完全无须顾及程序内部的逻辑结构和编码结构，也不用考虑程序中的语句及路径，只需了解程序输入和输出之间的关系，或者程序功能，完全依靠能够反映这一关系和程序功能的需求规格说明确定测试数据，判定测试结果的正确性，即所依据的只是程序的外部特性。图 3.2 所示为黑盒测试的示意图。

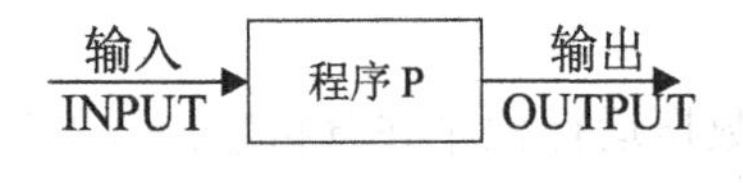

图 3.2　黑盒测试的示意图

使用黑盒测试技术的典型测试类型包括功能测试、强度测试、随机测试等。因为黑盒测试从程序功能需求出发，所以黑盒测试有时也被称为功能测试。但需要明确的是，功能测试使用黑盒测试技术，而黑盒测试除包括功能测试以外，还包括其他基于需求规格说明的测试，如强度测试。

白盒测试（White-Box Testing）是一种按程序内部的逻辑结构和编码结构设计测试数据的测试技术。采用这一测试技术，测试者可以看到被测试程序的内部结构，并根据其内部结构设计测试数据，使程序中的每条语句、每个条件分支、每条路径都在程序测试中受到检验。所以也称白盒测试为结构测试。图 3.3 所示白盒测试的示意图。

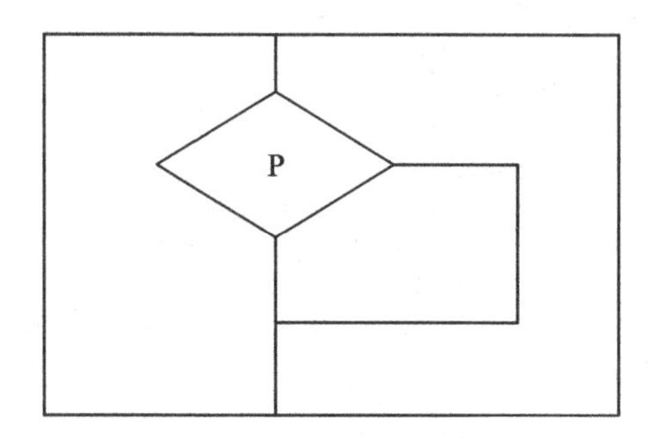

图 3.3 白盒测试的示意图

白盒测试可以不考虑程序的需求规格说明，但是需要有设计说明作为依据，单纯从程序源代码出发设计测试数据会降低白盒测试的有效性。

必须说明的是，无论是黑盒测试还是白盒测试，都不可能对程序进行完整、彻底的测试。黑盒测试从输入数据出发验证功能，除非进行穷举，否则不可能进行完整、彻底的测试。白盒测试从程序结构出发，由于程序结构的复杂性，路径条数本身有时是不能确定的，即使确定下来也往往是天文数字，所以要测试程序的全部结构（每条路径）也是不现实的。另外，黑盒测试基于需求规格说明，如果需求规格说明有误，则通过黑盒测试是发现不了的。白盒测试基于逻辑结构，如果程序的逻辑结构有错误或遗漏，则通过白盒测试也是无法发现的。表 3.1 所示为黑盒测试与白盒测试的优缺点对比，介绍了它们各自的能力范围，各自的不足，以及它们的互补关系。黑盒测试与白盒测试能够发现的错误如图 3.4 所示。

表 3.1 黑盒测试与白盒测试的优缺点对比

优缺点及性质	黑盒测试	白盒测试
优点	（1）适用于各测试阶段，从单元测试到系统测试； （2）从产品功能角度测试； （3）容易入手生成测试数据	（1）可以构成测试数据使特定程序部分得到测试； （2）有一定的充分性度量手段； （3）可获得较多工具的支持
缺点	（1）某些代码段得不到测试； （2）如果需求规格说明有误，则无法发现； （3）不易进行充分性度量	（1）不易生成测试数据（通常）； （2）无法对未实现需求规格说明要求的部分进行测试； （3）工作量大，通常只用于单元测试，有应用局限性
性质	是一种确认技术，回答“我们在构造一个正确的系统吗？”这个问题	是一种验证技术，回答“我们在正确地构造一个系统吗？”这个问题

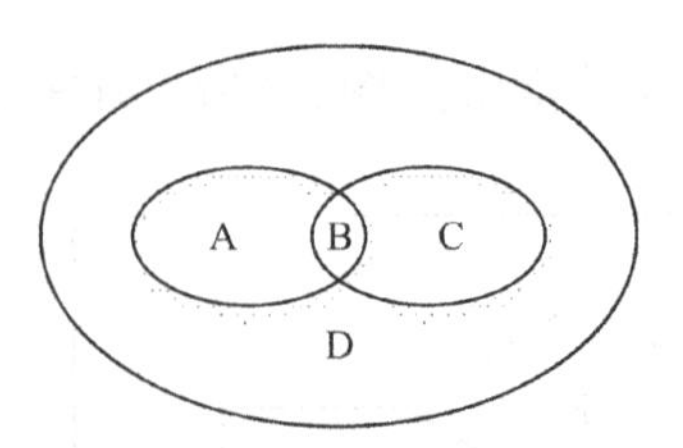

A	只能用黑盒测试发现的缺陷
C	只能用白盒测试发现的缺陷
B	用黑盒测试或白盒测试都能发现的缺陷
D	用黑盒测试或白盒测试均无法发现的缺陷
A+B	能用黑盒测试发现的缺陷
B+C	能用白盒测试发现的缺陷
A+B+C	用两种测试能发现的缺陷
A+B+C+D	软件中的全部缺陷

图 3.4　黑盒测试与白盒测试能够发现的错误

3.3 软件可靠性测试

3.3.1 软件可靠性测试概念

软件可靠性测试是指为了保证和验证软件的可靠性而对软件进行的测试，是在软件生存周期的系统测试阶段提高软件可靠性水平的有效途径，是软件可靠性工程的一项重要工作内容，是评价软件可靠性水平及验证软件产品是否达到可靠性要求的重要途径。使用各种测试方法、测试技术都能发现导致软件失效的软件中残存的缺陷，排除这些缺陷后，一般来讲一定会实现软件可靠性增长，但是排除这些缺陷对软件可靠性的提高作用却是不一样的。通过软件可靠性测试能有效地发现对软件可靠性影响大的缺陷，因此可以有效地提高软件的可靠性水平。

软件可靠性测试与传统意义上的软件测试不同，因为软件可靠性不仅和系统的特征有关，还和系统的使用环境有关，即在不同的使用方式下，软件的质量不同。通过模拟软件的实际使用情况来指导测试过程的软件可靠性测试主要有两类，分别是以 J. D. Musa 为代表研究的软件可靠性工程，以及以 Harlan Mills 等为代表研究的净室软件工程。在 J. D. Musa 的研究中，构造运行剖面是最为关键的一项工作，通过运行剖面描述用户对软件的使用情况，并在此基础上通过随机抽样生成软件测试数据，从而指导软件可靠性测试的进行。J. D. Musa 将运行剖面定义为“操作和它们发生概率的简单集合”，并给出了运行剖面的构造方法。净室软件工程中的可靠性测试使用的是系统状态变迁图测试模型方法，这种方法中使用了 Markov 测试模型，该模型是反应式系统典型的统计测试模型。在净室软件工程中，使用的模型是伴随着顺序规范过程建立起来的。本书采用的是按照软件的运行剖面，即对软件实际使用情况的统计规律的描述，来对软件进行随机测试的测试方法。通过软件可靠性测试可以达到以下目的。

第一，有效发现程序中影响软件可靠性的缺陷，从而实现可靠性增长。软件可靠性是指在规定的时间内，在规定的条件下，软件不引起系统失效的能力，其概率度量称为软件可靠度。软件的“规定的条件”主要包括相对不变的条件和相对变化的条件，相对不变的条件包括计算机及其操作系统；相对变化的条件是指输入的分布，用软件的运行剖面来描述。按照软件的运行剖面对软件进行测试一般先暴露在使用中发生概率高的缺陷，然后暴露发生概率低的缺陷。发生概率高的缺陷是影响产品可靠性的主要缺陷，通过排除这些缺陷可以有效地实现软件可靠性的增长。

第二，验证软件可靠性满足一定的要求。通过对软件可靠性测试中观测到的失效情况进行分析，可以验证软件可靠性的定量要求是否得到满足。

第三，估计、预计软件可靠性水平。通过对软件可靠性测试中观测到的失效数据进行分析，可以评估当前软件可靠性的水平，预测未来软件可靠性可能达到的水平，从而为开发管理提供决策依据。软件可靠性测试中暴露的缺陷既可以是影响功能需求的缺陷，也可以是影响性能需求的缺陷。软件可靠性测试是面向需求、面向使用的测试方法，不需要了解程序的结构及如何实现等问题，从概念上讲是一种黑盒测试方法。

软件可靠性测试通常在系统测试、验收、交付阶段进行，主要在实验室内的仿真环境下进行，也可以根据需要或在条件允许的情况下在用户现场进行。

3.3.2 软件可靠性测试过程

3.3.2.1 软件可靠性测试活动

软件可靠性测试的一般过程如图 3.5 所示，主要活动包括构造运行部面、生成测试用例、准备测试环境、测试运行、收集数据、数据分析和失效修正。

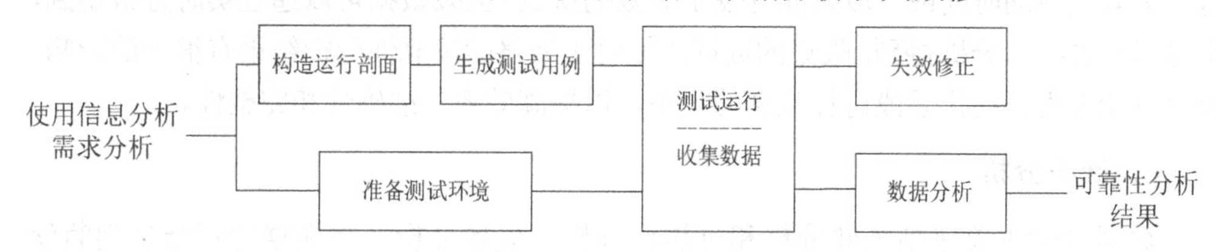

图 3.5 软件可靠性测试的一般过程

1. 构造运行剖面

软件的运行剖面是对系统使用条件的定义，即系统的输入值按时间的分布或按它们在可能输入范围内出现概率的分布来定义。粗略地说，运行剖面是用来描述软件的实际使用情况的。运行剖面是否能代表、刻画软件的实际使用情况取决于可靠性工程人员对软件的系统模式、功能、任务需求及相应的输入激励的分析，取决于他们对用户使用这些系统模式、功能、任务的概率的了解。构造的运行剖面的质量将对测试、分析的结果是否可信产生最直接的影响。

2. 生成测试用例

软件可靠性测试采用的是按照运行剖面对软件进行可靠性测试的方法。因此，可靠性测试所用测试用例是根据运行剖面随机选取得到的。

3. 准备测试环境

为了得到尽可能真实的可靠性测试结果，可靠性测试应尽量在真实的环境下进行，但是在许多情况下，在真实的环境下进行软件可靠性测试很不实际，因此需要开发软件可靠性仿真测试环境。例如，对于多数嵌入式软件而言，由于与之交联的环境的开发与软件的开发常常是同步甚至是滞后的，因此无法及时进行软件可靠性测试；在有些系统中，由于与之交联的环境非常昂贵，因此无法用于需要进行大量运行的可靠性测试。

4. 测试运行

在真实的测试环境或可靠性仿真测试环境中，用按照运行剖面生成的测试用例对软件进行测试。

5. 收集数据

收集的数据包括：软件的输入数据、输出结果，用于进行失效分析和回归测试；软件运行时间数据，可以是CPU执行时间、日历时间、时钟时间等；失效数据，包括每次失效发生的时间或一段时间内发生失效的次数，失效数据可以通过实时分析得到，也可以通过事后分析得到。收集的数据质量对于最终的可靠性分析结果有很大的影响，应尽可能采用自动化手段进行数据的收集，以提高效率、准确性和完整性。

6. 数据分析

数据分析主要包括失效分析和可靠性分析。失效分析是指根据运行结果判断软件是否失效，以及失效的后果、原因等；可靠性分析主要是指根据失效数据，评估软件的可靠性水平，预估可能达到的可靠性水平，评价软件产品是否已经达到要求的可靠性水平，为管理决策提供依据。

7. 失效修正

如果软件的运行结果与需求不一致，则称软件发生失效。通过失效分析，找到并修正引起失效的程序中的缺陷，从而实现软件可靠性的增长。

3.3.2.2 软件可靠性增长测试过程

软件可靠性增长测试是为了满足用户对软件可靠性的要求、提高软件可靠性水平而对软件进行的测试，是为了满足软件的可靠性指标要求对软件进行测试—可靠性分析—修改—再测试—再分析—再修改的循环过程。软件可靠性增长测试过程如图 3.6 所示。

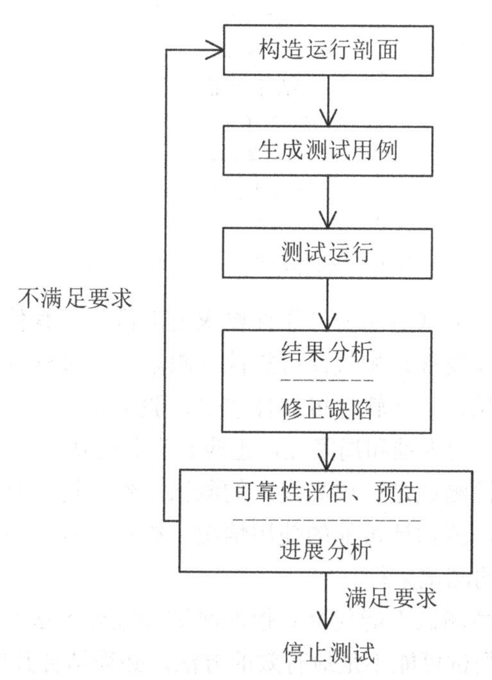

图 3.6 软件可靠性增长测试过程

3.3.2.3 软件可靠性验证测试过程

软件可靠性验证测试是为了验证在给定的统计置信度下软件当前的可靠性水平是否满足用户的要求而进行的测试，即用户在接收软件时确定它是否满足软件规格说明书中规定的可靠性指标。一般在软件可靠性验证测试过程中，不对软件进行修改。软件可靠性验证测试过程如图 3.7 所示。

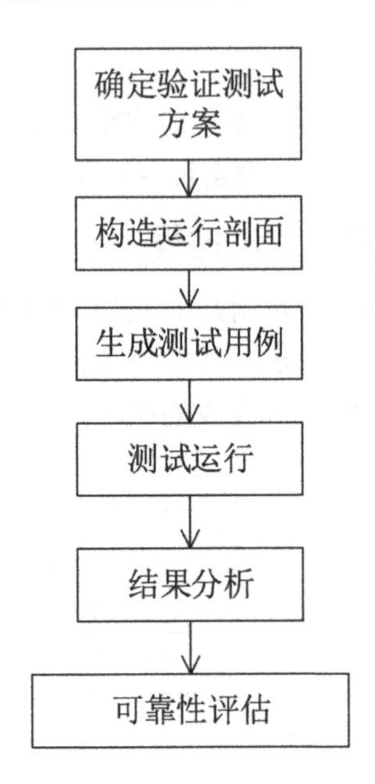

图 3.7 软件可靠性验证测试过程

总之，软件可靠性测试是面向可靠性要求的测试，是软件可靠性工程中的一项重要工作，它能有效地发现影响软件可靠性的缺陷。通过软件可靠性测试，可以有效实现软件可靠性增长，估计软件可靠性水平，验证软件可靠性是否达到要求。但是对于软件可靠性测试的困难和局限性，也应有充分的认识。

首先，软件可靠性测试是一项高投入的测试工作。进行软件可靠性测试必须要了解软件的使用历史，或估计可能的使用情况，构造软件的运行剖面，准备测试环境，并且要进行大量的测试运行。

其次，软件可靠性测试不能代替其他的测试和验证方法。从有效发现缺陷的角度出发，软件可靠性测试可能不是最有效的方法，必须结合其他的测试和验证方法、手段发现软件中存在的各种缺陷。

最后，难以验证具有极高可靠性要求的软件。对于具有极高可靠性要求的软件，如要求失效率为 10^{-9} 的软件，使用软件可靠性测试方法进行验证是不切合实际的，必须采用形式化验证等方法来加以解决。

参考文献

[1] MUSA J D. Introduction to Software Reliability and Testing, Software Reliability Engineering Case Studies[C]. Proceedings of the 8th International Symposium on Software Reliability and Testing Course，1997：3-12.

[2] PROWELL S J，TRAMMELL C J，et al. 净室软件工程：技术与过程[M]. 张志详等译. 北京：电子工业出版社，2001.
[3] 陆民燕，陈雪松. 软件可靠性测试及其实践[J]. 测控技术，2000，19（5）：48-50.
[4] 周涛. 航天型号软件测试[M]. 北京：宇航出版社，1999.
[5] 郑人杰. 计算机软件测试技术[M]. 北京：清华大学出版社，1992.

第 4 章

软件缺陷模式及软件需求缺陷模式

模式这一概念最早出现在建筑领域，Christopher Alexander 在 *The Timeless Way of Building* 中明确提出，每个模式描述一个在我们周围不断重复发生的问题，以及该问题的解决方案的核心，这样我们就能一次又一次地使用该方案而不必做重复劳动。Alexander 对术语“模式”的定义是：每个模式是一条由三部分组成的规则，它表示出一个特定环境、一个问题和一个解决方案之间的关系。这是模式的通用化定义，该定义指出了模式概念的核心是模式的三要素。Alexander 使用模式这一概念来解决建筑领域中的一些问题，随后模式在构造复杂系统时的重要性逐渐在其他领域中得到认可。人们通常认为，模式是针对复杂系统中重复出现的问题而提出的。专家在解决问题时，通常先考虑以前解决过的相似问题，重用其解法的精华，这个不断被引用的解法就是通常说的模式。

本章借助模式概念，在软件缺陷概念的基础上给出软件缺陷模式的定义及分类，并对软件缺陷模式的产生进行深入研究。软件缺陷模式使用软件缺陷的正交属性对软件缺陷进行刻画，并通过以下特点解决件缺陷研究的不足问题：第一，可对软件生命周期各阶段模式类型分别进行描述，并且模式类型具有可剪裁的灵活性；第二，可基于软件缺陷的正交属性进行软件度量；第三，可采用软件缺陷模式的某些属性指导软件审查和测试。软件缺陷的正交属性源于 ODC，ODC 由 IBM 于 1992 年提出。ODC 通过给每个缺陷添加一些额外的属性，利用对这些属性的归纳和分析来反映产品设计、代码质量、测试水平各方面的问题，从而得到一些办法来对工作进行改进。例如，对于测试团队，通过 ODC 可以知道测试工作是否变得更加复杂；每个测试阶段是否利用了足够多的触发条件来发现缺陷；退出当前测试阶段有什么风险；哪个测试阶段做得好，哪个测试阶段需要改进等。对于开发团队，利用 ODC 可以知道产品设计和代码质量情况。采用 ODC 方法可以提高用户满意度，减少产品投入市场后的维护费用。ODC 的工作流程分为四部分：缺陷分类，校验已被分类的缺陷，评估数据，以及采取行动来改进工作。

由于软件生命周期首个阶段——需求工程阶段的工作完成质量对最终软件产品质量影响极大，因此本章进一步给出软件需求缺陷模式的定义及分类，进而分析需求工程阶段软件缺陷模式的产生机理，同时重点关注其场景的产生。借助模式概念，将对软件需求缺陷的刻画集中到其核心维度——场景、缺陷和解决方案上来，使之成为更加立体的概念影像，赋予软件需求缺陷新的内涵，这也使得其研究方法极大地区别于传统研究方法，将更有利于软件需求缺陷的发现和修正。基于历史数据和测试经验，不仅能在需求抽取阶段获取包含较少缺陷的需求，对需求分析产生指导作用，还能为需求缺陷探测和消除提供一定的参考。软件需求缺陷模式可看作经验总结，而经验在直接性方面是完美流动的。这种直接经验为日后的反思提供了直接动力。进一步来讲，由于对将来经验的预见在某些方面取决于过去已被经历的事物，因此对软件需求缺陷模式的研究是开放性的、动态变化的。

4.1 软件缺陷模式定义及场景的产生

一般而言，一个模式有四个基本要素：模式名称（Pattern Name），一个助记名，用一两个词来描述模式的问题、解决方案和效果；问题（Problem），描述应该在何时使用模式；解决方案（Solution），描述设计的组成部分，它们之间的关系及各自的职责和协作方式；效果（Consequences），描述模式应用的效果及应用模式应权衡的问题。

在硬件的研究中较早引入了故障模式这一概念。在硬件故障学中，故障模式是指可观察的故障的表现形式，一般来说描述故障发生的方式及其对设备操作的影响。现在，故障模式这一概念已逐渐被计算机科学领域的研究采用。软件故障模式是指软件中存在某些类型的问题，这些问题可能导致软件在运行过程中丧失全部或部分功能，出现偏离预期的正常状态的事件。因此，软件故障模式是对软件出现不符合需求或预期状态的各类动态行为的总结，其具体类型由软件故障模式分类给出。工程实践经验表明，导致某类故障（或缺陷）产生的环境和原因是类似的；同一类故障（或缺陷）具有相同或类似的表现；存在避免故障（或缺陷）产生且满足正确意图的修正手段。故可借助经典的模式概念，并结合故障模式概念对软件缺陷进行研究。

4.1.1 软件缺陷模式定义

软件作为人脑活动的产物，其质量在很大程度上受人的因素的影响。从哲学意义上看，软件缺陷是在作为主体的人依据各种现有知识创造软件产品这一客体的过程中产生的与所依据的知识不一致的偏差在软件产品客体中的反映，这种反映被视作一些基本的、必须的调整。对于特定软件缺陷，从其产生到其最终被消除的整个生命周期如图 4.1 所示。从心理学角度看，人的失误往往具有重复性，通常会在类似甚至相同条件下复现。通过实际测试发现，同一类软件缺陷是被反复引入软件的；导致某类缺陷产生的语境，即场景是类似的；软件缺陷可以被修正，即存在满足正确意图的软件实现。这些特征启发本书作者借助模式的概念对软件缺陷进行研究。此概念可表述为：每个模式都描述一个在环境中不断出现的问题，并描述该问题解决方案的核心。通过这种方式，可以无数次使用已有的解决方案，而无须重复相同的工作。

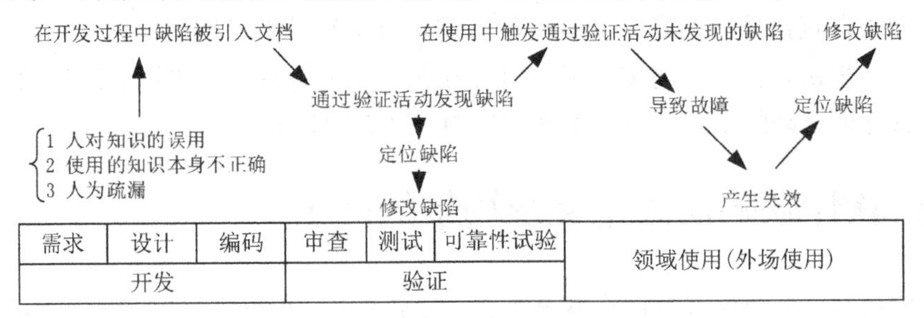

图 4.1　软件缺陷生命周期

定义 4.1　软件缺陷模式（Software Error Pattern）是指产生于软件生命周期各阶段内及阶段间，在某种场景中反复出现，并可能导致系统（或部件）无法完成预期功能或影响系统可维护性的特定缺陷文档（文档规约和源代码）。这种缺陷在特定的场景中具有一般性和共性，并且能够通过某种手段修改。

软件缺陷模式的核心是场景、缺陷和解决方案。场景即导致缺陷产生的语境，由人构建，即由使用的人对知识的误用、知识本身不正确或人为疏漏所造成。通过描述缺陷所处场景，软件缺陷模式扩展了清晰的缺陷—解决方案二分法。软件缺陷模式的场景可以很概括，也可以结合特定模式而具体化。缺陷包括缺陷表现形式和缺陷根源两部分。缺陷表现形式是指可被人们观察到的缺陷外在表现，而缺陷根源表达问题本质。有时缺陷表现形式和缺陷根源混在一起，难以区分，一个缺陷表现形式可能是另一个缺陷表现形式的缺陷根源。例如，需求获取阶段的缺陷表现形式“遗漏了必要的需求”可能是“在需求分析过程中没有问适当的问题”的缺陷根源，而这一缺陷根源本身又是造成过程现象“进行需求分析的人员不能胜任这一工作”的一个原因。解决方案给出了消除缺陷的方法，包括对缺陷进行修改及在此基础上进行相关准则的制定。有效的解决方案是针对缺陷根源的，而不应仅针对缺陷表现形式。缺陷根源分析是形成有效解决方案的基础，它力图找出是哪些基本因素导致了这一缺陷表现形式，从缺陷表现形式跟踪到为了修正这些缺陷所必须处理的基本问题。

除上述三要素以外，软件缺陷模式还具有一些可剪裁的要素：名称（Name）、重要度等级（Significance Level）、缺陷限定类型（Error Qualifier）、缺陷发现阶段（Error-Detection Stage)、缺陷产生阶段（Error-Production Stage）和实例（Instance）等。因此，软件缺陷模式可表示为：软件缺陷模式:=<名称、场景、缺陷、重要度等级、解决方案、缺陷限定类型、缺陷发现阶段、缺陷产生阶段、实例>。软件缺陷模式的构成如图 4.2 所示。

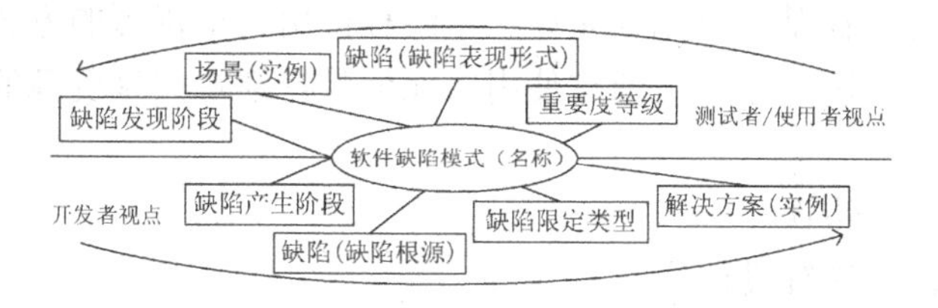

图 4.2　软件缺陷模式的构成

其中，名称是对软件缺陷模式的标识。缺陷表现形式可表示为如图 4.3 所示的类层次结构。图 4.3 基于实际测试经验和权威文献获得，不同阶段软件缺陷模式类型可据此进行剪裁且该图是可扩展的。需要说明的是，缺陷表现形式中的文档描述缺陷是指由文档开发人员的粗心大意等因素导致的领域无关缺陷。重要度等级用来反映缺陷对系统的影响程度。缺陷限定类型可表示为：缺陷限定类型={遗漏，多余，错误，不一致，模糊}。缺陷发现阶段是软件审查和测试各阶段的集合。缺陷产生阶段是指导致缺陷产生的根源所在的阶段，如需求阶段、设计阶段等，更为详细的阶段还可在此基础上继续细分。实例是指软件缺陷模式的一个实际例子。

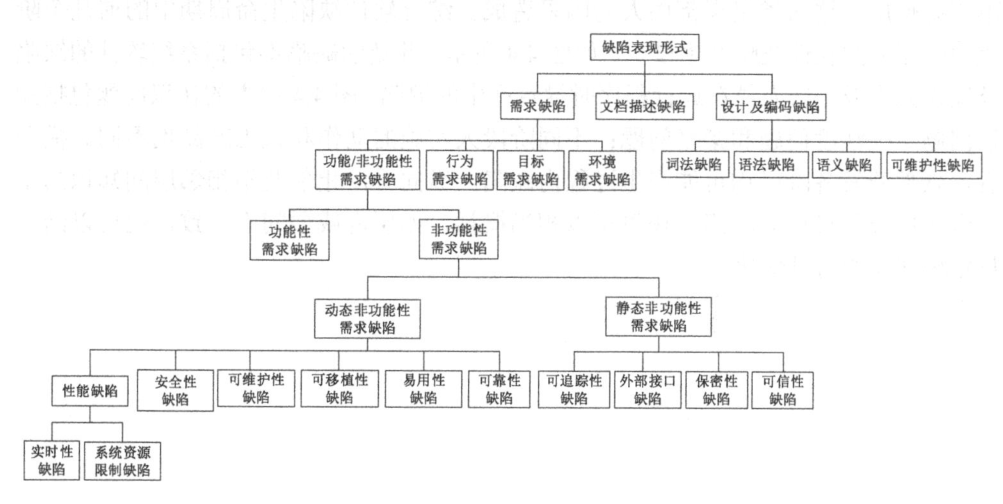

图 4.3　软件缺陷表现形式的类层次结构图

下面，给出一个软件缺陷模式的实例，该实例属于详细设计阶段。

名称：内存读写冲突缺陷模式。

场景：多线程共享同一资源时，未对共享资源进行保护。

缺陷表现形式：多线程共享同一资源时，若未对共享资源进行保护，则可能导致竞争状态。

重要度等级：关键。

解决方案：通过在某一时刻只允许一个线程使用共享资源的方式来达到保护共享资源的目的。在实际应用中可通过使用二元信号灯锁定共享资源的方法实现高效的互斥访问。

缺陷限定类型：错误。

缺陷发现阶段：详细设计阶段。

实例：参考具体的详细设计文档，此处略。

软件缺陷模式抽象出软件缺陷的一组属性，它们各自独立，无冗余信息，因此均是两两正交的，由此可将软件缺陷模式看作笛卡儿空间中的一个点，各坐标均代表一个软件缺陷属性。

4.1.2 软件缺陷模式场景的产生

软件中的知识不正确包含两方面的问题：一方面是某些知识点本身有错误，或者在进行编码或输入时由人为疏漏造成隐错的引入；另一方面是对原本正确知识的不正确使用。这两类错误都由人为因素造成。综合软件缺陷生命周期中的前几个阶段得到相应的软件缺陷产生模型，如图 4.4 所示，此处的缺陷不包括系统软件的缺陷及操作人员或测试人员在运行程序时导致产生的缺陷。图 4.4 中人的认识问题包括知识问题、关注度问题和策略问题；不同阶段人实施的动作和人工产品也不同。横向看，软件开发各阶段均可能产生过程内缺陷。纵向看，相邻及不相邻层间知识的不一致可能导致过程间缺陷。场景可以相当概括，如层内或层间不一致，也可以结合特定模式而相对具体化。

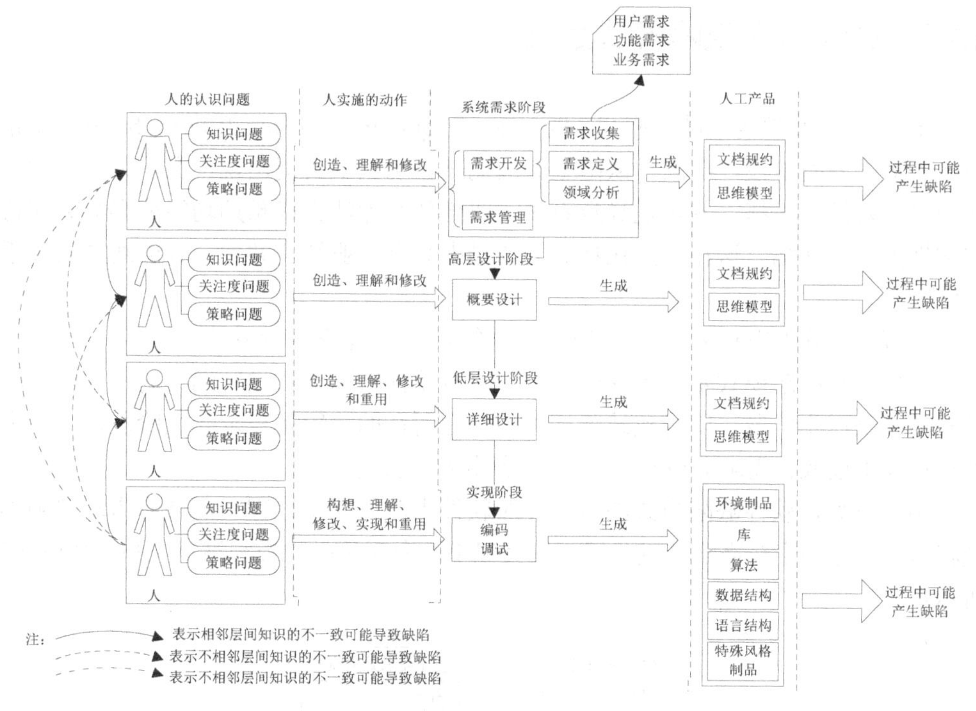

图 4.4　软件缺陷产生模型

4.2 软件需求缺陷模式定义及场景的产生

软件生命周期首个阶段——需求工程阶段是发现、记录和管理计算机系统需求的阶段。该阶段的目标是尽可能产生一组完整、一致、相关、能够反映出客户真实需求的系统需求。需求工程阶段的工作完成质量对最终软件产品质量的影响极大，这是因为软件需求缺陷是导致软件失效的重要原因之一，并被包含在大多数事故中；需求工程阶段的缺陷属于软件开发中的早期缺陷，会在后续的设计和实现中进行发散式传播；需求工程阶段引入缺陷所导致的修改成本是软件生命周期后期引入缺陷所导致的修改成本的 200 倍；与安全性相关的软件需求缺陷也将对系统安全性产生重大影响。因此，针对软件需求缺陷的研究具有重大意义。同时，提供充分、有效的需求规约并尽早发现软件需求缺陷也极为重要。因此，本节进一步给出软件需求缺陷模式的定义及分类，进而分析软件需求缺陷模式的产生机理，同时重点关注其场景的产生。

4.2.1 软件需求缺陷模式定义

定义 4.2 软件需求缺陷模式（Software Requirements Error Pattern，SREP）是指产生于需求开发阶段，在软件缺陷生命周期某种场景中反复出现，在后续设计和实现中进行发散式传播，并可能导致系统（或部件）无法完成预期功能或影响系统可维护性的特定缺陷。这种缺陷在特定的场景中具有一般性和共性，并能通过某种手段修改。

类似地，软件需求缺陷模式的核心同样是场景、缺陷和解决方案。

软件需求缺陷模式是按照缺陷产生阶段对软件缺陷模式进行细分的。此类缺陷模式的缺陷产生阶段，即导致缺陷产生的根源所在的阶段是需求开发阶段，具体来说包括需求抽取、需求分析和需求规格说明编写等阶段。

由此可见，软件缺陷模式的概念针对软件生命周期全过程，而软件需求缺陷模式将这一概念限定在需求开发阶段，这类似于面向对象中的类和继承关系，如图 4.5 所示。

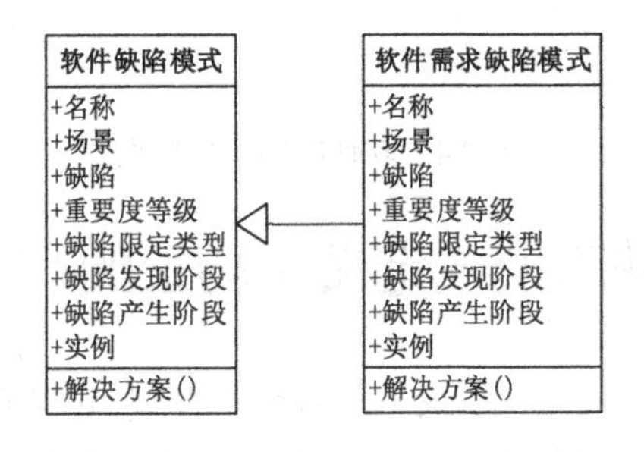

图 4.5 软件缺陷模式和软件需求缺陷模式之间的类与继承关系

1. 场景

场景是指为完成特定任务而按时间顺序排列的一系列对象间交互，即以叙述性结构安排的事件序列，由内容、目的、生命周期和表现形式组成。表现形式又包括静态表现形式、动态表现形式和交互式表现形式。在 UML 中，场景是用例的特殊例子。所以，用例是一组相关的场景，场景则是用例的一个特定实例。使用场景能捕获功能性需求，同时将非功能性需求作为约束添加进来。场景的可用对象是用例图上标识的系统和参与者。此外，不能由问题陈述本身推导出来的隐性需求可通过场景建模过程变得显性化。软件需求缺陷模式中场景的作用如下。

（1）有利于指导需求抽取过程，这是因为用户容易叙述出的是场景而不是功能。

（2）揭示可能的系统交互范围及可能需要的系统功能。

场景可看作使用系统的经历，它们尤其适用于向需求描述概要中添加细节。场景可以有不同形式，但至少应包含下列信息：①进入场景前系统状态的描述；②场景中的正常事件流；③正常事件流中出现的异常情况；④可以同时运行的其他活动的信息；⑤场景完成后的系统状态描述。

传统软件需求建模，包括面向对象建模，都是从需求规约中提取系统参与者，即角色，然后建立它们之间的联系及动作的。但软件，尤其是实时软件的运行，其实质是一个反映软件需求的动态过程。一个场景在特定的上下文中由有限个行为的相互协作表达；软件的一次运行过程反映软件需求所表达的一个场景；整个软件需求规约由有限个软件运行场景所组成。场景既可以是正常场景，也可以是异常场景，其作用是满足软件需求所指定的需求特性。因此，首先获取需求中的动态场景，然后确定其参与者，更符合软件设计特点。

由此可见，已有对场景的使用方法是正向的，即通过逐步构建系统的正确场景实现对系统需求的获取。这一方法符合人类认识规律，通常最终用户更易叙述出场景而不易叙述出系统功能。也可这样考虑，通过获取以往经验能够得到某些问题场景，即每当某些场景出现时，可能导致软件需求缺陷产生并逐步扩散到设计和编码阶段，进而引发系统故障或失效。对于这类问题的总结将对需求抽取乃至整个需求工程的质量产生重大影响，而软件需求缺陷模式正包含了对这类问题的总结。场景作为软件需求缺陷模式的核心三要素之一，其重要性不言而喻，因此可以认为提取场景是确定软件需求缺陷模式的重要前提。

进一步来讲，场景依据其在相应用例中的地位可分为两类：主要场景和次要场景。主要场景反映产生需求缺陷模式事件的主要过程，次要场景反映产生需求缺陷模式事件的其他有效场景。在动作交互序列的某个判断点上，主要场景可以分支出次要场景，次要场景也能重新汇合到主要场景中。

此外，软件需求缺陷模式还可根据其场景的相关性实现从具体需求缺陷模式到抽象需求缺陷模式的上升。经验表明，某些处于相关背景下的场景可被看作通过抽象得到的更上层场景的实例。此时，这种更为一般的上层场景的作用类似于用例，即角色为达到某个目标而执行的一种离散、独立的活动。因此，上层场景是一组相关的场景，场景则是上层场景的一个实例。可以由抽象上层场景推导出具体场景，也可以由一组特定场景归纳出更为通用的上层场景。由此可见，场景具有层次性。这样，在对大型复杂系统进行软件需求缺陷模式场景提取时，可首先提取抽象需求缺陷模式上层场景，然后逐步提供细节以提取具体需求缺陷模式场景。这种层次描述使得对复杂场景的提取变得更为容易且不易出错。

2．缺陷

缺陷包括缺陷表现形式和缺陷根源两部分。缺陷表现形式可通过对前述一般性缺陷表现形式进行裁剪得到如图 4.6 所示的类层次结构。

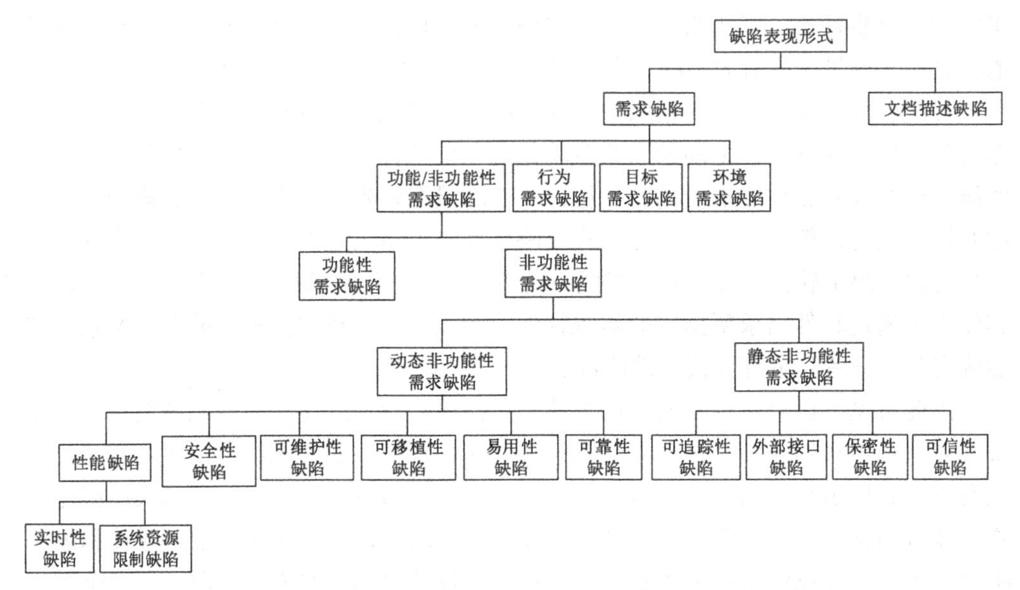

图 4.6　软件需求缺陷表现形式的类层次结构图

软件需求缺陷表现形式中的大类包括需求缺陷和文档描述缺陷。其中，文档描述缺陷是指文档规约中的格式或风格问题，与内容无关。由于需求是对问题信息和系统行为、特性、设计及约束的描述的集合，这可作为对需求缺陷进行分类的依据，因此需求缺陷可分为功能/非功能性需求缺陷、行为需求缺陷、目标需求缺陷和环境需求缺陷。这种分类方法从不同角度对需求进行刻画，其中有交叠部分，下面就对上述各类软件需求缺陷及其相关内容进行详细介绍。

1）行为需求缺陷

在介绍行为需求缺陷前首先明确行为的概念。

定义 4.3　在软件系统中，主体施用一种服务于一个客体，称为一个行为，行为由主体、客体、行为体（过程体）、行为标识、行为输入、行为输出、行为状态和行为属性等组成。

在定义 4.3 中，主体包括用户和软件代理（Agent）（以下简称代理）。用户行为是指通过人机接口在系统中实施操作的活动。代理行为是指作为用户代理的主体的行为。根据角色和应用领域，代理可分为数据采集代理、操作代理、管理代理和数据代理。客体是行为的受体，也可将客体理解为信息的载体。

软件行为定义的形式化表示为：Actions = {action = s Applies (f) To (obj) | s: Subjects, f: Functions, obj: Objects}。其意义为：行为是主体 s 将函数 f 作用到客体 obj 上的活动。因此，行为的要素是主体（用户、代理）、操作与客体。行为之间的区别

仅在于定义 4.3 中的行为三要素，其中任何一个要素不同，就是不同的行为。

在实际应用中，软件行为不是孤立的单独行为，而是以行为序列形式出现的串行为，因此有如下定义。

定义 4.4 将同一主体在某一观察时段内从事的行为以发生的时间顺序，用串的格式记录下来，称为该主体的行为踪迹。

因此，行为踪迹与场景密不可分。场景是一系列事件序列，行为的施加导致事件的发生，并迫使系统状态发生变化。因此，可通过行为踪迹来刻画行为与事件的关系，并进一步对事件序列（场景）及由此导致的系统状态变化进行描述。

定义 4.5 在构建系统行为需求的过程中，构成行为的主体、客体、行为体（过程体）、行为输入、行为输出和行为属性等元素中包含的缺陷称为行为需求缺陷。这些缺陷可能导致系统行为状态出现异常。

行为需求缺陷按产生机理的不同可分为独立行为缺陷和行为踪迹缺陷。独立行为缺陷是指产生于单个行为的缺陷。由于行为由定义 4.3 中的元素组成，因此这些元素中的一个或几个包含缺陷都将导致软件独立行为缺陷的产生。行为踪迹缺陷是指产生于行为序列的缺陷，因此行为踪迹缺陷发生在过程中，与行为输入、行为输出、行为状态等元素密切相关，一般不涉及主体、客体等元素。行为状态包括行为初始状态、行为执行状态、行为异常状态和行为结束状态等。其中，行为异常状态由行为需求缺陷所导致。在实际应用中，行为状态元素最终反映系统运行的正常、异常情况，因此可作为行为需求缺陷的载体。

令 Action 表示行为集，Subject 表示主体集，Object 表示客体集，Actor 表示行为体集，Input 表示行为输入集，Output 表示行为输出集，Attribute 表示行为属性集，State 表示行为状态集，则行为需求缺陷的形式化表示如下。

$\forall \mathrm{action} \in \mathrm{Action}$，$\mathrm{action} := \langle \mathrm{subject}, \mathrm{object}, \mathrm{actor}, \mathrm{input}, \mathrm{output}, \mathrm{attribute} \rangle$，$\mathrm{subject} \in \mathrm{Subject}$，$\mathrm{object} \in \mathrm{Object}$，$\mathrm{actor} \in \mathrm{Actor}$，$\mathrm{input} \in \mathrm{Input}$，$\mathrm{output} \in \mathrm{Output}$，$\mathrm{attribute} \in \mathrm{Attribute}$

$\exists \mathrm{error} \in \cup \mathrm{action}(\mathrm{element}) \rightarrow \mathrm{state}(\mathrm{action}) = \mathrm{false}$，$\mathrm{state} \in \mathrm{State}$

其意义是，若构成软件行为的各要素中的一个或多个包含缺陷且可能导致行为状态异常，则认为产生了一个行为需求缺陷。

2）功能/非功能性需求缺陷

一般来说，功能性需求描述系统应该做什么，非功能性需求则为如何实现这些功能性需求设定约束。由于功能性需求描述了系统在特定条件下表现出的可观察行为，以及系统允许用户执行的操作，因此功能性需求缺陷可通过系统行为等相关概念进行刻画。

定义 4.6 功能性需求缺陷是指一系列问题行为的施加导致一系列问题事件发生后，在相应场景中系统状态发生了错误变化，并导致系统无法实现其特定目标的缺陷。

令 Action 表示行为序列，State 表示状态集，Event 表示事件序列；action 表示 Action 的一个子序列，state 表示 State 的一个非空子集，有 State< OriginalState, Inter-state, Synch-state, EffectState >，event 表示 Event 的一个子序列。功能性需求缺陷的形式化表示如下。

$\forall\, \text{action} \subset \text{Action}$，$\text{action} \neq \text{NULL}$，$\text{state} \subset \text{State}$，$\text{State}<\text{OriginalState},\text{Inter-state},\text{Synch-state},\text{EffectState}> \neq \text{NULL}$

$\exists\, (\text{error} \in \text{action}) \cap (\text{action} \rightarrow \text{event}) \cap (\text{event} \rightarrow \text{State Transition: T (state, state)}) \rightarrow (\text{error} \in \text{event}) \cap (\text{state(system)=false}) \cap (\text{aim(system)=failure})$，$\text{state} \subset \text{State}$

其意义是，当一个包含问题的行为序列施加于系统后，将产生一个包含问题的事件序列，并将导致系统状态出错，最终导致系统不能实现其功能性目标。

非功能性需求描述软件系统开发和行为的重要约束，包括众多质量属性，如安全性、性能、可扩展性和可移植性等，以及外部接口需求（External Interface Requirements）和约束（Constraints），对软件系统的成功起着关键作用。人们通常在设计阶段才会考虑非功能性需求，而越来越多的经验表明，应在需求阶段就重视对非功能性需求的获取和分析。

非功能性需求缺陷是指那些影响系统性能指标和质量属性的缺陷。在实际应用中，可根据具体性能准则和对质量属性的要求进行非功能性需求缺陷的表示。由于涉及的内容较为具体，如安全性准则可能与系统中某些要素，如场景相关，而可靠性准则又和系统中其他要素相关，内容较为繁杂，因此此处不给出统一表示。

3）目标需求缺陷

目标是利益持有者对将要完成的系统的要求，是对意向的一种说明性描述。这里的系统是指软件及运行环境。目标可作为判断需求完整性的依据，即需求若能满足当前目标，则说明其是完整的。按照目标涉及的类型可将其分为功能性目标和非功能性目标。功能性目标描述所期望的服务，非功能性目标描述软件系统开发和行为的重要约束及质量属性。因此，目标需求与功能/非功能性需求之间形成父类与子类的继承关系，如图 4.7 所示。

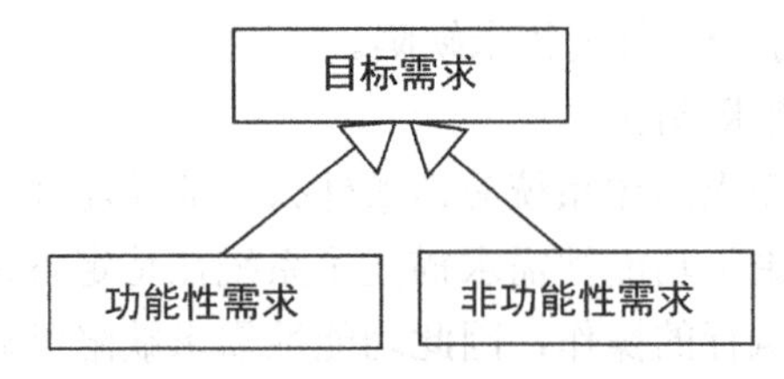

图 4.7　目标需求与功能/非功能性需求之间的继承关系

由此可见，目标需求缺陷可以归结为功能性需求缺陷和非功能性需求缺陷，此处不再赘述。

4）环境需求缺陷

此处的环境是广义的。就像前述行为三要素中的“操作”具有相对性一样，代理所处环境既可以是与之直接交互的其他代理，也可以是现实世界中存在的任何实体对象，考虑层面不同，其现实表现也不同。在需求建模过程中，应对环境和它在系统生命周期内可能的变更形式进行定义。一般来说，环境信息包括平台信息、接口信息、软件依赖信息及问题域相关信息。环境信息非常复杂，常伴随着微妙的隐藏关系，同时环境信息也可能是不稳定、不全面的，因此需要构建完整的环境模型。环境模型反映了系统使用的语境并说明了一些外部系统，它们之间的接口可作为需求的一部分。具体来说，环境模型应包括和待研究系统直接交互的其他系统，其他有可能和待研究系统共存并发生交互的系统及其接口（属性）等。环境模型有助于需求抽取和分析某项需求是否在系统范围内。本书中采用行为、事件和由它们引发的状态转换来对环境进行刻画。环境需求可表示为 Environment:=< Action, Event, State Transition< Initial state, Inter-state, Synch-state, Final state >>。

环境需求缺陷是在事件触发环境状态变化的过程中产生的缺陷，包括状态转换过程四要素中的任一个或几个包含缺陷。环境需求缺陷的形式化表示如下。

State< OriginalState, Inter-state, Synch-state, EffectState >≠ NULL

Event→State Transition: T (state, state’)

∃error∈∪State(element) → Environment = false，false := <missing, redundant, error, inconsistent>

其意义是，若由事件触发的环境状态变化过程中的初始状态、交互状态、并发状态和结束状态等要素中的一个或多个包含缺陷，则认为产生了一个环境需求缺陷。环境需求缺陷包括遗漏、多余、错误和不一致四种情况。

3. 解决方案

解决方案给出了消除缺陷的方法，包括对软件需求缺陷的修正及相关准则的制定。此处要强调的是，有效的解决方案是针对缺陷根源的，而不应仅针对缺陷表现形式。缺陷根源分析是形成有效解决方案的基础，它力图找出是哪些基本因素导致了这一缺陷表现形式，从缺陷表现形成跟踪到为了修正这些缺陷所必须处理的基本问题。

4.2.2 软件需求缺陷模式场景的产生

图 4.8 所示为软件需求缺陷模式产生模型。由图 4.8 可见，依据缺陷模式与领域

知识的相关性可将软件需求缺陷模式分为两大类:领域相关缺陷模式和领域无关缺陷模式。领域无关缺陷模式主要由人为疏忽造成，而领域相关缺陷模式多由知识本身的错误或对原本正确知识的不正确使用造成。这两类缺陷模式差别的核心在于是否与领域知识相关：在领域无关缺陷模式的产生环境中，领域知识本身是正确的，但使用领域知识的人粗心而非理解上有偏差导致了缺陷模式的产生，因此这类缺陷模式通常表现为文档描述缺陷；在领域相关缺陷模式的产生环境中，要么领域知识本身是错误的，要么对本身正确的领域知识犯了使用上的技术性错误，即由理解错误导致了领域知识的误用，这类缺陷模式是本书的研究重点。是否与领域知识相关也使得上述两类缺陷模式在模式的核心三要素上存在本质区别。图 4.8 左上方需求中包括两类需求: 功能性需求和非功能性需求。这两类需求与领域知识的不一致都可能导致软件需求缺陷模式。

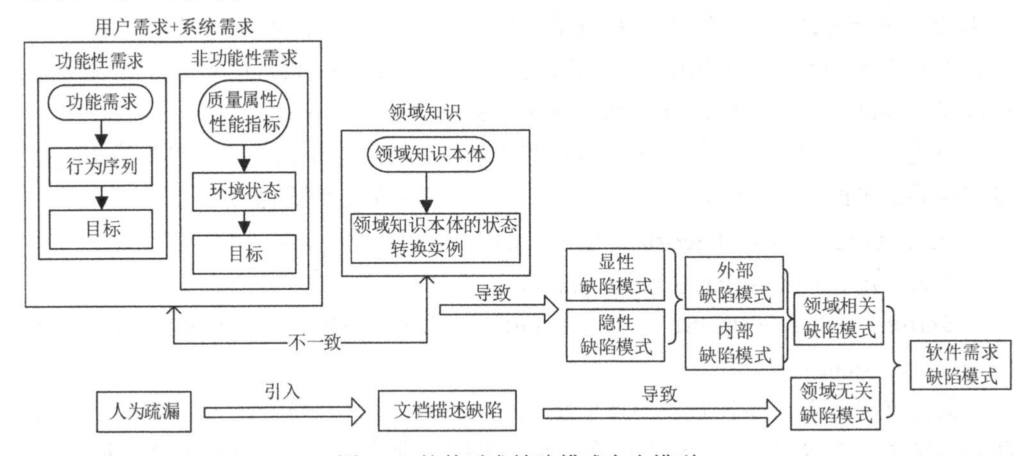

图 4.8　软件需求缺陷模式产生模型

此外，从层次结构上看，领域相关缺陷模式可分为外部缺陷模式（External Error Pattern）和内部缺陷模式（Internal Error Pattern)。外部缺陷模式反映了需求实现宏观功能的缺陷，即软件系统与其所处环境之间的交互所导致的缺陷；内部缺陷模式反映了软件内部结构的缺陷。由于外部需求决定内部需求，因此外部缺陷模式和内部缺陷模式之间具有关联关系。外部缺陷模式可进一步分为显性缺陷模式（Explicit Error Pattern）和隐性缺陷模式（Implicit Error Pattern)。显性缺陷模式反映了由软件系统与所处环境之间直接交互及相应限制所导致的缺陷；隐性缺陷模式反映了由软件系统与所处环境之间的间接交互及相应限制所导致的缺陷。

4.3 软件需求缺陷模式实例

本节给出两个软件需求缺陷模式的例子，第一个例子描述了飞控系统软件关于控制权优先级的缺陷模式，第二个例子描述了飞控系统软件关于特殊地理环境需求的缺陷模式。

1．故障处理过程中控制权优先级缺陷模式

名称：控制权优先级缺陷模式。

场景：故障处理过程中，PO = {fcComputer, sensor, servo_system, power_system}，∀po ∈ PO'state (po) = fault，PO' = PO−po，(∀po ∈ PO, state (po) = fault) ∩ (∀po ∈ PO'，state (po) = fault)。

（在上述表示中，PO 是指“参与对象”，fcComputer 是指“飞控计算机”，sensor 是指“传感器”，servo_system 是指“传感器系统”，power_system 是指“动力系统”）

缺陷表现形式：系统状态错误，且系统不能实现其功能性目标，即故障处理，而系统本应进行相应的故障处理，属于功能性需求缺陷。

缺陷根源：将一个包含问题的行为序列施加于系统，从而产生了一个包含问题的事件序列。

重要度等级：关键。

解决方案：给出各种情况下进行故障处理的优先级或应执行的动作。

缺陷限定类型：遗漏。

实例如下。

①

> 在故障处理过程中，当(无线电高度表故障 ∩ 大气机故障) ∩ (发动机永久故障)时，(无线电高度表故障 ∩ 大气机故障) ∩ (发动机永久故障) → 飞控计算机未正常实现故障处理功能，在这种情况下，飞控计算机应下达无人机直接伞降的指令。

②

> 在故障处理过程中，当(GPS 故障 ∩ 惯导故障) ∩ (发动机永久故障)时，(GPS 故障 ∩ 惯导故障) ∩ (发动机永久故障)→ 飞控计算机未正常实现故障处理功能，在这种情况下，飞控计算机应下达无人机直接伞降的指令。

③

> 在故障处理过程中，当(GPS 故障 ∩ 惯导故障) ∩ (无线电高度表故障 ∩ 大气机故障)时，(GPS 故障 ∩ 惯导故障) ∩ (无线电高度表故障 ∩ 大气机故

障)→ 飞控计算机未正常实现故障处理功能，在这种情况下，飞控计算机应优先处理高度故障。

2．由未考虑特殊地理条件所导致的环境需求缺陷模式

名称：特殊地理环境需求缺陷模式。

场景：装订一条目标航路点经度或纬度为特殊值的航线，起飞，处于沿航线飞行过程中。

缺陷表现形式：飞参显示经/纬度值错误，且待飞距错误，飞行轨迹显示错误，属于环境需求缺陷。

缺陷根源：预定义环境集（边界、范围）定义错误，应包含南极圈以南和北极圈以北的区域及东经 180°。

重要度等级：关键。

解决方案：给出完备的预定义环境集，明确说明其合理范围。

缺陷限定类型：遗漏。

实例如下。

①

装订一条目标航路点纬度值在南纬 66°34′到 90°之间的航线，起飞，当飞抵南纬 66°34′时，飞参显示纬度值错误，且待飞距错误，飞行轨迹显示错误，这种纬度值的特殊情况应单独处理。

②

装订一条目标航路点纬度值在北纬 66°34′到 90°之间的航线，起飞，当飞抵北纬 66°34′时，飞参显示纬度值错误，且待飞距错误，飞行轨迹显示错误，这种纬度值的特殊情况应单独处理。

③

装订一条相邻航路点在东经 180° 两侧的航线，起飞，当由西向东飞经东经 180° 时，遥测显示待飞距错误，飞机不能按装订航线正常飞行，而是掉头向西飞行，这种经度值的特殊情况应单独处理。

参考文献

[1] WIEGERS K E．Software Requirements[M]．Washington：Microsoft Press，2003．

[2] PAULK M C，CURTIS B，CHRISSIS M B，et al. Capability maturity model SM for software [R]．CMU/SEI-93-TR-024，1993．

[3] 黄锡滋．软件可靠性、安全性与质量保证[M]．北京：电子工业出版社，2002.

[4] IEEE Standard classification for anomalies[S].IEEE Std1044-1993.

[5] CHILLAREGE R，BHANDARI I S，CHAAR J K，et al. Orthogonal defect classification: a concept for in-process measurements[J]. IEEE Transactions on Software Engineering，1992，18（11）：943-956.

[6] DAVIS A M. Software Requirements: Objects, Functions, and States[M]. Englewood Cliffs：Prentice-Hall，1993.

[7] 朱礼军，陈虔，刘慧，等．基于知识本体的资源管理平台框架设计与实现[J]．北京航空航天大学学报，2005，31（11）：1245-1249.

[8] ALEXANDER C，ISHIKAWA S，SILVERSTEIN M. The Timeless Way of Building[M]. New York：Oxford University Press，1979.

[9] 胡璇，刘斌，陆民燕．软件代码缺陷分类与应用[J]．计算机工程，35（2），2009：30-33.

[10] SEYFF N，MAIDEN N，KARLSEN K，et al. Exploring how to use scenarios to discover requirements[J]. Requirements Eng，2009，14：91-111.

[11] 董斌．从场景中发掘目标的需求建模技术研究[J]．安徽农业大学学报，2004，31（1）：115-118.

[12] DOUGLASS B P. Real-Time UML: Developing Efficient Objects for Embedded Systems[M]. Boston：Addison Wesley，2000.

[13] 屈延文．软件行为学[M]．北京：电子工业出版社，2004.

[14] SOMMERVILLE I，SAWYER P. Requirement Engineering A Good Practice Guide[M]. Chiehester：John Wiley & Sons，1997.

[15] SOMMERVILLE I，SAWYER P，VILLER，S. Viewpoints for requirements elicitation: a practical approach[C]//Proceedings of the 1998 3rd International Conference on Requirements Engineering，ICRE. Los Alamitos：IEEE CS Press，1998：74-81.

[16] HICKEY A M，DAVIS A M. Requirements Elicitation and Elicitation Technique Selection: A Model for Two Knowledge-Intensive Software Development Processes. Proceedings of the 36th Hawaii International Conference on System Sciences (HICSS'03).

[17] 徐仁佐．基于软件知识的测试方法[J]．武汉大学学报（自然科学版），2002，46（1）：61-62.

[18] ZAVE P. Classification of Research Efforts in Requirements Engineering[J]. ACM Computing Surveys，1997，29（4）：315-321.

[19] JACKSON M. Software Requirements & Specifications - A Lexicon of Practice, Principles and Prejudices[M]. Addison-Wesley：ACM Press，1995.

[20] YUE K. What Does It Mean to Say that a Specification is Complete?[C]//Proceedings of the IEEE International Workshop on Software Specifications and Design. Monterey：IEEE Computer Society Press，1987.

[21] KELLER S E，KAHN L G，PANARA R B. Specifying Software Quality Requirements with Metrics[C]//Thayer RH and Dorfman M, Eds. System and Software Requirements Engineering. Washington：IEEE Computer Society Press，1990.

第5章

软件需求缺陷模式本体表示

在实际软件开发过程中，参与方的多样性导致了多个需求视点的产生，从而造成了软件需求的多样性。多视点需求一方面增强了需求的完整性，另一方面造成了需求之间的不一致。此外，还有一些原因导致了其他的需求缺陷，如遗漏、多余及二义性。造成上述问题的根源是知识共享和重用存在问题。本体是概念化的、明确的规范说明，也是解决上述两大问题的有效手段，其优点如下。

第一，为软件或利益相关者（Stakeholder）提供了沟通和交流的桥梁，方便了不同主体间的知识共享。利益相关者包括客户、用户、需求分析员、开发人员、测试人员、文档编制人员、项目经理、法律人员、生产人员、市场营销人员、技术支持人员及其他与产品和客户打交道的人员。利益相关者的利益间相互作用在需求过程中表现得最为强烈。使用本体有利于不同利益相关者达成共识，并有利于冲突的化解。

第二，提供了一种知识重用的手段。本体提供了独立于领域知识的描述手段，以实现知识在更高应用层上的重用，提高了知识重用层次。

第三，提供了一种结构化的领域知识表示手段。本体不仅明确表示了领域概念术语，还明确说明了概念术语间的关系，同时支持对领域规则的精确描述。

第四，是领域知识的形式化表示。本体表示语言一般具有严格的数学基础，形式化程度高，可以实现对隐含知识的推理。

第五，将领域静态知识和操作知识分离。这是通过各自建立概念本体和方法本体来实现的。概念本体表示知识系统中与应用领域相关的概念、概念属性（约束）及概念间类属关系。方法本体定义为描述知识库中动态求解的知识函数或规则过程。

基于本体，使用通用、概括的知识表示模型在类似条件下刻画缺陷模式能指导软件需求缺陷模式的发现。此外，在此基础上构建的软件需求缺陷模式库中的信息作为软件开发和测试经验的总结，又能对需求开发过程进行指导，提高开发质量。这样便将需求缺陷模式和需求开发过程融到了统一的本体框架中，有利于其形式化表示和后续的需求验证等推理工作。

5.1 本体概述

5.1.1 本体发展历史及定义

本体概念最初起源于哲学领域，它在哲学中的定义为“对世界上客观存在物的系统描述”，是客观存在的一个系统的解释或说明，关心的是客观现实的抽象本质。本体是关于存在及其本质和规律的学说，是物质存在的一个系统的解释，这个解释不依赖于任何特定的语言。在知识工程领域，知识工程学者借用本体概念是为了解决知识共享中的问题。人们发现，知识难以共享常常是因为大家对同一事物使用了不同的术语来表达。于是人们提出，如果能找出事物的本质，并以此统一知识的组织和表达，使之成为大家普遍接受的规范，就有可能解决知识共享中的问题。

在计算机领域，尤其是知识工程领域，人们对于本体有多种认识，这种认识也经历了一个不断深化的过程。在人工智能领域，最早给出本体定义的是 R. Neches 等，他们将本体定义为“构成相关领域词汇的基本术语和关系，以及利用这些术语和关系构成的规定这些词汇外延的规则”。这一定义可看作本体的一个基本定义，说明搜集并获取所在领域中的基本概念和这些概念间的关系是构建领域本体的前提条件。

后来在信息系统、知识系统等领域，越来越多的人研究本体，并给出了许多不同的定义。其中，最著名并被广泛引用的定义是由 T. R. Gruber 提出的，即“本体是概念化的、明确的规范说明”。和这个定义类似的有 N. Guarino 和 P. Giaretta 提出的定义，即“本体是概念化的、明确的、部分的说明/一种逻辑语言的模型”。N. Guarino 则认为“本体是由一组描述存在的特定词汇、一组关于这些词汇的既定含义的显式假设构成的。简单本体描述了通过包含关系而形成的概念层次结构，复杂本体还包括用来描述概念之间的其他关系和限制概念解释的合适的公理”。这些定义都从知识工程的高度出发给出了本体的基本构成要素。W. N. Borst 对该定义进行了引申：本体是共享的概念模型的形式化的规范说明。

D. Fensel 对这个定义进行分析后认为本体的概念应包括四个主要方面：第一，概念化（Conceptualization），客观世界的现象的抽象模型；第二，明确（Explicit），概念及它们之间的联系都被精确定义；第三，形式化（Formal），精确的数学描述；第四，共享（Share），本体中反映的知识是其使用者共同认可的。

W. Swartout 等将本体定义为：本体是一个为描述某个领域而按继承关系组织起来作为一个知识库的骨架的一系列术语。该定义强调了本体中术语的重要性。D. Fensel 将本体定义为：本体是对一个特定领域中的重要概念共享的形式化的描述。F.

N. Noy 和 D. L. McGuinness 认为，本体是对某个领域中的概念的形式化的、明确的表示，每个概念的特性描述了概念的各个方面及其约束的特征和属性。F. Fonseca 等认为，本体是以某一观点用详细、明确的词汇表描述实体、概念、特性和相关功能的理论。Starlab 认为，本体必须包括所使用术语的规范说明、决定这些术语含义的协议，以及术语之间的联系，以表达概念。

本书在 T. R. Gruber 给出的本体定义上进行引申，给出如下的本体定义。

定义 5.1　本体是对特定领域中的概念、概念间关联，领域中发生的主要活动，以及该领域中的主要理论的明确描述，可通过概念之间的关系来描述概念的语义，在特定领域内具有可重用性。

领域中的概念、概念间关联所构成的集合反映了领域的概念化。领域中的主要理论反映了按照领域中已有的知识和认知，经一般化与演绎推理所获得的系统化的科学知识，是关于领域中客观事物的本质及其规律的相对正确的认识，是经过逻辑论证和实践检验并由一系列概念、判断和推理表达出来的知识体系。领域中发生的主要活动是指以某种目的为导向，完成一定领域功能和任务的行为的总和。活动由目的和行为构成，具有完整的结构系统，通过经验获得的发生领域异常活动时出现的意外情况信息作为一种先验知识也被包含在其中，并以规则形式存在于本体知识库中。

5.1.2　本体结构与本体语言

5.1.2.1　本体结构

从结构上看，本体可以是简单的树状结构，也可以是复杂的网状结构，图 5.1 所示为不同结构的本体。分类表（Taxonomy）和术语表（Thesaurus）是树状本体的典型代表，在这种本体中，概念间只有简单的 Super Class-Sub Class（超类-子类）或 Broader Meaning-Narrow Meaning（广义-狭义）关系。在本体研究和应用早期，这种本体使用最广泛。另外，在对本体推理能力没有太高要求的情况下，可考虑采用这种本体。

OWL 等语言为描述概念间关联提供了更加丰富的建模元素，如概念间的属性可以具有传递性（Transitive）、互逆性（Inverse）或对称性（Symmetric）。这些丰富的语义能够更有效地支持逻辑推理。如果把相关联的各种元属性全部表示出来，就可以得到一个具有复杂关联性的网状结构。

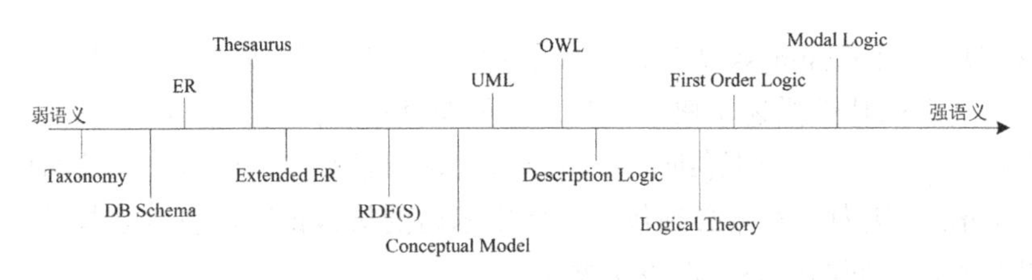

图 5.1　不同结构的本体

5.1.2.2　本体语言

本体的有效工作需要高级编辑工具的支持，更需要高级本体语言来表达和描述本体信息。通过本体语言，人们可以方便地构建本体。通常，本体语言提供概念、概念间关联、概念实例等基本建模元素。一般来说，本体语言应该满足以下三条标准：第一，符合人类认知，便于人类使用，考虑到基于框架和面向对象建模的成功案例，本体应该类似于框架；第二，应有包含已制定的推理特性、定义良好的形式化语义，以确保完整性、正确性和有效性；第三，应与现有的 Web 语言，如可扩展标记语言（Extensible Markup Language，XML）和资源描述框架（Resource Description Framework，RDF）有适当的链接，以确保互用性。

随着信息交换技术的发展，以 XML 为代表的信息交换语言得到了广泛的应用。有很多本体语言都以 XML 为基础。

1. XML

XML 是一种通用信息交换语言，它提供了一系列规则用于建立满足用户需求的标签。通过解释程序处理，标签间的关系可以得到完整的解析。因此，使用 XML 的信息系统能够对 XML 格式的信息资源产生相同的理解。

现在，XML 已经成为互联网上最重要的信息交换语言。为了判断名称相同的两个标签是否对应于同一个网络资源，XML 引入了命名空间（Namespace）的概念。命名空间给出了标签起作用的范围。每个命名空间有一个通用资源标志符（Universal Resource Identifier，URI）。命名空间中的标签名称不重复，所以通过 URI 与标签名称可以唯一确定一个网络资源。

由于 XML 文档类型定义（Document Type Definition，DTD）中提供的数据类型有限，并且不支持域名机制，所以提出了 XML Schema 的概念。XML Schema 提供了一种灵活的方式来表达标签和文本的关系，而且提供了更丰富的数据类型。

总之，XML 及其相关技术为网络上的信息资源提供了具有良好扩充性、结构清晰的描述方式。因此，很多本体语言都以 XML 为基础，建立针对具体建模元素的固定标签。

2. RDF（S）

RDF 是万维网联盟（World Wide Web Consortium，W3C）发布的资源描述框架，

它以 XML 为基础，为网络上的各种信息资源提供了一种标准的方式来表示语义。

RDF 的数学模型是一个由主语、谓语和宾语组成的三元组。主语表示网络上具有名称，用 URI 标识的任意信息资源。谓语表示对信息资源属性的一个声明。宾语是属性值，可以是简单数据类型的值，也可以是另外的网络资源。

但是，RDF 提供的资源与属性描述机制过于简单，约束过少，容易导致语义冲突。在这种背景下，W3C 提出了 RDF Schema（RDFS），添加了谓词的 domain 和 range 的概念。这样就可以防止语义冲突的情况发生。实际上，RDFS 定义了一个简单的资源本体。在网络交换的很多场景下，RDFS 已经能够满足信息描述和交换的基本要求。

3. SHOE、OML 和 XOL

在 XML 语法的基础上直接扩展即可得到简单 HTML 本体扩展（Simply HTML Ontology Extension，SHOE）、本体标记语言（Ontology Markup Language，OML）和基于 XML 的本体交换语言（XML-Based Ontology Exchange Language，XOL）。

4. OIL 和 DAML

随着语义 Web 研究的不断深入，对于本体语言的表达能力和严格性的要求越来越高。所以，在 RDFS 的基础上，W3C 研究并制定了一系列本体语言。有两种本体语言是建立在 RDF（S），即 RDF 和 RDFS 的并集之上的，以便改善 RDF（S）的特征：本体交互语言（Ontology Interchange Language，OIL）和 DARPA 主体标记语言+本体推理层（DARPA Agent Markup Language with Ontology Inference Layer，DAML+OIL）。

其中，OIL 和 DAML 融合后得到的 OWL 是 W3C 推荐的本体语言。

5. OWL

OWL 包含三个子语言，分别是 OWL Lite、OWL DL 和 OWL Full。其中，OWL Lite 仅提供简单的分类层次和属性描述机制。OWL DL 提供强大的逻辑推理能力，基于 OWL DL 的推理具有完备性和可信性。OWL Full 提供最强的表达能力，但是基于 OWL Full 的推理不具有完备性和可信性。

以上述介绍为基础，可得到本体语言的层次化关系，如图 5.2 所示。

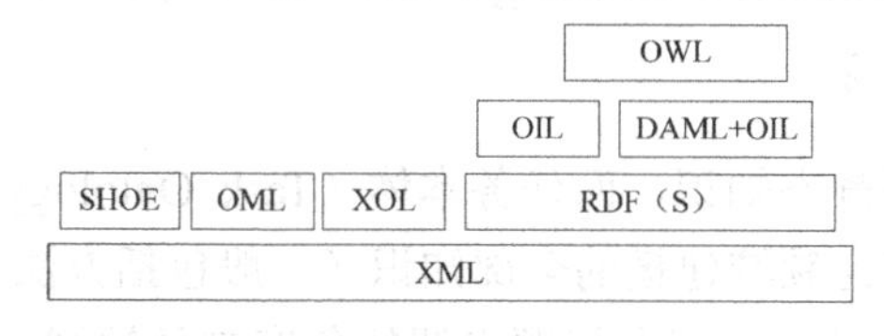

图 5.2 本体语言的层次化关系

除上述几类本体语言之外，还有一些本体语言在特定领域被广泛用于构建本体。

如 UML、Topic Map、Entity Relation Language（ER）等。UML 是面向对象领域的标准语言，它提供类图、交互图、状态图、部署图等图示方法，用来支持软件开发过程中各类资源的建模活动。通常使用 UML 类图来建立领域本体。除 OWL 和 UML 之外，ER 和 Topic Map 也是应用非常广泛的本体语言。ER 是在数据库领域比较成熟的概念建模语言。Topic Map 是 ISO SC36 发布的概念建模语言，在信息管理、图书馆等领域得到了广泛的应用。

本体语言应当允许用户编写清晰且形式上概念化的领域模型，主要需求有定义良好的语法、定义良好的语义、有效的推理支持、充分的表现力、便于表达。

具有弱语义的本体被称为轻型本体，具有强语义的本体被称为重型本体。如果以允许定义轻型本体的语言到允许定义重型本体的语言来度量本体语言的表现力，那么各本体语言的顺序是 XOL、RDF（S）、SHOE、OML、OIL、DAML+OIL 和 OWL。

5.1.3 本体类型及建模方法

5.1.3.1 本体类型

本体类型多种多样，根据本体的主题大致可以分为如下几种。

1. 领域本体

领域本体（Domain Ontology，DO）包含特定领域的相关知识，提供特定领域的概念定义和概念间关联，提供该领域中发生的活动及主要理论和基本原理等，如企业本体、医学概念本体和陶瓷材料机械属性本体等。

2. 通用本体

通用本体（Generic Ontology，GO）覆盖多个领域，如 Cyc、中国科学院“常识知识的实用研究”中的结合 Agent 和本体的知识库等。

3. 表示本体

表示本体（Representational Ontology，RO）提供用于描述事物的实体。

4. 任务本体

上述本体主要涉及静态知识，而任务本体（Task Ontology，TO）主要涉及动态知识。任务本体包含特定领域建模的全部知识（一般包括方法），主要研究可共享的问题求解方法，其实质是从推理和问题求解的角度刻画领域知识。任务本体有助于解决领域知识不能以与其使用方式无关的形式表示的问题，对知识库系统的重用和组件化开发十分重要。

5. 语言学本体

语言学本体是关于语言、词汇等内容的本体。

由于本体的分类方法较多，目前还没有被广泛接受的分类标准。

5.1.3.2 本体建模方法

学科知识库建模时按照知识分析和设计系统（Knowledge Analysis and Design System，KADS）知识模型把知识库划分成三个层次：领域层、推理层和任务层。对知识库结构层次的划分使知识库的可维护性大大提高，并使知识的重用成为可能。但这还远远不够，因为要实现系统的重用，还需要一种有效机制来实现各层次间的灵活配置，将相互独立的层次紧密地联系起来，共同组成一个完整的系统。本体就是这一机制的核心，因此 KADS 知识模型使用本体来表示层次间的相互联系。

通常，领域本体、通用本体和表示本体包含与问题求解方法无关的静态知识，是构成领域层的一部分。任务本体和方法本体是为实现系统各层次的灵活配置而提出的，它们分别描述特定的任务和问题的求解方法。任务本体和方法本体实质上是从推理和问题求解角度刻画领域知识的，有助于解决交互问题，即领域知识不能以与其使用方式无关的形式表示问题。任务本体和方法本体通过将领域知识和问题求解方法间的交互明确地表示出来，充当系统层次间的黏合剂，从而解决知识的重用与组件化开发中的关键问题。

目前，构建本体大多采用手工方式，远没有成为一种工程化活动。在构建各自的本体时，都有各自的原则、标准和定义，缺乏公认的建模方法，影响了本体的重用、共享和互操作。但是，研究人员在不断地探索本体的开发方法。目前知识工程领域成型的建模方法主要有以下几种。

1. Mike Ushold 和 Micheal Gruninger 的骨架法

骨架法（Skeletal Methodology）是基于爱丁堡大学开发企业本体（Enterprise Ontology，EO）的经验产生的。它提出了构建本体的 5 个主要步骤（见图 5.3）：①确定本体应用的目的和范围（Identifying Purpose and Scope）；②本体分析（Ontology Analysis），定义本体内所有术语的意义及术语之间的关系；③本体表示（Ontology Representation），选择合适的语言来形式化这些概念及其相互关系；④本体评价（Ontology Evaluation），根据第一阶段中确定的需求和本体的能力问题对本体及软件环境、相关文档进行评价，以尽量达到清晰、一致、完善、可扩展的要求；⑤本体建立，对所有本体按照④中的标准进行检验，符合要求的以文件的形式存放，否则转回②，如此循环，直至所有步骤的检验结果均达到要求。

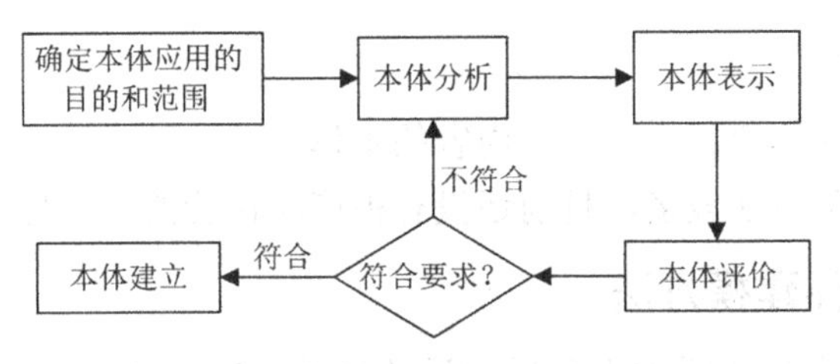

图 5.3　骨架法流程图

2. Micheal Gruninger 和 Mark S. Fox 的企业建模法（TOVE）

TOVE Ontology Project 是多伦多大学 Enterprise Integration Laboratory 的一个项目，它的目标是构建一套为商业和公共企业建模的集成本体，并且已经建成了相关本体。作为该项目的一部分，设计人员设计了一套创建和评价本体的方法——Enterprise Modelling Methodology。该方法包括如下几个步骤：①激发场景（Motivating Scenario），应用领域的某些场景激发了本体的构建，因此给出一个场景有助于理解构建本体的动机。②非形式化的能力问题（Informal Competency Questions），提出一个本体应能回答的各种问题作为需求。通过指明能力问题和场景之间的关系，可以对新扩展的本体进行一定的非形式化判断，这也是一种初始的评价，用以判断是否需要扩展本体，或者现有本体是不是已经可以涵盖所提出的非形式化问题。③一阶逻辑表达的术语规格说明（Specification in First-Order Logic-Terminology），识别领域中的对象，并用一阶逻辑等方式表达出本体中的术语。④形式化的能力问题（Formal Competency Questions），用形式化的术语把非形式化的能力问题表达出来。⑤一阶逻辑表达的公理规格说明（Specification in First-Order Logic-Axioms），本体中的公理指定了术语的定义及约束。采用本体中的谓词将公理定义为一阶逻辑的句子，这只是本体的规格说明，并不是本体的实现。⑥完备性定理（Completeness Theorems），当能力问题都被形式化地表述之后，必须定义在什么条件下这些问题的解决方案是完备的。TOVE 流程图如图 5.4 所示。

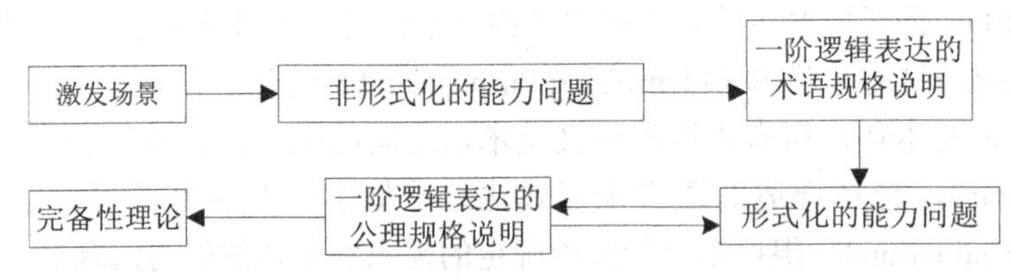

图 5.4　TOVE 流程图

3. Mariano Fernandez 和 GOMEZ-PEREZ 等的 Methontology 方法

Methontology 方法是由西班牙马德里理工大学人工智能实验室提出的。该方法分为三个阶段：第一阶段是管理阶段，管理的内容包括任务的进展情况、需要的资源和保证质量等；第二阶段是开发阶段，进行的步骤是规范说明、概念化、形式化、执行和维护；第三阶段是维护阶段，包括知识的获取、系统集成、评价、文档说明和配置管理等。Methontology 方法把本体开发过程和本体生命周期区别开来，并使用不同的技术提供支持。它还根据进化原型法的思想，提出生命周期概念来管理整个本体的开发过程，使本体开发过程更接近软件工程开发过程。

WebODE 是基于 Methontology 方法学用本体知识库对知识进行建模的新工具，是本体设计环境（Ontology Design Environment，ODE）的 Web 对应物，不仅可以用于开发本体知识库，而且是可扩展的高级本体论工程平台，它为相关的不同本体提供服务，并包含和支持本体开发过程中涉及的大部分活动。允许多用户在开发级上同步协作编辑本体，支持 Methontology 的概念化阶段及本体开发生命周期的大部分活动（重组、概念化和实现等）。

4．IDEF 5 方法

IDEF 的概念是在 20 世纪 70 年代提出的结构化分析方法的基础上发展出来的。1981 年，在美国空军公布的 Integrated Computer Aided Manufacturing（ICAM）工程中首次用了名为 IDEF 的方法。IDEF 是 ICAM Definition Method 的缩写，到目前为止它已经发展成了一个系列。本体描述获取方法 IDEF 5（Ontology Description Capture Method）提供两种语言形式，即图表语言和细化说明语言，用来获取某个领域的本体。这两种语言是互为补充的，IDEF 5 的图表语言在表达能力的某些方面是有限的，但是它的这种绘图方式又使得它很直观，容易被理解；IDEF 5 的细化说明语言是一种具有很强的表达能力的文本语言，它可以把隐藏在图表语言中深层次的信息描述清楚，从而弥补图表语言的不足。另外，IDEF 家族中的方法都是互为补充的，在一个概念模型的描述中会遇到很多相继发生的事件，即一个过程，对这些过程的描述也需要有很好的支持语言，IDEF 3（Process Flow and Object State Description Capture Method）正是一种为获取对过程的准确描述所用的方法。它通过提供过程流图和对象状态转移网图（OSTN）来获取、管理和显示过程。

IDEF 5 提出的本体构建方法包括 5 个活动：①组织和范围（Organizing and Scoping），确定本体构建项目的目标、观点和语境，并为组员分配角色；②数据收集（Data Collection），收集本体构建需要的原始数据；③数据分析（Data Analysis），分析数据，为抽取本体做准备；④初始化的本体建立（Initial Ontology Development），由收集的数据构建一个初步的本体；⑤本体的精炼与确认（Ontology Refinement and Validation），完成本体构建过程。

上述方法都是从各种实践出发总结出的构建本体的粗略过程，但由于缺少公认的本体建模标准及指导性原则的约束，本体建模的实践工作缺乏规范性，主要基于本体开发者的经验进行。此外，现存的各类本体建模方法中也缺少对软硬件综合系统本体建模的研究。

本节在上述几种本体建模方法的基础上，结合工程实践经验，得到了领域本体建模的原则性步骤。

（1）建立领域层。①确定建模的目的和范围：针对某领域的知识内容，确定建立知识库，并明确建立该知识库的目的和范围。②获取初步知识：针对某领域的知识内容和知识点，结合专家的理解和经验，获得领域知识，并粗略地描述出知识点间关系。③概念-关系分析。④给出上述概念、知识和关系的形式化描述，得出“概念-关系辞典”，即领域层知识库模型。在本体中，“关系”是对客观世界中的联系进行的确定的描述，“术语”是对客观世界对象或状态进行的确定的描述。在构建本体时，应对这些描述进行分类，并建立某特定领域的表达模型（如数据字典）。

（2）建立功能层。描述出特定的任务和问题求解的方法。

（3）建立任务层。把领域知识和问题求解方法间的关系明确表示出来，实现输入及输出的转换、任务的分析及分解。

本体建模的起点必须详细说明模型中涵盖的概念、实例、关系和公理等实体，至少应初步认定描述这些实体的绝大多数词汇。这就是领域的概念化，即领域的概念化模型。概念化模型的建立是本体建模的核心。通过对现有系统的分析，本体建模的生命周期可以划分成三个阶段：规约制定阶段（主要以文档的形式详细说明开发本体的目的和领域，明确说明为什么要开发本体，预期本体的用途及最终用户），概念化阶段（主要任务是建立领域知识的概念化模型，这是开发本体的核心）和实现阶段（使用形式化语言对概念化模型进行编码，以使计算机能够理解并进行加工处理）。

5.1.4 本体编辑工具

本体编辑工具用于帮助领域专家构建和维护本体，因此应具有以下特点：能够支持对概念层次、概念属性，以及规则和约束的定义；应当提供图形化用户界面（Graphical User Interface，GUI）；与基于 Web 软件开发中现有的标准一致；能对本体进行检查、浏览、编码与修改，还应支持对本体的构建和维护。

为此，世界上很多组织、科研院所、大专院校和企业等都对本体技术进行了有意义的探索与研究，并开发出相应的本体编辑工具，有些本体编辑工具甚至已成为商业化产品。目前编辑和维护本体的工具主要有 JOE、KADS22、KAON、OILed、OntoEdit、Ontolingua、Ontosaurus、Protégé2000、WebODE 和 WebOnto 等；对本体进行合并操作的工具主要有 Chimaera、OntoMorph 与 PROMPT 等；对本体知识库进行访问通常采用 OKBC 等协议。

5.1.5 本体集成

本体集成是指当某一本体任务中应用到多个异质本体时，为了使这些异质本体能够交互，在这些本体的实体间建立并处理映射，以实现本体对齐或本体合并的过程。其中涉及的本体集成、本体合并、本体对齐、本体映射等概念并没有一个公认的定义和界定，但这些概念的核心意义都指向本体重用。同时，建立准确的本体映射是本体构建的基础性任务与核心组成部分。按本体定义模型进行分类，可将对本体映射的研究分为基于语法的方法、基于概念实例的方法、基于概念定义的方法、基于概念结构的方法。基于语法的方法常用的有计算概念名的编辑距离和两个节点间的基距离。基于概念实例的方法的典型代表有华盛顿大学的 GLUE 系统。基于概念定义的方法的代表有 M. Andrea Rodríguez 和 Max J. Egenhofer 提出的一种利用概念定义计算概念间相似度的方法。基于概念结构的方法是指在映射时参考了概念间的层次结构，如节点关系、语义邻居关系等。节点的层次关系中蕴含着大量的潜在语义，很多映射方法都利用了这一点。此外，还有基于规则的本体映射方法、基于统计学的本体映射方法等。本体映射方法多种多样，其不足也很明显。基于各类相似度度量的映射方法，以及使用召回率与准确率来评估精度的方法，多数仅限于度量实体间的等价关系，强调语法实现，缺乏语义的准确描述；基于规则（形式化）的方法通过语义抽取本体内涵，缺少关系一致性检验；基于统计学（利用数值判别）的方法存在计算误差。引入描述逻辑的策略可避免上述不足，但多数现有研究只涉及相同或相近领域本体概念，很少涉及角色水平，即使提到角色匹配，也都仅限于直接匹配，没有考虑使用中间概念或角色传递映射进行间接匹配。

5.1.6 本体评价

本体评价可定义为在生命周期的各阶段内及各阶段间进行关于参考框架的本体内容的技术判断，由本体验证（Ontology Verification）和本体确认（Ontology Validation）构成。本体验证与所构建本体的正确性有关，借助不同的度量标准和质量标准来研究本体的结构、功能和表示。本体确认可确保为给定应用构建正确的本体。本体确认是通过能力问题（Competency Questions）和专家访谈（Expert Interviews）实现的。为了获得最佳结果和高质量本体，需要从待评估本体各方面的可用列表、正确的评估方法、待评估准则的正确组合及要使用的正确工具中进行选择。

1. 方面

方面（Aspects）包括本体的词汇、语法、结构、语义、表示和上下文，可按照相关文献进行定义。

2. 途径

可以将已知的各种方法和技术分配给四个途径（Approaches）：基于技术的途径、基于质量属性的途径、基于数据驱动的途径和基于应用驱动评估的途径。

3. 准则

目前有多种评估本体质量的准则（Criteria），其中部分准则是定量的，因此在使用前需要进行评估。

4. 本体评价工具

每种本体评估工具（Tools）关注本体评价的某一方面。其中，有代表性的工具包括 ODEClean、ODEval、AEON、Eyeball、Moki、XD-Analyzer、OQuaRE、OntoCheck、OntoQA、OntoClean、OntoMetric、ACTiveRank、OOPS!、ODEval、oQual 等。

5.2 领域相关软件需求缺陷模式本体表示

软件需求缺陷模式按照与领域知识的相关性可分为两大类——领域无关软件需求缺陷模式和领域相关软件需求缺陷模式。第一类缺陷模式的产生原因与人的心理活动相关，故不在本书研究范围之内。本书重点研究第二类缺陷模式，因此本节仅介绍领域相关软件需求缺陷模式本体表示。

5.2.1 需求模型及环境框架构建

软件需求抽取的主要任务包括提出接口、数据要求，功能性、非功能性需求，限制条件和需求变更要求等。软件需求可进一步分为显性需求（Explicit Requirement）和隐性需求（Implicit Requirement）。显性需求反映软件系统与所处环境间的直接交互及相应限制；隐性需求反映软件系统与所处环境间的间接交互及相应限制。由此建立环境本体，如图 5.5 所示。

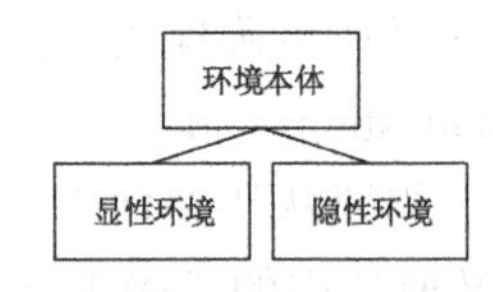

图 5.5 环境本体的层次结构

从用户的观点看，软件需求是指软件系统与所处环境间进行交互从而使环境改变及目标实现。此处的目标实现包括功能性目标的实现和非功能性目标的实现。

定义 5.2 软件需求规定了软件系统必须实现的软件功能、性能约束及用户目标，可通过软件系统与所处环境间的交互、系统状态变化、环境状态改变、事件流、场景和用例来刻画，可表示为四元组：r:=<System,Environment,Interacts,Event,Scenario, Use case, Objective>，即 r:=<System<people,agent,component>,Environment<explicit environment,implicit environment>, Interacts < direct interacts, indirect interacts>, Event, Scenario, Use case, Objective <functional objective, non-functional objective >>。

软件需求语义反映了改变环境状态的交互，可通过事件流刻画，故可采用状态转移模型表示软件系统所处环境的状态迁移及事件发生，得到环境描述框架如下。

State<Original state, Effect state >≠ NULL

Event→Transition: T (state, state)

Constraints< Precond, Postcond >

其中，Constraints 作用在状态（State）、事件（Event）和转移（Transition）之间，领域知识可通过环境的状态转换加以描述。

5.2.2 两种情况下的软件需求缺陷模式本体表示

本书的软件需求缺陷模式本体表示建立在泛化层上，因此是一种一般性的通用软件需求缺陷模式本体表示。

5.2.2.1 单叶节点软件需求缺陷模式表示

将单个用例描述为领域本体某个粒度的实例后，节点需求可表示为 r_c := < System, Environment, Interacts, Event, Scenario, Use case, Objective >，相应领域相关软件需求缺陷模式如下。

1. 场景

场景Ⅰ：需求分解图中单个用例。

构建环境集 Environment = { $En_1,\cdots, En_m$ }，$m\in \mathbf{N}$；交互动作集 Interacts = { $Interacts_1,\cdots,Interacts_n$ }，$n\in \mathbf{N}$，对 $\forall\ i\in \{1,2,\cdots,n\}$，有 $Interacts_i$:= <system, environment>，interacts∈Interacts，Object 表示参与对象集，State 表示状态集，Event 表示事件序列，$Event_i$ 表示 Event 的一个子序列，$Interacts_i$ 表示 Interacts 的一个子序列，$state_i$ 表示 State 的一个非空子集，$i\in \{1,2,\cdots,n\}$；领域本体决定的限制关系集 Constraints = {$Constraints_1, Constraints_2,\cdots, Constraints_l$}，$l\in \mathbf{N}$；与其对应的 r-constraints 记为 $Constraints_r$，它们均基于领域本体的推理得到。

场景 1：

∃interacts = < acts, explicit environment ∪ implicit environment >∈ Interacts 且

(explicit environment $\notin$ Environment) $\cap$ (implicit environment $\notin$ Environment)。

场景 2：

$\exists$ $Constraints_k(interacts_i, interacts_j) \in Constraints$ ($1 \leqslant i, j \leqslant n$ 且 $i \neq j$)且($interacts_i \notin$ (Direct interacts) $\cap$ (Indirect interacts)) $\cup$ ($interacts_j \notin$ (Direct interacts) $\cap$ (Indirect interacts))。

场景 3：

$\forall$ $Interacts_i \in Interacts$，$\exists error \in \cup Interacts_i(element)$。

场景 4：

$\forall Interacts_i \subset Interacts$, $i \in \{1,2,\cdots,n\}$，$Interacts_i \neq NULL$，$state_i \subset State$，$state_i$ < Original $state_i$, Effect $state_i$ >$\neq$ NULL，$\exists(error_i \in Interacts_i) \cap (Interacts_i \rightarrow Event_i) \cap (Event_i \rightarrow$ State Transition: T $(state_i, state_j))$。

场景 5：

$\exists(precond_r \notin Precond_{domain}) \cup (postcond_r \notin Postcond_{domain})$。

场景 6：

$state_i$ < Original $state_i$, Effect $state_i$ >$\neq$ NULL，$Event_i \rightarrow$ State Transition: T $(state_i, state_j)$，$\exists error \in \cup state_i(element)$。

场景 7：环境初始状态为 S_o，领域本体实例库为 IB，$S_o, IB \vdash \neg Objective$。

场景 8：在推理过程中，基于相同条件（动作序列），得到多个不同目标。

2．缺陷

单叶节点软件需求缺陷模式缺陷表现形式及缺陷根源如表 5.1 所示。

表 5.1　单叶节点软件需求缺陷模式缺陷表现形式及缺陷根源

序号		缺陷	
		缺陷表现形式	缺陷根源
场景 I	1	显性或隐性环境不属于预定义环境集	预定义环境集（边界、范围）定义错误
	2	事件流中包含异常情况	事件流构成要素中的一个或多个包含缺陷
	3	场景缺失	对某些特殊场景未考虑
	4	用例缺失	对某些特殊用例未考虑
	5	前置条件不属于领域预定义前置条件集；后置条件不属于领域预定义后置条件集	违反前置条件和后置条件
	6	表现为遗漏、多余、错误和不一致四种情况任意组合的环境需求缺陷	若由事件触发的环境状态转换中的初始状态、交互状态、并发状态和结束状态等要素中的一个或多个包含缺陷，则认为产生了一个环境需求缺陷
	7	由初始环境中的知识不能推出系统预期目标	初始环境中的知识错误
	8	在相同条件下，经过推理得到不同系统目标	推理过程错误

3. 解决方案

（1）给出完备的预定义环境集、交互动作集、前置条件集和后置条件集。

（2）对软件行为的主体、客体、行为体、行为输入、行为输出和行为属性等各要素的正确性进行检查。

（3）对行为序列的正确性进行检查。

（4）对环境状态转换中的初始状态和结束状态等要素进行检查。

（5）对初始环境知识的正确性进行检查。

（6）对推理过程的正确性进行检查。

（7）对系统预期目标的正确性进行检查。

5.2.2.2 多叶节点软件需求缺陷模式表示

1. 场景

场景Ⅱ：需求分解图中两个用例间。

将用户需求的环境状态转换系统表示为 S_{user}，将状态映射到领域本体上，并将转换条件转化为交互动作的序列，得到初始系统 S_{user} 的简化系统 S_d。设需求分解图中任意两叶节点对应子功能的外部需求表示分别如下。

r_{c1} := <Agent$_1$, Environment$_1$, Interacts$_1$, Objective$_1$>。

r_{c2} := <Agent$_2$, Environment$_2$, Interacts$_2$, Objective$_2$>。

$\forall$ environment$\in$Environment，交互动作为 Interacts$_1$ 和 Interacts$_2$，S_1 和 S_2 相应的简化系统分别为 S_{d1} 和 S_{d2}。

场景 1：

$\exists$state$\in$(S_{d1}.state$\cap$$S_{d2}$.state)，$S_1$ 和 S_2 均从同一状态开始转换，两者得到的最终状态间冲突。

场景 2：

$\exists$state$\in$(S_{d1}.state$\cap$$S_{d2}$.state)，$S_1$ 和 S_2 均从同一状态开始转换，在相同的动作序列下，两者得到的最终状态不相同。

2. 缺陷

双叶节点软件需求缺陷模式缺陷表现形式及缺陷根源如表 5.2 所示。

表 5.2 双叶节点软件需求缺陷模式缺陷表现形式及缺陷根源

序号	缺陷	
	缺陷表现形式	缺陷根源
场景Ⅱ	用例缺失	尽管用例间相互独立，但由于存在用例间的 include 关系，导致某一个用例的实现需要以另一个用例实现为前提

3．解决方案

对状态转移关系集进行一致性和正确性检查。

上文对需求分解图中单叶节点及双叶节点，即单子功能和两个子功能间缺陷模式进行了本体表示。需求分解图中多叶节点子功能间缺陷模式表示可基于上述单叶节点子功能不满足环境描述框架缺陷模式及双叶节点间功能不一致对应的缺陷模式进行混合表示，此处不再赘述。

参考文献

[1] 邓志鸿，唐世渭，张铭，等．Ontology研究综述[J]．北京大学学报（自然科学版），2002，38（5）：730-738.

[2] NECHES R，FININ T，GRUBER T R，et al．Enabling Technology for Knowledge Sharing[J]．AI Magazine，1991，12（3）：36-56.

[3] GRUBER T R. A translation approach to portable ontologies[J]. Knowledge Acquisition，1993，5（2）：199-220.

[4] GRUBER T R. Toward Principles for the Design of Ontologies Used for Knowledge Sharing[J]．International Journal of Human-Computer Studies，1995，43（5-6）：907-928.

[5] GUARINO N. Formal Ontology and Information Systems[C]//Proceedings of FOIS'98-Formal Ontology in Information Systems. Trento，1998.

[6] BORST W N. Construction of Engineering Ontologies for Knowledge Sharing and Reuse[D]. Enschede：University of Twente，1997.

[7] FENSEL D. Ontologies: Silver Bullet for Knowledge Management and Electronic Commerce[M]．BerLin：Springer，2001.

[8] SWARTOUT W，PATIL R，KNIGHT k，et al．Toward Distributed Use of Large-Scale Ontologies[J]. Ontological Engineering，1997：138-148.

[9] FENSEL D. The semantic Web and its languages[J]. IEEE Computer Society 15, 6 (November/December)，2000：67-73.

[10] NOY F N，MCGUINNESS D L. Ontology Development 101: A Guide to Creating Your First Ontology. Stanford Knowledge Systems Laboratory Technical Report KSL-01-05 and Stanford Medical Informatics Technical Report SMI-2001-0880,

[11] FONSECA F T，EGENHOFER M J，AGOURIS P，et al．Using Ontologies for Intergrated Geographic Information Systems[J]. Transactions in GIS，2002，6（3）：

231-257.

[12] Starlab. Systems Technology and Application Research Laboratory home page. Faculty of Sciences, Department of Computer Science, Vrije Universiteit Brussel[EB/OL]. https://researchportal.vub.be/en/organisations/software-technology- and-application-research/.

[13] 何克清，何扬帆，王翀，等．本体元建模理论与方法及其应用[M]．北京：科学出版社，2008.

[14] FENSEL D，HORROCKS I，VAN HARMELEN F，et al. OIL in a Nutshell[C]// Proceedings of the 12th European Wokrshop on Knowledge Acquisition。Modeling and management (EKAW’00). BerLin: Springer-Verlag，2000：1-16.

[15] WANG C，HE K Q，HE Y F. Mappings from OWL-s to UML for semantic web services [C]. CONFENIS，2006：397-406.

[16] 卢刘明，朱国进，陈家训. 语义 web 中几种语义描述语言的分析比较[J]. 计算机工程，2005，31（3）：86-93.

[17] HEFLIN J，HENDLER J，LUKE S. SHOE: A Blueprint for the Semantic Web[C]//Spinning the Semantic Web: Bringing the World Wide Web to Its Full Potential. Boston：MIT Press，2003.

[18] KENT R. Conceptual Knowledge Markup Language: An Introduction[C]// NETNOMICS: Economic Research and Electronic Networking. 2000.

[19] KARP R，CHAUDHRI V，THOMERE J. XOL: an XML-based Ontology Exchange Language(version0.4)[EB/OL]. https://www.sri.com/publication/xol-an- xml-based-ontology-exchange-language/.

[20] HORROCKS I，VAN HARMELEN F. Reference Description of the DAML+OIL ontology markup language[R/OL].http://www.daml.org/2000/12/reference.html.

[21] PATEL-SCHNEIDER P F，HAYES P，HORROCKS I. OWL Web ontology language semantics and abstract syntax [EB/OL]. http://www.w3.org/TR/owl-semantics/.

[22] MCGUINNESS D L，VAN HARMELEN F. OWL Web ontology language overview [C/OL]. http://www.w3.org/TR/owl-features.

[23] KOIDE S，TAKEDA H. OWL-Full,Reasoning from an Object Oriented Perspective.[C]//Asian Semantic Web Conference. Berlin，Heidelberg：Springer，2006.

[24] Gómez-Pérez A，CORCHO O. Ontology Languages for the Semantic Web[J]. IEEE Intelligent Systems，2002，17（1）：54-60.

[25] 王晓东．基于 Ontology 知识库系统建模与应用研究[D]．上海：华东师范大学，2003.

[26] Knowledge-Based Design [EB/OL]. http://www.eil.utoronto.ca/kbd/.

[27] GRUNINGER M, FOX M S. Methodology for the Design and Evaluation of Ontologies[C]. Montreal:Workshop on Basic Ontological Issues in Knowledge Sharing, IJCAI-95, 1995.

[28] FERNANDEZ M, GOMEZ-PEREZ A, JURISTO N. METHONTOLOGY: From Ontological Art Towards Ontological Engineering[C]. AAAI-97 Spring Symposium on Ontological Engineering, Stanford University, 1997.

[29] LOPEZ M F, GOME-PEREZ A, SIERRA J P, et al. Building a Chemical Ontoloy Using Methontology and the Ontology Design Environment[J]. IEEE Intelligent Systems, 1999, 14（1）: 37-46.

[30] 陈禹六. IDEF 建模分析和设计方法[M]. 北京：清华大学出版社，1999.

[31] 李文杰. 基于本体的分布式知识库系统研究[D]. 天津：天津大学，2004.

[32] MAHALINGAM K. The Java Ontology Editor (JOE)[Z]. Center for Information Technology, Electrical and Computer Engineering Department, University of South Carolina, 1996.

[33] SCHREIBER G, WIELINGA B, DE HOOG R, et al. CommonKADS: A Comprehensive Methodology for KBS Development[J]. IEEE Expert, 1994, 4: 28-37.

[34] ForschungsZentrum Informatik, Institute AIFB at University of Karlsruhe, KAON: Karlsruhe Ontology, Germany[EB/OL]. [2002-10-13]. http://kaon.semanticweb.org/.

[35] Ontoprise Company Limited. OntoEdit: Designing the Semantic Web[EB/OL]. [2003-01-08].http://www.ontoprise.de.

[36] FARQUHAR A, FIKES R, Pratt W, et al. Collaborative Ontology Construction for Information Integration. Knowledge Systems Laboratory, Stanford University, USA, 1995, 1-33.

[37] SWARTOUT B, PATIL R, KNIGHT K. Toward Distributed Use of Large-Scale Ontologies[C]//Proceedings of the 10th Knowledge Acquisition for Knowledge-based Systems Workshop. Banff, 1996.

[38] MUSEN M A. Dimensions of Knowledge Sharing and Reuse[J]Computers and Biomedical Research, 1992, 25（5）: 435-467.

[39] Stanford Medical Informatics, Welcome to the protégé project, Stanford University School of Medicine[EB/OL]. [2003-03-09]. https://protege.stanford.edu/products.php.

[40] ARPIREZ J C, CORCHO O, Fernández-López M, et al. WebODE: a Workbench for Ontological Engineering[C]//Proceedings of the 1st International Conference on

Knowledge Capture (KCAP'01). Victoria，2001：136-151.

[41] DOMINGUE J. Tadzebao and Webonto: Discussing, Browsing and Editing Ontologies on the Web[C]//Proceedings of the 11th Knowledge Acquisition, Modeling and Management Workshop (KAW'98). Banff，1998.

[42] MCGUINNESS D L，FIKES R，RICE J，et al. The Chimaera Ontology Environment.[C]//Proceedings of the 17th National Conference on Artificial intelligence (AAAI'00). Austin，2000：1123-1124.

[43] CHALUPSKY H. OntoMorph: a Translation System for Symbolic Knowledge[C]// Proceedings of the 7th International Conference on Knowledge Representation and Reasoning(KR'00). Breckenridge，2000：471-482.

[44] FRIDMAN N，MUSEN M. PROMPT: Algorithm and Tool for Automated Ontology Merging and Alignment[C]//Proceedings of the 17th National Conference on Artificial Intelligence (AAAI'00). Austin，2000：450-455.

第6章

多本体需求知识框架的建立

需求抽取活动是需求工程的基础和重要组成部分，并且对软件产品的质量有巨大的影响。如何进行有效的需求抽取，并得到正确、完备、一致、无二义的需求规约仍是困扰系统分析员和软件开发者的问题。造成上述问题的重要原因之一便是在系统开发者和领域用户之间缺乏有效的知识共享桥梁。在实际应用中，一方面一些系统开发者缺乏软件系统问题域相关知识，因此他们消极地等待领域用户提供需求并根据自己的解释开发需求规约，这将不可避免地造成需求中的部分内容被错误理解，从而导致低质量需求规约的产生。另一方面尽管领域用户和领域专家具备领域知识，在高质量需求抽取活动中扮演了重要角色，但是他们不知道如何按照软件系统开发准则精确地表达能为系统开发者所理解的需求。此外，软件系统的规模和复杂性不断增大，使得对软件系统的理解和开发都产生了一定的困难，而在这类软件系统的开发过程中，不同团队的介入使得多视点、多范型的开发方法被广泛使用，同时也增加了需求规约的异质性，从而导致了需求规约的不一致和二义性。

基于知识的需求抽取方法可被用来解决上述问题，其目的在于利用领域分析和经验数据来帮助软件系统利益相关者理解应用领域和定义需求。解决上述问题的关键在于将领域知识建模为一个可共享的知识框架，这样不同的软件开发参与者可以对领域问题达成一致的认识。在这个框架下，领域用户可以更容易、更便利地表达其需求，而领域开发者可以更精确地理解需求，同时最大限度地消除多视点、多范型带来的异质性。本体是共享概念的明确、形式化表示。通过采用本体方法，需求知识被表示为本体概念及其关联，因此是清晰、完整和一致的，并有利于知识的共享和重用。本书采用本体方法对需求知识框架的建立进行研究。多本体需求知识框架提供基于本体进行需求建模的系统性可重用设计，并可被看作本体开发者定制的建模骨架。因此，多本体需求知识框架具有极强的普适性，可用于多种类型系统的本体建模。

6.1 基于面向对象本体方法

构型并结构化用户需求的过程就是需求的开发过程，通过这一过程将现实世界中的现象按照特定的建模理念映射为规格说明语言的基本概念。通常的需求建模方法包括结构化方法和面向对象方法等。

结构化方法认为系统需求遵循“输入—处理—输出”过程模式，数据与过程是分离的，对系统行为的建模处于次要位置，分析过程主要使用功能分解方法。面向对象方法则直接为现实世界建模，通过实体识别、对象抽象、对象分类、建立对象间关联等手段实现对现实世界的描述。由此可见，面向对象方法强调围绕对象而非功能来构造系统的特性，使其适用于领域知识相关软件。这是因为此类软件强调对领域知识的应用，而领域知识的基本表现就是以对象、对象类及其关联和层次结构为中心的。此外，面向对象方法的以上特性也非常适用于对目标、环境和场景进行描述，有助于领域知识相关软件非功能性需求的抽取。因此，借助面向对象方法能够将功能性需求、非功能性需求、环境、场景和目标等要素有机地结合起来。

抽取用户需求并建立问题域精确模型的过程就是面向对象需求抽取的过程。面向对象建模得到的模型包含系统的三要素，即静态结构（对象模型）、交互次序（动态模型）和数据变换（功能模型）。对领域知识相关软件来说，三个子模型同等重要：解决任何问题都需要由客观世界实体及实体间相互关系抽象出有价值的对象模型；当问题涉及交互作用、时序和系统行为时，动态模型的重要性方可凸显；在解决运算量很大的问题时，离不开功能模型。动态模型和功能模型中都包含对象模型中的操作（服务或方法）。

基于实践经验不难发现，当前软硬件综合系统呈现规模和复杂性双重增长的趋势，在一个大型软硬件综合系统项目的需求抽取过程中，并不总是对象和对象类在起着首要的作用，有时识别对象或对象类之间的各种关系显得更为重要。由此可见，需求抽取过程中除了需要识别对象或对象类、构造对象层次结构，还需要抽取对象间的其他关系及对象的组合方式。事实上，几乎所有的面向对象方法都已经注意到了这一点，因此面向对象方法除了能表示对象的类层次结构，还或多或少地提供了一些手段来表示对象间的其他关联。然而，对表示对象间的关联是否足够，对某类需求是否足够，以及它们的语义是否有明确的定义都是不可知的。对这些问题的解答将极大地影响需求抽取的质量和有效性。

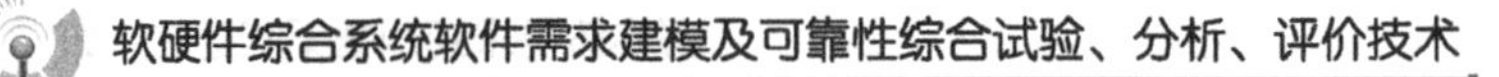

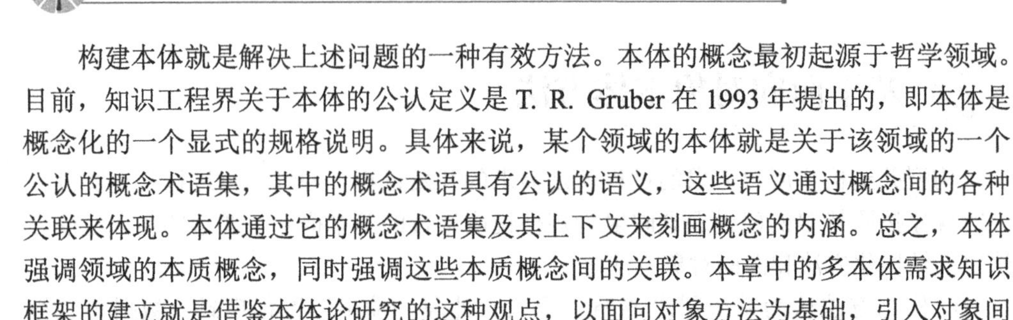

构建本体就是解决上述问题的一种有效方法。本体的概念最初起源于哲学领域。目前，知识工程界关于本体的公认定义是 T. R. Gruber 在 1993 年提出的，即本体是概念化的一个显式的规格说明。具体来说，某个领域的本体就是关于该领域的一个公认的概念术语集，其中的概念术语具有公认的语义，这些语义通过概念间的各种关联来体现。本体通过它的概念术语集及其上下文来刻画概念的内涵。总之，本体强调领域的本质概念，同时强调这些本质概念间的关联。本章中的多本体需求知识框架的建立就是借鉴本体论研究的这种观点，以面向对象方法为基础，引入对象间关联概念，给出各种关联的语义内涵，进而构建后续需求抽取活动的知识基础，并建立一种新型的需求知识模型的过程。

基于本体的需求知识框架涉及的领域具有内聚性（领域知识逻辑上的紧密相关性）和稳定性（在一定时间内领域知识不会发生剧烈变化），这使得在需求抽取活动中重用此框架成为可能，该框架为需求抽取活动提供了可供重用的知识基础，并使这种重用活动相对容易获得成功。

6.2 知识模型

模型是对真实世界实体、过程的描述，开发模型的过程被称为建模。任何事物都有三方面属性：结构、行为和功能。建模的目的就是研究事物的结构、行为和功能及它们之间的关系。对软硬件综合系统而言，建模是指建立描述这三方面属性及其相互关系的模型。

针对结构方面的软硬件综合系统建模是指系统和与之交互的环境中各类实体的组织及它们之间的关系，包括系统中各数据对象及描述数据对象的属性、环境中各数据对象及描述数据对象的属性和数据对象之间的关系等。其中，属性定义数据对象的特性；数据对象之间的关系除了要表达数据对象的关联方式，还要表达关联的多重性，分为“一对一”“一对多”“多对多”等情况。针对功能方面的软硬件综合系统建模是指对信息在流经软硬件系统时的变换——“输入—处理—输出”进行建模。针对行为方面的软硬件综合系统建模是指对由软硬件综合系统领域中实体状态发生变化引起的改变该实体状态的行为进行刻画。

图 6.1 所示为软硬件综合系统模型概念结构。其中，结构是被规则控制的行为（过程）的基础，而功能是以有意义的方式发生的行为的效用概念。

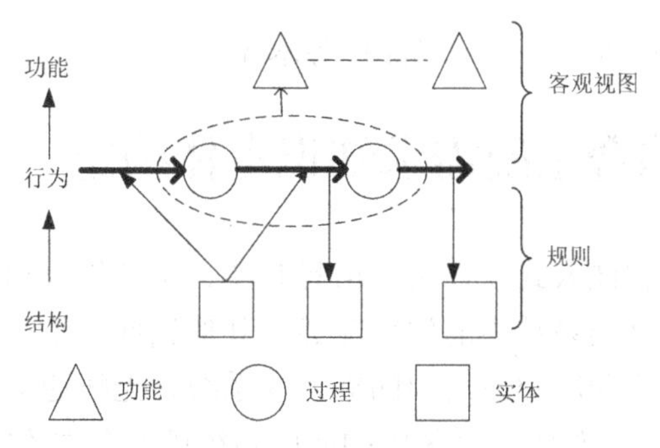

图 6.1 软硬件综合系统模型概念结构

要实现高质量需求抽取需要具备多方面的知识，不仅包括图 6.1 中的知识，还包括进行具体需求抽取额外需要的知识，这也使得相关知识种类丰富，内容繁杂。因此，可基于知识系统建模理论，并借助 KADS 知识模型来对上述过程中应包含的知识类型进行研究。

KADS 知识模型将解决特定领域问题的知识划分为三个层次，即领域层、推理层和任务层，如图 6.2 所示，分别从静态视角、功能视角和动态视角来审视知识系统。在这一知识模型中，领域层包括解决特定领域问题所需的静态知识并定义了相同领域的概念；推理层指出解决问题的方法，包括推理步骤和领域知识所扮演的角色；任务层将需要解决的特定领域问题划分为若干子问题，同时为每个子问题设置一个特定目标，并描述这些子问题间的控制流。

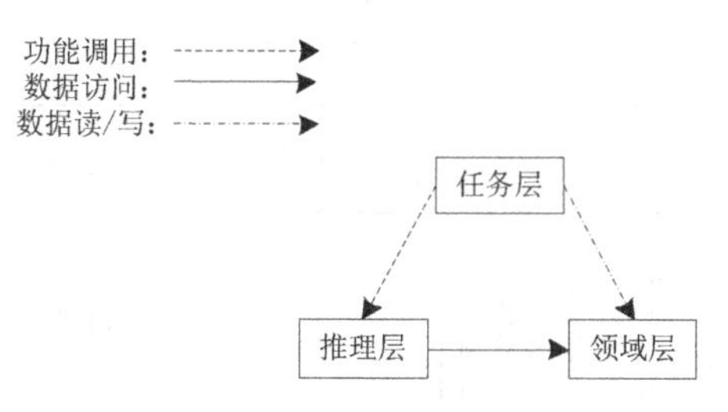

图 6.2 KADS 知识模型

KADS 知识模型中对知识层次的划分使得知识的层次清晰、分明，并增强了各层知识的可维护性和可重用性。但其缺点也很明显，不同知识层次间缺乏一个强有力的联系纽带使之成为一个整体，因此要使上述知识模型能够在知识共享和重用中发挥作用，还需要将相对独立的知识层次集成在一起以形成一个知识系统。构建本体就是实现这一目的的有效手段。领域本体包含不局限于问题解决方法的静态知识，因此可与 KADS 知识模型中的领域层对应，方法本体和任务本体可分别与推理层和任务层对应。问题解决方法、推理步骤和领域知识角色都应在任务本体中描述，而在构建任务本体时需要考虑如何完成任务及需要什么类型的推理步骤。因此，推理层知识和任务层知识可以合二为一形成任务本体。

 6.3 软硬件综合系统需求知识本体构建

基于微电子技术和嵌入式软件实现信息共享、系统集成和智能化控制的系统称为软硬件综合系统。这类系统中的软件能够与其他软件、系统、设备、传感器和人进行交互，如汽车工业和航空应用中的嵌入式系统、无线通信的专用系统等。本章基于实践经验，选取软硬件综合系统中的航电系统进行多本体需求知识框架的建立。需要说明的是，该建立方法是具有一般性的，适用于包含航电系统在内的各类软硬件综合系统的需求知识框架建立。

6.3.1 航电系统简介

航电系统是飞机上所有电子系统的统称。一个最基本的航电系统由通信、导航、显示和管理等系统构成。航电系统的一般性分类如图 6.3 所示。一个航电系统就是一系列子系统的综合。总系统可被认为包括若干主要子系统，主要子系统相互作用从而形成总的系统功能。起初，航电系统只是一架飞机的附属系统，而如今，许多飞机必须搭载这些系统。

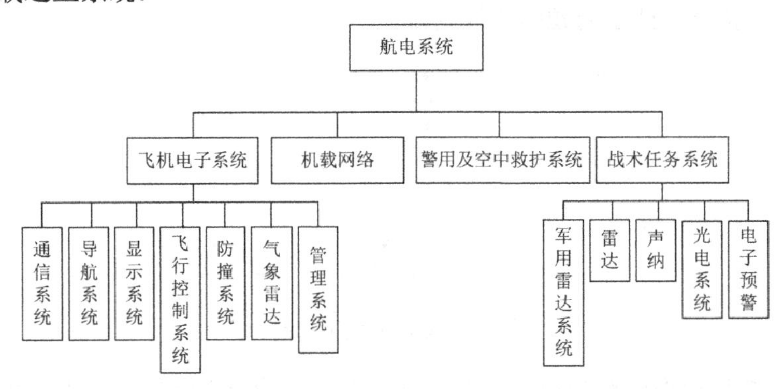

图 6.3 航电系统的一般性分类

航电系统需求知识本体构建基于如下考虑。第一，航电系统实施的行为及在此基础上实现的功能。航电系统往往与特殊的军事作战用途和任务相关，这直接决定了其行为和功能目标。因此，对系统行为及功能进行描述是构建该本体的重要组成部分。第二，航电系统自身的结构。随着技术的进步，航电系统的子系统功能逐渐增多，功能间的某些界限变得模糊，有些功能则开始相互重叠，同时子系统的数量也在增加。这些都使得整个系统的集成性变得更加突出，势必会对系统的组成结构

产生影响。因此，对航电系统自身结构进行刻画和描述也是构建航电系统需求知识本体的重要组成部分。

航电系统是复杂系统，包括诸多与具体领域相关的子系统，不同子系统要实现的功能和任务都不相同，因此根据其不同要求可以构建满足不同领域需求的知识本体。同时，本体的开发也是一个循序渐进、不断完善的过程，所以在初始阶段明确领域内本体的应用方向将有助于界定复杂系统初始模型的边界及清晰地了解本体构建的先后顺序和细化程度。本章将按照泛华本体、任务本体、领域本体和应用本体的方式建立航电系统多本体需求知识框架，从而达到逐步构建本体模型的目的。

6.3.2 航电系统需求知识本体构建方法论

6.3.2.1 航电系统需求知识本体的任务

航电系统需求知识本体的可重用性避免了对领域需求知识的重复分析，其统一的术语和概念也使知识共享成为可能，并在通信（Communication）、互操作（Inter-Operability）和系统工程（System Engineering）等方面显示其应用价值。

1．通信

本体的核心功能是实现知识共享。通过减少概念和术语上的歧义，航电系统需求知识本体为描述领域知识提供了一个统一框架或规范模型。同时，为诸多利益相关者、不同的系统开发工具及不同的环境提供共同的词汇和概念，以利于达成共识。

2．互操作

航电系统需求知识本体可在不同的建模方法、语言和软件工具间进行翻译和映射，以实现异构环境的互操作和集成。为了实现互操作，本体可以作为中间语言来实现不同语言和表示之间的转换。基于本体的应用可以分为两种类型：轻量级（Lightweight）和重量级（Heavyweight）。

（1）轻量级：基于本体的轻量级应用是一种完全面向语法形式化和转换的本体应用。它只能保证使用相同的词汇，并不能保证对相同词汇有相同的解释或理解。由于这种应用中本体不包含语义信息，因此这是一种较低层次的本体应用。

（2）重量级：基于本体的重量级应用是一种对知识表示语言中的建构和约束做普通语义解释的应用，目的是支持本体的不同使用者之间在语义层面上实现信息共享和互操作。本体共享数据交换的关键是必须保证本体的知识表示语言对本体有一致、无歧义的解释，而这类本体应用中的本体还支持另外一些功能服务，如推理的查询、更新和一致性检查功能。

3. 系统工程

本体可应用于软件系统的设计和实现。在软件开发规约中，本体通过对需要解决的问题和任务的理解进行描述，提高需求抽取的明确性，减小分析代价。同时，本体可作为软件设计的需求分析基础，以自动或半自动方式检索它们之间的一致性，从而提高软件系统的可靠性，其主要表现如下。

（1）重用：航电系统需求知识本体是领域内重要实体、属性、过程及相互关系形式化描述的基础，重用可以实现从不同的航电系统中载入或取出模块。

（2）知识抽取：当构造基于航电系统需求知识的系统时，以现有本体作为基础来指导知识抽取和表示可以提高速度和可靠性。

（3）可靠性：航电系统需求知识本体包括形式化和非形式化两种表示形式，这使得手工、半自动化或自动化对系统软件和规范说明进行一致性检查成为可能，从而提高了软件可靠性。

（4）规范说明（Specification）：航电系统需求知识本体对处理航电系统中的问题和任务有共同的理解，便于确定基于该本体的应用任务的需求和规范。

6.3.2.2 构建航电系统需求知识本体的理论基础

航电系统需求知识本体的构建主要基于系统科学的相关知识。根据系统科学的观点，系统是指相互作用的多元素的复合体。该定义反映了系统的两个特点：多元性和相关性。一个系统之外的一切与它相关联的事物构成的集合称为该系统的环境。更确切地说，系统 S 的环境 E 是指 S 之外的一切与 S 具有不可忽略的联系的事物集合，即 $E_S=\{x|x\in S$ 且与 S 具有不可忽略的联系$\}$。

“不可忽略”是一个模糊用语，不能做非此即彼的理解。上式表明，系统的环境只能在相对的意义上确定。在不同的研究目的下，或者对于不同的研究者，同一系统的环境划分也有不同。

任何系统都是在一定的环境中产生，又在一定的环境中运行、延续、演化的，不存在没有环境的系统。系统的结构、状态、属性、行为等或多或少都与环境有关，即系统对环境有依赖性。从事物相互联系的观点看，任何系统都是从环境中相对划分出来的。

区分系统与环境的东西称为系统边界。系统边界规定了系统组分间特有关联方式起作用的最大范围。系统边界的存在是客观的，凡是系统都有边界。

系统相对所处环境所表现出的任何变化，即系统可从外部探知的一切变化，称为系统行为。系统行为属于系统自身的变化，是系统自身特性的表现，但又同环境有关，反映了环境对系统的作用或影响。

系统状态是指系统的可观察和识别的状况、态势、特征等，状态一般可用若干称为状态量的系统定量特征来表征。

上述内容可作为构建航电系统需求知识本体的基础。本体提供了对一般世界进行描述的基本概念及其关联，而诸如行为、目标、事件、约束之类的概念是独立于特定领域的。航电系统需求知识泛化本体通过特化得到下层的领域本体及应用本体，因此泛化本体中的概念类与构成其下层本体的概念类之间是继承关系，而各个父概念类还可特化为若干子概念类。

6.3.2.3 构建航电系统需求知识本体的目的及流程

航电系统需求知识本体包含反映航电系统静态特性（如概念、属性、结构）、动态特性（如功能、函数特征）及质量属性（如性能、安全性）的基本构成元素，反映了与其相关的各类静态、动态知识。初始知识描述可能是模糊、不完备的，甚至是不一致、冲突的。通过知识本体的构建，可实现各层本体词汇的标准化，同时可定义术语的语义及这些术语如何与其他术语相关联。

可按图 6.4 中的步骤建立航电系统需求知识本体，这些步骤对于需求知识本体中的各层本体均适用。

第一，确定本体领域范畴是构建本体的起点，因此首先要明确航电系统相关知识及构建本体的目的。该步骤即针对航电系统相关知识内容建立知识库，并明确建立该知识库的目的和范围。

第二，通过数据收集获取初步知识。针对上述知识内容，结合领域专家的理解和经验及利益相关者的诸多需求进行知识抽取，并描述知识点间的关系。

第三，进行数据分析，通过概念-关系分析，获得概念和术语及属性、层次结构和关联关系的非形式化描述。

第四，构建初始非形式化本体。非形式化本体是使用自然语言并以结构化形式来表示术语和定义而形成的一种中间文本或形式化代码的规范说明。在构建本体时应做到明确、一致、可重用和可扩展。明确是指无论是用自然语言还是用形式化代码，对系统中所使用的术语都要做到清楚明确地定义。一致是指本体应是内在统一的，即对同一事物在系统中必须有一致的认识。可扩展是指在本体设计过程中需要考虑随着外部环境变化而引起的可扩展性问题。可重用是指本体设计必须满足可重复使用的要求，这样对于相同领域就不需要进行重复工作。

第五，对非形式化本体进行评价。本体评价是指对本体及规范说明文档进行技术性评价。可通过人工检查本体及用户需求文件等来对非形式化本体进行评价。有两种类型的评价方法：技术评价和用户评定。技术评价是对一个框架进行本体判断和文本编辑，包括两个步骤：一是确认（Validation），根据领域知识来检验本体是否正确，即检验是不是正确的本体被构建；二是验证（Verification），根据领域知识来确定它支持哪些规范说明，即检验本体是否被正确地构建。用户评定是指在用户重用和共享本体时，从用户的角度来评定本体的应用能力。此外，在评价本体的内容时需要检查本体的一致性、完整性、简洁性、可扩展性和灵活性，同时要检验本体的可理解性、可使用性、通用性和技术质量等。

第六，给出上述概念、属性、关系等知识的形式化描述，得到“概念-关系辞典”，即知识模型。在本体中，“关系”是对航电系统领域中的联系进行的确定描述，“术语”是对该域中对象或状态进行的确定描述。在构建本体时，应对这些描述进行分类，并建立其表达模型（如数据字典）。

第七，对形式化本体进行评价。对形式化本体可通过评价描述的定义、公理及定义条件来进行本体评价。具体评价方法和标准与第五步相同，此处不再赘述。

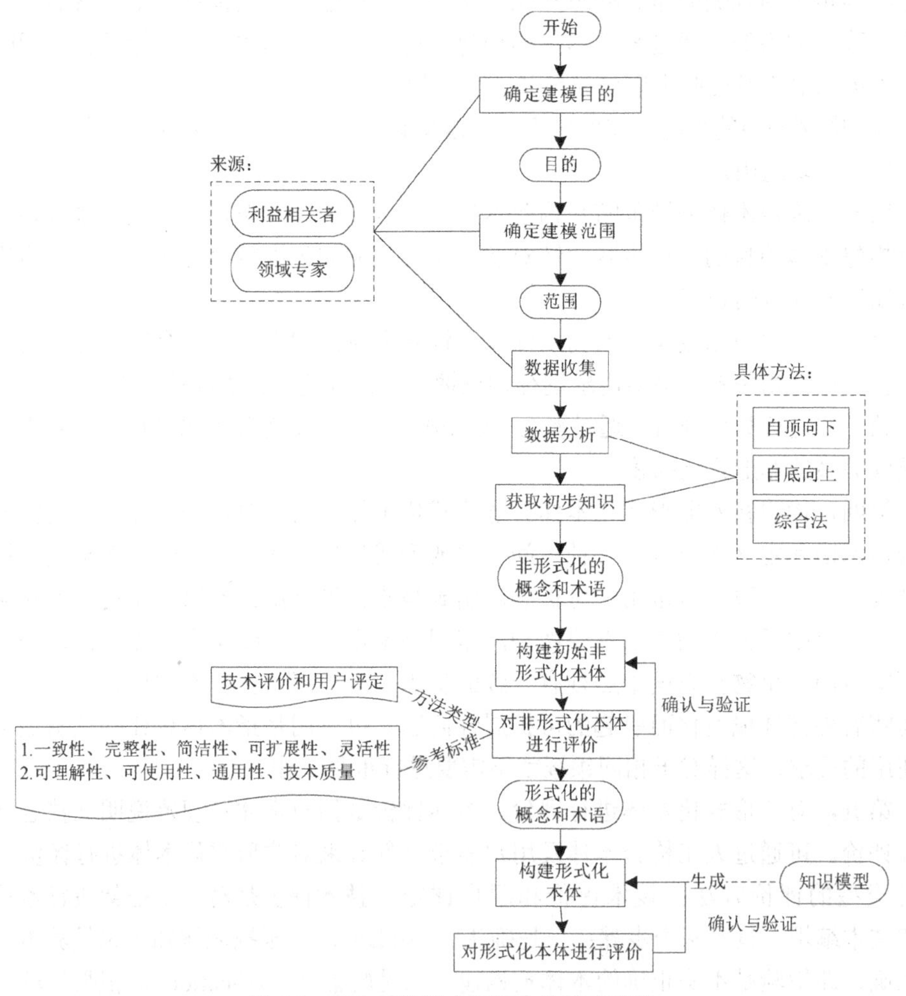

图 6.4　航电系统需求知识本体构建流程

上述本体构建流程中必须详细说明本体所涵盖的概念、实例、关系和公理等实体，至少应初步确定描述这些实体的绝大多数词汇，这就是概念化过程。概念化模型的建立是航电系统需求知识本体建模的核心。

由上述流程可见，航电系统需求知识本体建模的生命周期可划分为三个阶段：规约制定（主要以文档形式详细说明本体建模的目的和范围，明确说明为什么要构建本体、预期本体的用途及最终用户），概念化（主要任务是建立本体知识的概念化模型，这是开发本体的核心）和实现（使用形式化语言对概念化模型进行编码，以使计算机能够理解并进行加工处理）。

6.3.2.4 航电系统需求知识本体的知识表示与组织

对航电系统领域知识的分析是本体建模的第一步。在基于本体的知识表示和组织过程中，应尽量做到全面、充分、合理。从认知角度看，对航电系统中概念的刻画旨在获得对概念精确、充分的认知和描述；从知识的表示和组织角度看，可采用静态和动态知识，如概念（类）、概念类层次、关联关系、实例、公理、约束、属性和属性特征等来刻画获得的术语和概念。

组成本体的元素多种多样，既反映了构成本体的基本元素，又反映了基于基本元素的扩展元素。因此，航电系统需求知识本体构成元素的全集为 Element set = {Concepts, Object-property,Data-property,P^R,P^C,Relations,Inherit-hierarchies,Instances, Map, Rules}。其中的元素依次表示概念（类）、对象属性、数据属性、对属性的限制、属性特征、关联关系、概念类层次、实例、映射和规则。Inherit-hierarchies 可视作关联的特例。Concepts、Inherit-hierarchies、Relations 和 Instances 是本体的基本构成元素，构成了本体的基本骨架，除此之外的其他元素都依附于这些元素，是对基本骨架的细化。上述本体构成要素与 OWL 高度兼容，因此有利于使用工具进行本体编辑，并为知识系统组织和推理的自动化奠定基础。下面对上述本体构成元素进行详细介绍。

1. 概念（类）

对本体概念规范而清晰的描述称为概念（类）。如何选择各本体层的概念术语及如何定义这些概念术语是构建各层本体的主要问题，而概念术语的选择受到很多因素的影响，如应用需求、开发者经验等。最主要的问题是所选择的概念术语是不是构建该层本体最基本、最重要的概念术语，以及这些概念术语的含义能否被广泛认同。由于在航电系统领域很多常用概念术语实际上并不是被广泛认同或接受的，如果将它们直接加入本体层，那么势必会影响本体的基本特征。可通过它们与本体中基本概念术语的关联关系来实现语义层次的共享。航电系统需求知识本体的概念术语选择需要经过周密的考虑，同时要避免语义的歧义和重复。

航电系统需求知识本体的定义与字典中的定义及面向对象方法中类和对象的定义大不相同，后者强调的是词汇如何使用及对象所涉及的过程等，而前者主要起标准化作用，定义了概念术语的语义及它们是如何与其他概念术语相关联的。在本体定义过程中，首先应定义最基本的概念术语，然后定义与这些基本概念术语相关的其他概念术语，它们应是更通用或更特定的词汇。最早定义的概念术语一般应尽可能不依赖于其他概念术语，而后定义的概念术语则应依赖于更核心、更基本的概念术语，由此形成整个本体概念术语的一种依赖关系。

为准确、一致地对这些概念术语进行定义，应尽可能采用精确的语言定义一些基本概念术语类，如系统、环境、静态属性、动态交互等。航电系统需求知识本体中的泛化本体应尽可能是领域无关的，以保证可用于构建各类不同本体。

进一步来讲，在构建类时，可定义元类（Meta Classes），元类的实例是类。图6.5所示为部分航电系统知识本体构成示例。“无人机系统构成类型”类是元类，“航电系统”类是该元类的实例。概念（类）的含义范围也很广，除基本的领域构成术语以外，还可指诸如工作流描述、功能、行为等任何事物。类是本体的核心，属性是对概念特征的刻画，关系是对概念间联系的表述，公理是对概念和关联的限制。它们相辅相成，共同获得与现实近似等价的概念刻画。

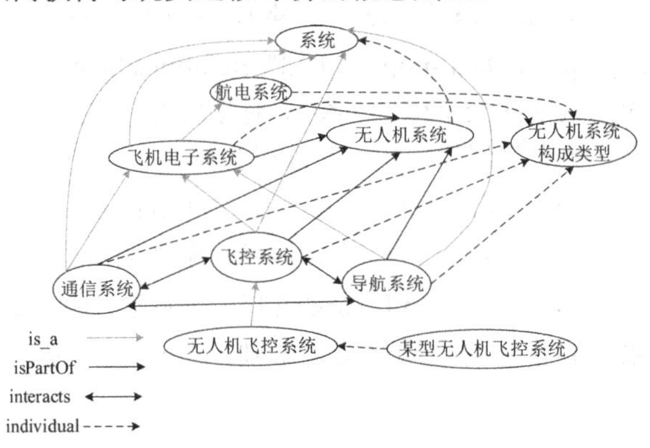

图6.5　部分航电系统知识本体构成示例

2. 对象属性和数据属性

事物所具有的性质和事物间关系都被称为事物的属性。具有相同属性的事物形成一类，而具有不同属性的事物分别形成不同的类。

对象属性和数据属性是属性的两种类型。对象属性是关联实例的桥梁，数据属性是关联实例与数值的桥梁。对象属性在内容上与关联关系相同，但两者的含义不同。例如，“系统”与“环境”之间的“interacts”是关联关系，而单独对“系统”和“环境”来说，“interacts”是对象属性。“地理环境”的“latitude”属性是数据属性。

属性通常是一元的，对应描述性名词。

关于概念、属性和分类间关系的界定：属性是概念的属性，属性自身也可以是一个概念；分类是对概念的分类，按照概念具有的属性，以及填写的不同属性值对概念进行分类。概念分类是组织领域知识的有效手段之一，而分类的基础是对现实世界的充分认知。

3．对属性的限制和属性特征

P^{R} 表示对属性的限制，包括对属性取值的类型、范围及最多和最少个数等的限制。例如，对“地理环境”的“名字”属性，可限定其取值最小为 0。P^{C} 表示属性特征。“系统”的“interacts”属性具有对称性。

4．关联关系

关联关系表达了领域内部不同概念间的相互作用，它是二元的，一般对应动词，如图 6.5 中定义的“飞控系统”类和“无人机系统”类之间的“isPartOf”关系。

5．概念类层次

概念类层次可看作一种语义关系。很多简单的本体系统实质上就是一个概念的分类体系，大都按树状结构组织，因此概念类层次关系具有举足轻重的地位。概念类层次关系主要指父类-子类关系，可被理解为概念间的纵向关系。例如，图 6.5 中的“系统”类和“航电系统”类之间，“飞机电子系统”类和“通信系统”类之间均具有层次关系。概念类层次可视作关联关系的特例。

6．实例

实例即对象。通过定义类的单个实例、填写属性值及给出限制条件，可以获得一个知识集合。实例是相对类而言的，是某个类的实例，是概念的外延之一。所以说，实例的刻画是对概念内涵的确定，其确定方式是对概念属性和关系填写相应的值。例如，“某型无人机飞控系统”类是“无人机飞控系统”类的一个实例。

7．映射

Map 表示不同层次本体间的映射，映射建立了不同层次知识本体之间的关系。具体来说，映射包括 Dommap 和 Appmap。Dommap 是从领域层概念集到泛化层概念集的一个全函数，它将每个领域概念映射到一个泛化本体概念类上。这表明领域层概念集中的每个概念都在泛化层概念集中有一个与之对应的抽象概念。类似地，Appmap 是从应用层概念集到泛化层概念集的一个全函数，它将每个应用概念映射到一个泛化本体概念类上。这表明应用层概念集中的每个概念都在泛化层概念集中有一个与之对应的抽象概念。例如，领域层概念类“飞控系统”和“传感器”都能够映射到泛化层概念类“系统”上。

8．规则

规则包括公理（永真断言）和自定义规则。可以用规则来约束信息、证明正确性或推导新信息，还可以用规则来表达更为丰富的概念关联。例如，在航电系统泛化本体中将类“系统”“环境”“静态属性”“动态交互”定义为类互斥关系（disjointWith）。

当某些特殊概念无法用属性或关系清晰表达时，可用公理来定义。公理是对概念和关系的属性值及概念对象关系的限制。简单的公理表示方式是(Relation_name 1st_term 2nd_term 3rd_term …)。为了精确地表示公理，可采用一阶逻辑描述方法。本体中的知识一致性检查和知识连通依赖于本体中的公理。

6.3.3 航电系统多本体需求知识框架结构

依据本体建模论域的抽象层次可把本体分为不同类型，包括泛化本体、领域本体、任务本体、应用本体。其中，泛化本体描述独立于特定问题或领域的泛化概念。领域本体和任务本体是对通用领域的描述，也是对泛化本体的特化。应用本体依赖于特定领域和任务，是对领域本体和任务本体的特化。在此基础上，结合已有研究成果及实践经验，得到航电系统多本体需求知识框架（RKMOF）的四元组表示如下。

定义 6.1 RKMOF = <AEGO, DO, TO, AO>，AEGO、DO、TO 和 AO 分别表示航电系统泛化本体、领域本体、任务本体和应用本体。

KADS 知识模型中的各层知识均能映射到需求知识本体的各层上，由此得到航电系统多本体需求知识框架，如图 6.6 所示。由图 6.6 可见，本体间存在类和继承关系。这是因为由泛化本体可通过实例化得到领域本体，通过映射得到任务本体，而由领域本体可通过实例化得到应用本体。图 6.6 中的领域本体和任务本体均能在相同领域中重用，通过领域分析转化为领域需求模型，并通过应用分析得到应用需求模型。在多本体需求知识框架的建立过程中，领域专家、客户、用户和系统开发人员均能参与到这一过程中，因此这一框架融合了利益相关者的多个视点。

领域本体的源泉包含各类文档、领域知识和行业标准。各类文档是指领域相关的需求文档等文档资料；领域知识是指通过书本等文献资料获得的领域内基本概念、关联关系、属性、约束、基本原理和公理等信息；行业标准是指某行业内对功能或质量属性要达到何种技术水平所制定的强制性要求，如 GJB/Z 142—2004 等。应用本体的源泉还包含应用域知识、缺陷数据和现有系统。缺陷数据是指通过开发和测试经验获得的缺陷信息；现有系统是指已存在的、可供重用的相同领域中的类似系统。

在应用本体中加入缺陷信息可使得知识基础更加完备，从而有利于获得高质量的需求知识本体及需求文档。

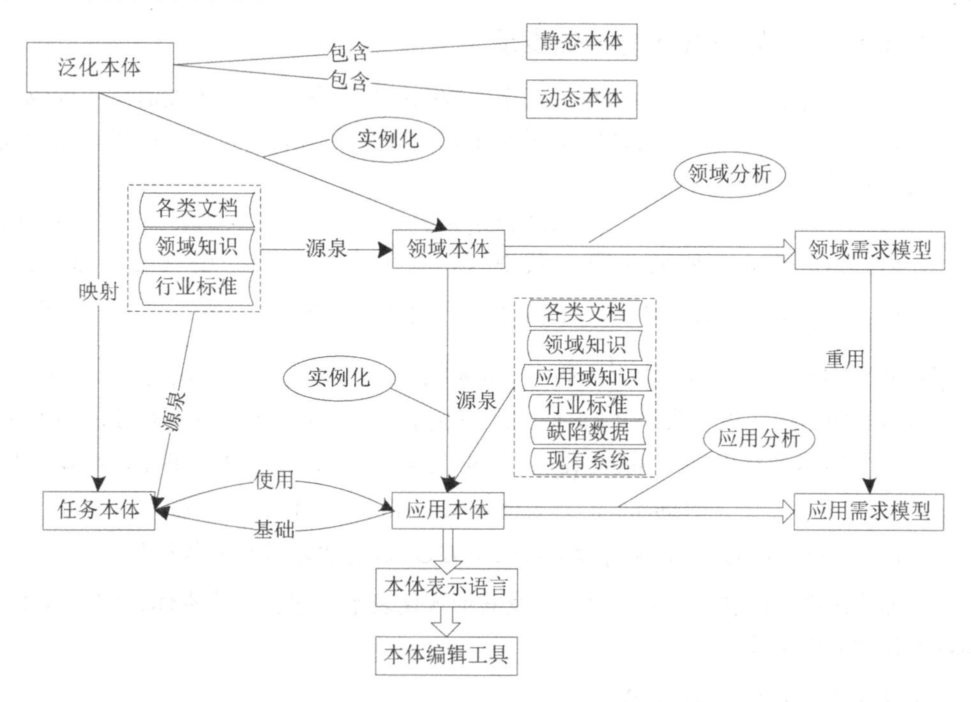

图 6.6 航电系统多本体需求知识框架

图 6.6 显示可从两个角度来划分本体，即静态本体和动态本体、概念和概念关联。第一个角度中，静态本体反映数据源之间的数据流关系，而动态本体反映实际运行中的控制流关系。第二个角度中，本体着力于刻画领域相关的概念、概念属性（约束）、概念之间的类属关系及其他关联关系。从这几个方面来刻画概念是有其深层次原因的。在实践中，人们最初只看到事物的表象及片面，而随着认识的不断深化，人们对概念的理解也发生了质变。从哲学上说，概念就是事物及其本质属性在思维中的反映。某种事物的本质属性就是这种事物都具有而别的事物都不具有的属性。要获得明确的概念，需要明确概念的外延和内涵，即既要明确概念所指的是哪些事物，又要明确这些事物有哪些特有属性。因此，应当从外延和内涵两个方面来明确概念。概念是非常基本、非常重要的。有了概念，才能对概念间联系和结构进行研究，进而运用概念进行判断和推理，以概念为基础进行概念关联和概念属性的研究也就更有意义了。

此外，领域本体到领域需求模型及应用本体到应用需求模型的映射也是很有意义的。通常情况下，领域本体和应用本体是面向领域开发人员的，而领域需求模型和应用需求模型是面向用户的。因此，模型和最初的本体还是有差异的，通常需要通过具体的分析和精化获得。

6.3.3.1 本体形式化的一般表示

本体提供元素间关联、领域概念层次、数据结构和集成化的各类信息，构成本体的类、关联关系、约束和公理定义了共享知识的常用词汇。因此，可将本体形式化定义为如下六元组：

$$O=(C,H,I,R,P,A) \tag{6.1}$$

$C=C_{\mathrm{C}}\cup C_{\mathrm{I}}$ 表示本体概念集，其中 C_{C} 表示类的集合，C_{I} 表示实例集。$H=\left\{\mathrm{kind}_{\mathrm{of}(c_1,c_2)}|c_1\in C_{\mathrm{C}},c_2\in C_{\mathrm{C}}\right\}$ 表示概念层次集，即 c_1 是 c_2 的子类。$I=\left\{\mathrm{is\_a}(c_1,c_2)|c_1\in C_{\mathrm{I}}\wedge c_2\in C_{\mathrm{C}}\right\}\cup\left\{\mathrm{prop}_{\mathrm{K}}(c_i,\mathrm{value})|c_i\in C_{\mathrm{I}}\right\}\cup\{\mathrm{rel}_{\mathrm{K}}(c_1,c_2,\cdots,c_n)\mid\forall i,\ c_i\in C_{\mathrm{I}}\}$ 表示本体类和实例间关系集。$R=\{\mathrm{rel}_{\mathrm{K}}(c_1,c_2,\cdots,c_n)\mid\forall i,\ c_i\in C_{\mathrm{C}}\}$ 表示既不是 kind_of 也不是 is_a 的本体关系集。$P=\{\mathrm{prop}_{\mathrm{K}}(c_i,\mathrm{datatype})\mid c_i\in C_{\mathrm{C}}\}$ 表示本体类和其基本数据类型的属性集。$A=\{\mathrm{condition}_x\Rightarrow\mathrm{conclusion}_y(c_1,c_2,\cdots,c_n)\mid\forall j,\ c_j\in C_{\mathrm{C}}\}$，其中 $\mathrm{condition}_x=\{(\mathrm{cond}_1,\mathrm{cond}_2,\cdots,\mathrm{cond}_n)\mid\forall z,\ \mathrm{cond}_z\in H\cup I\cup R\}$ 表示公理和规则集。

下面给出图 6.6 中各层本体的定义及其形式化表示，包括泛化本体、任务本体、领域本体和应用本体。

6.3.3.2 泛化本体定义

航电系统泛化本体是对顶层领域知识的概念化抽象描述，反映领域中的实体种类和实体间关系。它的主要作用是有效地支持语义共享，即作为支持不同用户和开发者间互操作的媒介、支持用户和各种计算系统间互操作的媒介和支持不同计算系统间互操作的媒介，同时泛化本体也用于支持知识的抽取、表示和处理。

知识表示系统通过概念间单一或多重的继承关系来组织各本体层知识，因此分类法的描述也是纷繁复杂的，具体来说包括建立子类、定义不相关类的集合即划分、对父类进行不完全划分和对父类进行完全划分等。如果若干类间没有任何共同实例，那么它们互不相关。明确两类是否互不相关，以及对父类进行完全或不完全划分，能使系统更好地验证本体的性能和逻辑性。泛化本体概念类层次体系是对构成该层本体概念的一个层次化、结构化描述，它是对泛化层知识结构进行分析的结果。

泛化本体包含一组具有特定含义或语义的词汇表，这些词汇表中有最核心的术语，是建立可共享、可理解的航电系统模型的基础。框架方法能表现描述型和过程型这两种不同知识类型，便于知识系统推理，是一种理想的结构化层次网络型知识表示方法。框架模型的层次网状关系与本体间关系相对应，故此处采用框架结构来

描述泛化本体概念类，由此得到泛化本体形式化表示如下。

定义 6.2 泛化本体由以下元素构成：Generalized-ontology:= <Concepts, Object-property, P^C, Inherit-hierarchies, Relations, Rules>，具体表示如下。

```
Ontology name: Generalized-ontology
Type: Generalized-ontology
{ID: //标识符
Father: //父本体名
Child: //子本体名集合
Relations: {Relate-to(x, y), Cause(x, y),…} //除继承关系以外的其他关联关系
(Axioms: //一组恒为真的断言)
(Domrule: //由泛化本体中现有概念和关系推导出的新关系)
}
```

其中，Axioms 和 Domrule 加括号表示这两项均为可选的。

上述定义中，Concepts 表示航电系统顶层领域中概念的集合，Object-property 表示对象属性，P^C 表示属性特征，Inherit-hierarchies 表示父本体与子本体间继承关系的集合，Relations 表示实体间关系的集合。泛化本体是以航电系统领域为描述对象的本体，根据该领域中的公共特征进行分类，对类的层次关系进行标识，并注明对象间的依赖关系。

6.3.3.3 任务本体定义

任务本体是一个词汇集合，领域独立地描述了所有现存任务的问题解决结构。它可通过分析领域专家解决实际问题的过程及现实世界问题的任务结构获得。任务本体由一般性的动词、名词和形容词等组成，提供了若干原语，按照这些原语，领域专家可描述问题解决上下文并使领域知识融入问题解决上下文的过程变得更容易。这是由于原语为领域专家提供了各种对象的抽象角色，它们能够被实例化为领域内特定的操作和对象。

本书给出任务本体的定义如下。

定义 6.3 任务本体由以下元素构成：Task-ontology := < Task, Task-PSM, Taskmap >，具体表示如下。

```
    Ontology name: XX Task-ontology
    Type: Task-ontology
    {ID: //标识符
    Task: = < Task ID, Environment>
    Task-PSM: = < Competence, Operational specification, Requirements >
    Competence: = < Input behavior, Output behavior, Objective >
    Operational specification: = < Inference steps, Control flow between the
inference steps, Data flow between the inference steps, Knowledge flow >
    Requirements: = < Concepts, Relations, Facts, Rules >
    Taskmap:{ Task-concepts → Concepts} //任务本体中使用的概念向泛化本体概念类的映射
    }
```

6.3.3.4 领域本体定义

针对目前对领域概念仍无定论的情况，下面先给出领域的定义。

定义 6.4 领域是一系列具有类似或相同功能的系统集合，这些功能用来应对特定的领域问题。在应对不同需求时，系统具有可变性。

领域本体给出了特定领域的概念及其关联关系。这些概念和关联关系是通过对泛化本体中相应内容的实例化得到的。由领域本体表示的领域知识是可重用的领域概念和关联关系。领域本体的定义如下。

定义 6.5 领域本体由以下元素构成：Domain-ontology := <Domconcepts, Dominherit-hierarchies, Domrelations, Dommap, Axioms, Domrule>，具体表示如下。

```
Ontology name: XX Domain-ontology
Type: Domain-ontology
{ID: //标识符
Father: //父本体名
Child: //子本体名集合
Domrelations:{Relate-to(x, y), Cause(x, y), …} //除继承关系以外的其他关联关系
Dommap:{ Domconcepts → Concepts} //领域本体概念向泛化本体概念类的映射
(Axioms: //一组在该领域内恒为真的断言)
(Domrule: //由该领域本体中现有概念和关系推导出的新关系)
}
```

其中，领域概念类为 Domconcepts = <Concept-name, Concept-ID, Attribute<value, type>> 。领域继承关系类为 Dominherit-hierarchies = <Inherit-ID, Argument<argument1<cardinality,(status)>,argument2<cardinality,(status)>>,Attribute<value, type>>，argument1, argument2∊ Domconcepts。除继承关系以外的其他关联关系类为 Domrelations = <Relation-name,Relation-ID, Argument<argument1<cardinality,(status)>,argument2<cardinality,(status)>>,Attribute<value, type>> , argument1, argument2∊ Domconcepts）。

此外，Axioms 和 Domrule 加括号表示这两项均为可选的。

上述定义中，Domconcepts 是一个领域概念的有限集，称为领域概念类，类似于面向对象方法中类的概念。定义一个概念类的主要任务是定义其属性，包括值和值的类型。Dominherit-hierarchies 是反映继承关系类的集合。此处，将继承关系定义为二元关系，因此有两个参数。可采用势（cardinality）和地位（status）对每个参数进行刻画。势的默认值为 1，表明参数必须被包括在关系中；地位是可选项，反映了参数在继承关系中所处的地位。继承关系同样具有属性，其定义类似于领域概念类属性。Domrelations 反映了领域本体中除继承关系以外的其他关联关系，其定义类似于 Dominherit-hierarchies，此处不再赘述。Dommap 为领域概念类属关系，它是从 Domconcepts 到 Concepts 的一个全函数，它将每个领域概念映射到一个泛化本体概

念类上。这表明 Domconcepts 中的每个概念都在 Concepts 中有一个对应的抽象概念。根据这个函数可以定义 Domconcepts 上的等价关系。

定义 6.6 Domconcepts 上的等价关系$\equiv_{domain}$可定义为：

$a \equiv_{domain} b$ 当且仅当 Dommap (a) = Dommap (b) = t 时成立。其中，$a \in$ Domconcepts，$b \in$ Domconcepts，$t \in$ Concepts。该等价关系记为$[t]\equiv_{domain}$。

6.3.3.5 应用本体定义

定义 6.7 一个应用本体的结构为<Appconcepts,Appinherit-hierarchies, Apprelations,Appmap>。其中，Appconcepts 是从应用描述中提取的概念集。Appinherit-hierarchies 是应用概念间继承关系。Apprelations 是应用概念间除继承关系以外的其他关联关系，满足泛化本体的概念类关联约束。Appmap 是应用概念集到泛化本体概念类的一个全函数，表示应用概念类属关系。

上述定义的形式化表示如下。

```
Ontology name: XX App-ontology
Type: App-ontology
{ID: //标识符
Father: //父本体名
Child: //子本体名集合
Apprelations:{Relate-to(x, y), Cause(x, y), …} //除继承关系以外的其他关联关系
Appmap:{ Appconcepts → Concepts}
}
```

其中，应用概念类为 Appconcepts = <Concept-name, Concept-ID, Attribute<value, type>>。应用关联类中应用继承关系类为 Appinherit-hierarchies = <Inherit-ID, Argument<argument1<cardinality,(status)>,argument2<cardinality,(status)>>,Attribute<value, type>>，argument1，argument2$\in$ Appconcepts。除继承关系以外的其他关联类为 Apprelations = <Relation-name, Relation-ID, Argument<argument1<cardinality, (status)>, argument2<cardinality,(status)>>,Attribute<value,type>>，argument1,argument2 $\in$ Appconcepts。

上述定义中的各项含义类似于领域本体定义中的各项含义，此处不再赘述。

定义 6.8 应用概念集上的等价关系$\equiv_{app}$可定义为：

$a \equiv_{app} b$ 当且仅当 Appmap (a) = Appmap (b) = t 时成立。其中，$a \in$ Appconcepts，$b \in$ Appconcepts，$t \in$ Concepts。该等价关系记为$[t]\equiv_{app}$。

6.4 实例验证

本节以航电系统中的无人机飞行控制与管理系统（Unmanned Aerial Vehicle Flight Control and Management System，UAV FCMS）软件为例，给出考虑地理环境因素的无人机飞行控制与管理系统软件需求抽取本体（UAV FCMS SREO Considering Geographic Environment Factors）构建及评价过程。实例验证分为如下几部分内容：UAV FCMS 软件需求抽取本体构建、地理信息元数据选取、领域本体构建。

6.4.1 实验背景

无人机（UAV）是当前国际航空领域的一个重要发展方向，其使用与所处环境，尤其是地理环境密切相关，这一特点也是各类航空器所共有的。2007 年 2 月，美空军 12 架“猛禽”（F22）战斗机机群执行从夏威夷飞往日本的任务，在途经国际日期变更线时，机上的 GPS 纷纷失灵，多个计算机系统因日历问题发生了崩溃，燃料分系统、导航系统、部分通信系统完全失灵，飞行员们进行了多次努力也未能重启这些系统，只得掉头返航。导致该问题的原因是程序中未考虑穿越国际日期变更线这一特殊情况。许多工程经验表明，在针对 UAV 的软件测试（需求审查、系统测试等）中，屡屡发现由软件需求不完备和不一致导致的问题，且这类问题与地理环境因素密切相关。例如，当 UAV 的相邻航路点在东经 180° 两侧时，在穿越东经 180° 时可能导致 UAV 飞行轨迹错误。又如，装订一条目标航路点纬度为 90° 的航线，可能导致 UAV 飞行轨迹错误。再如，在推测导航过程中，当在高原地区定高飞行时，可能出现不安全的 UAV 飞行状态。很显然，这些问题与 UAV FCMS 直接相关。此外，UAV 的特殊功能及担负的特殊任务，使其具有极强的领域特性，而 UAV 系统所处环境的开放性及非确定性、系统组件间及系统与环境间交互的复杂性、系统相关的操作条件和场景的不可预知性更加剧了 UAV 知识密集的发展趋势，并使其质量极大地依赖于领域知识的质量。

UAV FCMS 对整个 UAV 的飞行性能和可靠性、安全性起着决定性作用，而软件是 UAV FCMS 的核心部分，因此保障和提升 UAV FCMS 软件的质量成为保障 UAV 质量的关键。软件需求抽取被认为是软件开发过程中最为关键的知识密集型活动，但如何进行有效的需求抽取，并得到正确、完备、一致、无二义的需求规约仍是困扰系统分析员和软件开发者的问题。这些问题同样存在于 UAV FCMS 软件需求抽取活动中，并对其质量有重大影响。将本体方法引入需求抽取活动是解决上述问题的有效途径之一。通过采用本体方法，需求知识被表示为本体概念及其关联，因此是清晰、完整和一致的，并有利于知识的共享和重用。由于 UAV 涉及多个领域的知识，因此需要通过将不同领域的本体进行集成以实现知识的相对完备。

6.4.2 UAV FCMS 软件需求抽取本体构建及地理本体构建

目前，尚设有公认的本体构建准则。在众多准则中最具影响力的是 Gruber 提出的五条准则：清晰性、一致性、可扩展性、编码偏好程度最小、本体承诺最小。在此基础上，有一些面向具体操作的补充规则，其中比较著名的是 Arpirez 提出的三条准则：概念名称命名标准化、概念层次多样化、语义距离最小化。遵循上述规则，结合本书的工程应用背景，为了实现高质量的本体构建，使用 TOVE 方法指导本体构建。类似于 TOVE 方法的本体构建方法都是针对具体工程应用的，本质上都与软件工程中常见的开发方法类似。

6.4.2.1 UAV FCMS 软件需求抽取本体构建

1. UAV FCMS 软件需求抽取本体构建过程

UAV FCMS 软件需求抽取本体的构建需要基于各类文档、书籍、行业标准，以及通过与领域专家沟通获得的领域知识和经验数据。该本体内容众多，涉及 UAV FCMS 领域和软件工程领域，故可借助 KADS 对知识系统进行建模。要使上述知识模型在知识共享和重用中发挥作用，还需要通过本体的使用将相对独立的知识层集成在一起以形成一个知识系统。实例验证进行泛化层和领域层本体的构建，过程包括：抽取领域知识；概念、概念属性、概念层次及概念间关联的提取；采用某种形式化语言对这些定义进行表示。

2. UAV FCMS 软件需求抽取本体概念空间构建

1）UAV FCMS 软件相关概念及其关联

首先基于 KADS 的思想建立泛化本体（GO）。得到如图 6.7 所示的泛化本体的概念类层次，带*号的概念类为非终结概念类，其余的为终结概念类。进一步得到部分概念字典表及概念空间，分别如表 6.1 中 A 部分和表 6.2 所示。接下来，构建 UAV FCMS 软件需求抽取领域本体。UAV FCMS 软件是 UAV FCMS 的核心部分，负责采集 UAV 外部设备的状态信息和机载传感器输出的信息，按照设计的控制逻辑，实时解算出对外部设备和执行机构的控制量，实现对 UAV 从滑跑、起飞、空中飞行直至进场着陆整个飞行过程的控制。此外，还需要实时接收地面控制人员发送的遥控指令，执行指令动作，同时将 UAV 飞行状态参数、位置参数及 UAV 子系统的状态信息通过遥测信息发送回地面测控中心。图 6.8 和图 6.9 分别给出了 UAV FCMS 的一般组成和 UAV FCMS 的内部构成及主要外部接口。

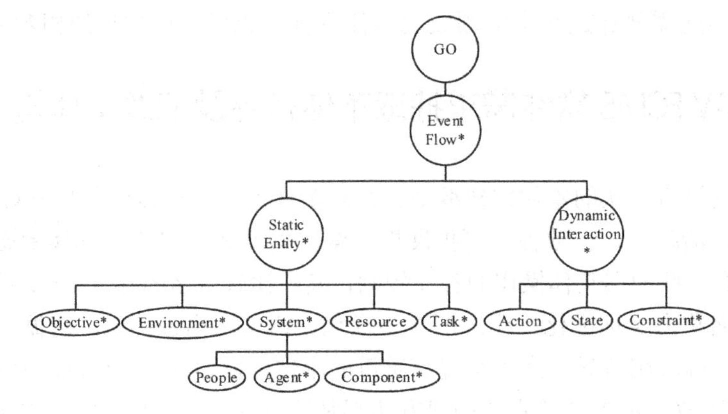

图 6.7　泛化本体的概念类层次

表 6.1　部分概念字典表

分　类	概　念				
A.泛化本体相关概念	EventFlow	DynamicInteraction	StaticEntity	System	Environment
	Resource	Task	Objective	Action	Constraint
	State	Agent	People	Component	—
B.UAV FCMS 软件相关概念	FCMS	FCMComputer	FCMSSoftware	ServoSystem	Sensor
	UAV	ADC	INS	CNS	GPS
C.SREP 相关概念	SREP		ErrorManifestation	PerformanceError	InterfaceError
	Scenario		DocumentationError	SafetyError	MaintenanceError
	Solution		EnvironmentalError	VersionControlError	FunctionalError

表 6.2　泛化本体的概念空间

概念/概念间关联	P^C	描述
Objective	partial order	Objective $\longrightarrow$ Sub-objective
Task	partial order	Task $\longrightarrow$ Sub-task
has	—	Task $\xrightarrow{\text{has}}$ Objective
needs	supports^{-1}	Task $\xrightarrow{\text{needs}}$ needs
supports	needs^{-1}	Resource $\xrightarrow{\text{supports}}$ supports
interacts	symmetry	System $\xrightarrow{\text{interacts}}$ interacts
interacts	symmetry	Environment $\xrightarrow{\text{interacts}}$ interacts
produces	—	Action $\xrightarrow{\text{produces}}$ produces

注：“needs”和“needs^{-1}”互逆，“supports”和“supports^{-1}”互逆。

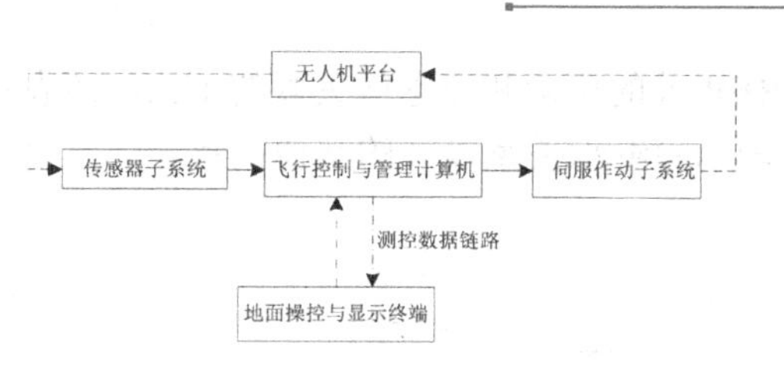

图 6.8 UAV FCMS 的一般组成

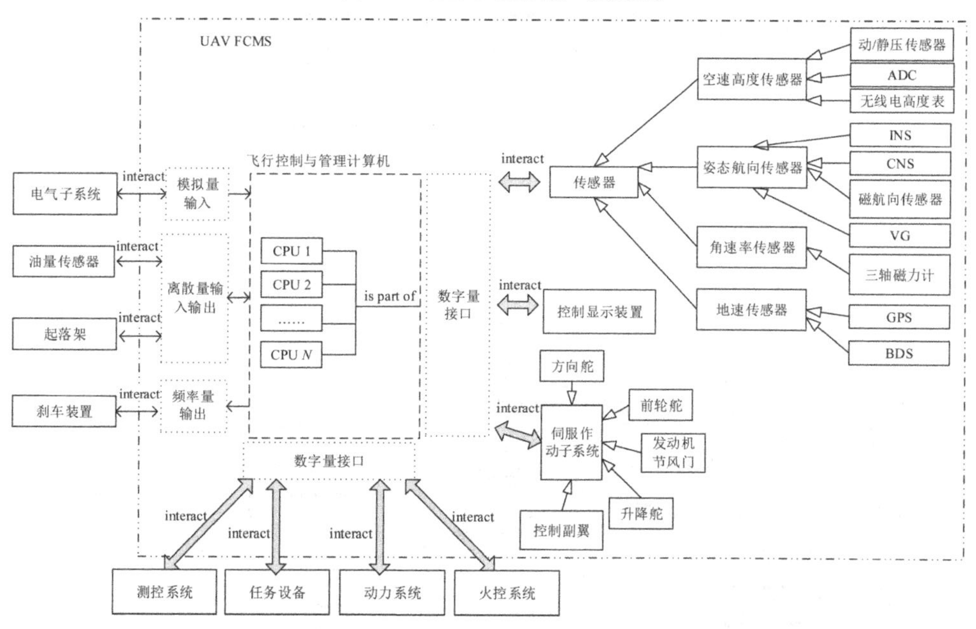

图 6.9 UAV FCMS 的内部构成及主要外部接口

由于涉及概念众多，因此在概念选择阶段，使用“加权技术”中的式（6.2）（每次重复一个概念，即将该概念的得分提高一分，最后选择得分高于平均水平的概念），得到部分概念字典表如表 6.1 中 B 部分所示。

$$\text{AvgConceptScore} = \frac{\sum \text{ConceptScore}}{\sum \text{Concepts}} \tag{6.2}$$

2）软件需求缺陷模式相关概念及其关联

软件需求缺陷模式的定义参见定义 4.2，其核心是场景、缺陷（包含缺陷表现形式和缺陷根源）和解决方案。为了便于研究，本书选取场景、缺陷表现形式、解决方案和重要度作为 UAV FCMS 软件需求抽取本体概念类集合的组成部分，得到部分概念字典表如表 6.1 中 C 部分所示。

3）UAV FCMS 软件需求抽取本体概念类及其关联

进一步得到 UAV FCMS 软件需求抽取本体概念类层次，如图 6.10 所示。图 6.11

给出了该本体中除 SREP 外的概念和概念间关联的 UML 图表示，其中，“→”表示继承关系，“- - - - ->”表示除继承关系以外的其他关系。

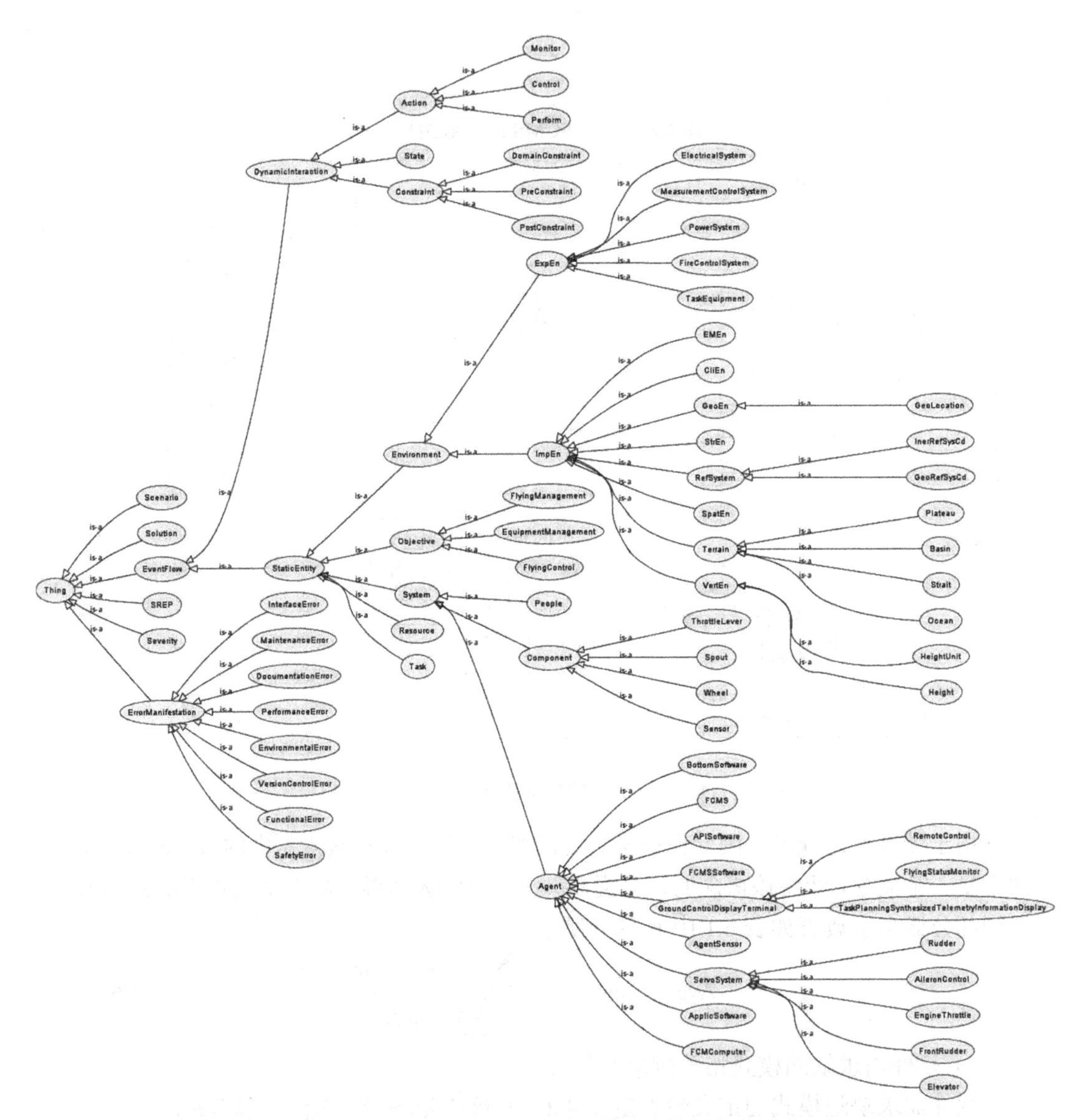

图 6.10　UAV FCMS 软件需求抽取本体概念类层次

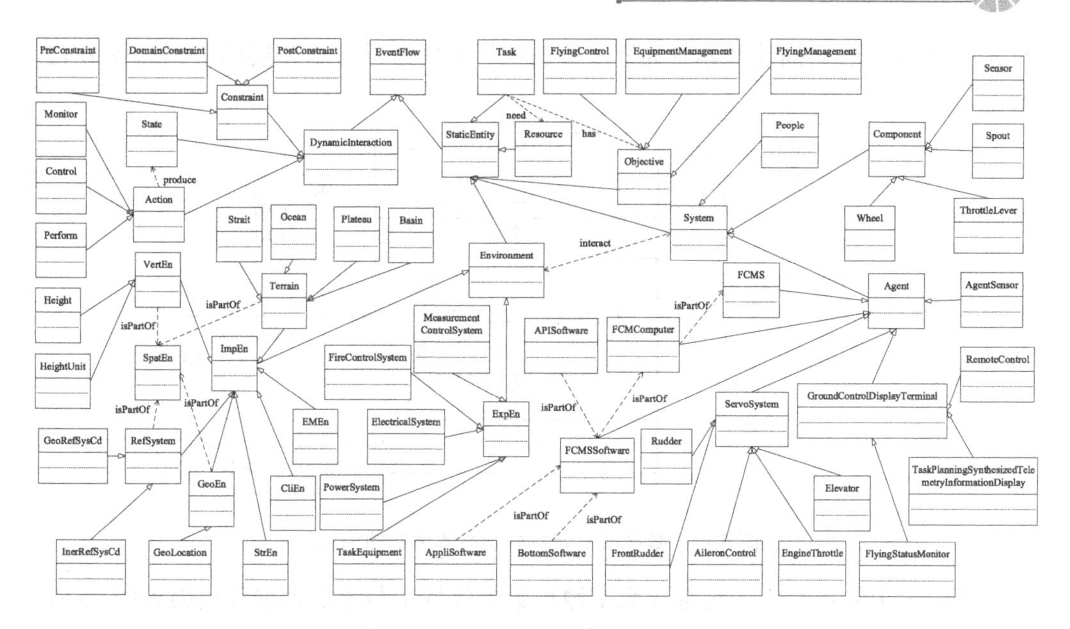

图 6.11 UAV FCMS 软件需求抽取本体概念类及关联的 UML 图表示

6.4.2.2 地理信息元数据选取及领域本体构建

1. 地理信息元数据

UAV 的使用与其所处地理环境密切相关，因此在 UAV FCMS 软件需求抽取活动中必须充分考虑地理环境因素。数字地理数据是模拟和描述现实世界，以便用计算机进行分析和用图形显示信息的一种尝试。目前，数字地理数据领域较为权威或被广泛认同并可获得的领域概念分类标准及领域系统结构包括 ISO 19115 和 GB/T 19710—2005《地理信息 元数据》中给出的内容。美国联邦地理数据委员会和国际标准化组织地理信息技术委员会（ISO/TC 211）认为：元数据是关于数据内容、质量、条件及其他特征的数据。元数据从本质来说是一种描述数据的数据，是从原始数据中提取出的一种上层数据。元数据由于具有对数据资源的描述能力及简单的数据结构，因此成为信息共享的常用手段。

然而，在实际的领域使用过程中，这些地理信息元数据层面上的内容还远远不够。这是因为元数据与本体间存在一些显著差异：首先，元数据主要关注信息资源的外在形式特征，而本体主要关注信息资源的内在内容特征。其次，元数据侧重于信息资源的描述与定位，而本体擅长知识内容的组织与管理。更为关键的是，元数据缺乏语义描述能力，因此不能解决数据集的语义异构问题，也无法描述数据类别间的隐含关系。通常情况下，元数据展示的是树形的关系，而本体展示的则是更为复杂的网状关系。所以，需要在元数据之上建立本体层，对元数据进行语义描述和本体推理。数据层、元数据层与本体层的关系如图 6.12 所示。

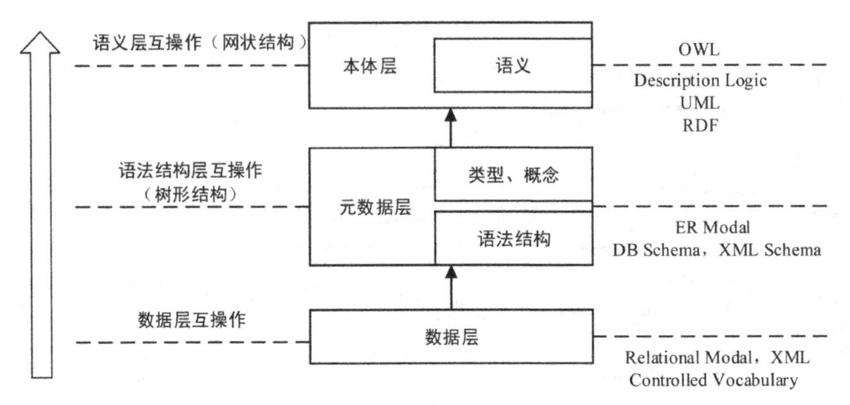

图 6.12　数据层、元数据层与本体层的关系

进一步由领域专家通过选择数字地理数据领域中与考虑地理环境因素的 UAV FCMS 软件需求抽取相关联的部分，构建具有层次结构的概念系统，每个概念由一组属性集描述。由于构建的是与 UAV 相关的地理本体，而此处的 UAV 的主要作用是情报收集，根据 GB/T 19710—2005《地理信息 元数据》对专题类型的划分，构建的相应本体命名为“智能军事领域本体”。表 6.3 所示为与智能军事领域相关联的地理信息元数据。

表 6.3　与智能军事领域相关联的部分地理信息元数据

Metadata		
DataTypeInfo	Extent	VertExtent
GeoExtent	VertUoM	BL/L
EastBL	WestBL	NorthBL
SouthBL	GeoBndBox	System
Agent	Satellite	AgentSensor
RefSysInfo	RefSystem	GeoRefSysCd
MdCoRefSys	vertMinVal	vertMaxVal

由表 6.3 可见，地理信息元数据中与智能军事领域相关联的概念包括：参照系信息、数据类型信息.覆盖范围信息、数据类型信息.覆盖范围信息.地理覆盖范围信息、数据类型信息.覆盖范围信息.垂向覆盖范围信息、标识信息等。这些内容包含丰富的特征信息，如经度、纬度、高度等，在表达一定的地理信息语义的同时，也反映了与智能军事领域相关的部分信息，且具有统一的标准。因此，可基于领域间概念的共享特征属性集，找到不同概念间这种标准特征集的关系，在构造相应的概

念系统和体系结构的基础上，实现不同领域概念间的集成，这一问题的解决将在后文中介绍。

2. 智能军事领域本体构建

地理本体与一般本体最大的不同是其不仅具有一般的属性特征，还具有空间特征，因此智能军事领域本体也具有此类特征。对智能军事领域本体中与地理要素相关概念进行描述的主要思路是将描述对象划分为概念属性（DataAttributeInfo）和空间属性（SpatialAttributeInfo）两类。概念属性从物质、形态、空间分布、功能、等级 5 个方面描述本体的非空间特征；空间属性从拓扑关系、位置关系、方向关系 3 个方面描述本体的空间特征。下面以“长江”为例，进行语义特征描述，此即本书中的地理要素描述方法。使用 OWL 对“长江”进行形式化描述的代码如图 6.13 所示。

示例：

长江——水（物质成分）+流动（形态）+线状（空间分布）+交通（功能）+经济（等级）+与黄河相离（拓扑关系）+…+东西走向（方向关系）+…+在北京以南（位置关系）+…

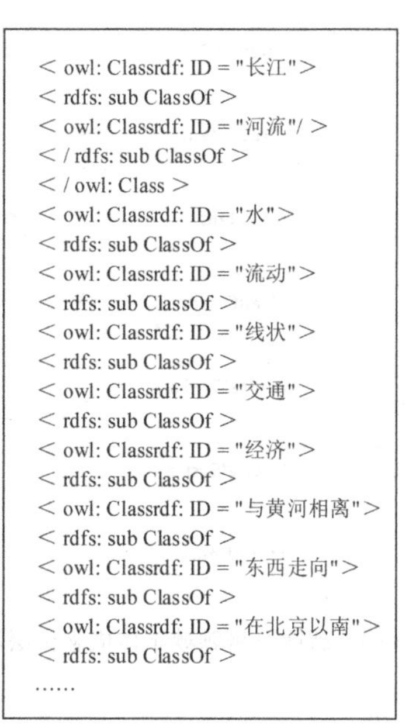

```
< owl: Classrdf: ID = "长江">
< rdfs: sub ClassOf >
< owl: Classrdf: ID = "河流"/ >
< / rdfs: sub ClassOf >
< / owl: Class >
< owl: Classrdf: ID = "水">
< rdfs: sub ClassOf >
< owl: Classrdf: ID = "流动">
< rdfs: sub ClassOf >
< owl: Classrdf: ID = "线状">
< rdfs: sub ClassOf >
< owl: Classrdf: ID = "交通">
< rdfs: sub ClassOf >
< owl: Classrdf: ID = "经济">
< rdfs: sub ClassOf >
< owl: Classrdf: ID = "与黄河相离">
< rdfs: sub ClassOf >
< owl: Classrdf: ID = "东西走向">
< rdfs: sub ClassOf >
< owl: Classrdf: ID = "在北京以南">
< rdfs: sub ClassOf >
……
```

图 6.13 使用 OWL 对“长江”进行形式化描述的代码

在此示例中，描述空间属性的拓扑关系、位置关系、方向关系可以有多项，分别描述长江与各个实例的空间关系。

智能军事领域本体构成要素包括环境、系统、覆盖范围、参照系等概念。环境是一个复杂概念，涉及因素众多，进一步将其细分为自然环境、地形环境、力学环境和电磁环境。覆盖范围分为地理覆盖范围和垂向覆盖范围。地理覆盖范围概念包含对数据集的地理位置进行描述的概念，如地理边界矩形、经纬度等；垂向覆盖范围概念包含对数据集的海拔高度进行描述的概念。参照系包括大地坐标参照系、垂向坐标参照系等。系统包括卫星和传感器。智能军事领域本体概念类层次如图 6.14 所示，智能军事领域本体的概念间关联如图 6.15 所示。

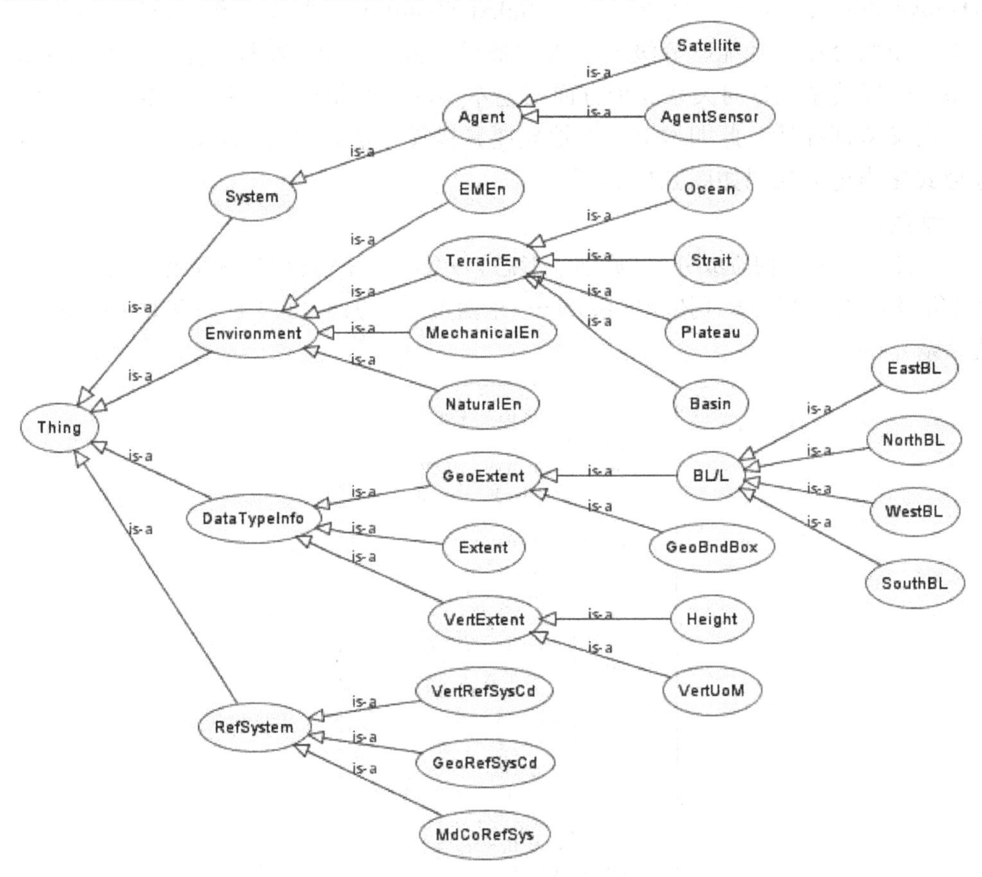

图 6.14　智能军事领域本体概念类层次

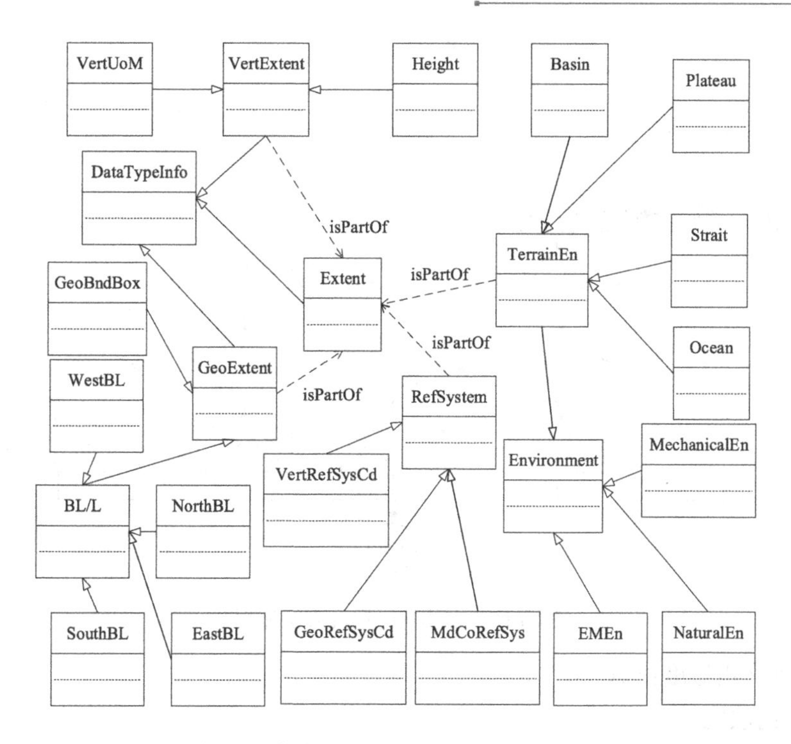

图 6.15 智能军事领域本体的概念间关联

（为简化起见，该图中不包含“System”的相关概念及其关联）

3. UAV FCMS 软件需求抽取本体与智能军事领域本体的集成

1）本体映射混合方法流程

本书通过本体映射实现 UAV FCMS 软件需求抽取本体与智能军事领域本体的集成。首先对两个本体中的概念进行相似度分析，具体过程包括词法比较（Lexical Comparison）、结构比较（Structural Comparison）和关系比较（Relational Comparison）。基于语义相似度的计算方法仅限于度量实体间的等价关系，强调语法实现，缺乏语义的准确描述，因此在某些情况下，仅使用这种方法获得的语义相似度值并不准确。为了弥补仅使用这种方法的不足，之后需要根据相似度值决定是否使用描述逻辑方法。利用描述逻辑方法可实现本体集成，探测不同领域本体中概念之间及概念与角色之间的匹配关系，实现一个本体中的概念与角色向另一个本体匹配。具体过程包括：首先，使用本体 API 解析待集成的两个本体，获取概念与角色；其次，借助数据字典进行概念与角色名称等字符串匹配；最后，根据推理规则，连接推理机进行推理，使得一个本体中的概念与角色向另一个本体逐渐匹配。本体映射混合方法流程如图 6.16 所示。

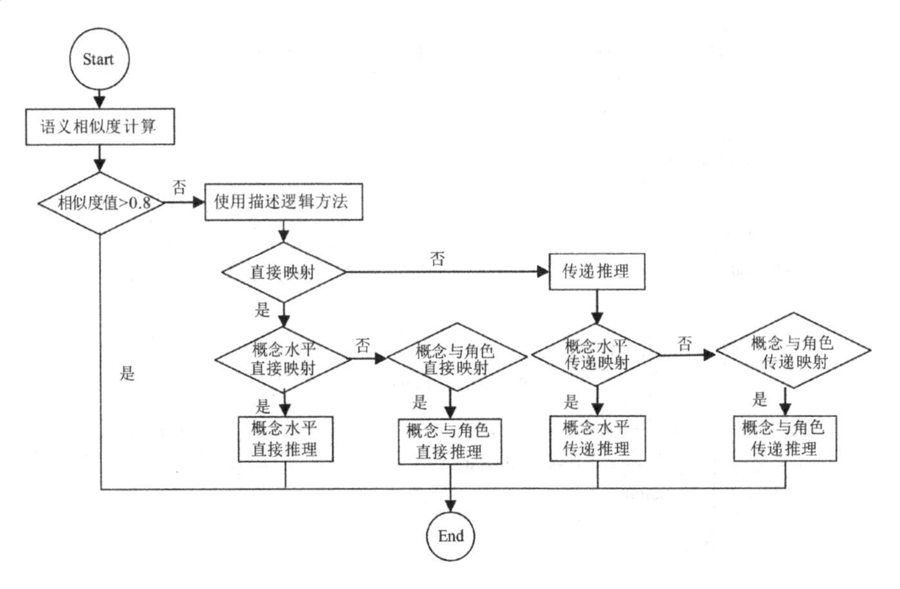

图 6.16　本体映射混合方法流程

2）语义相似度计算

（1）词法比较。

词法比较是指对待集成的两个本体各自的代表性术语，包括对 C_C、P、R、H 中的内容进行比较。各个术语还可以通过词法字典（如 WordNet）中的同义词对其内容进行丰富。这一阶段只能获得两种结果：1 表示完全匹配，0 表示不匹配。本书中还需要结合领域特征定义同义词。

（2）结构比较。

结构比较是指对两个本体 O_1 和 O_2 各自对应的 C_C 集中的术语进行相似度分析，基于如下公式：

$$\mathrm{sim}\left(c_i,c_j\right)=\frac{2\times\left|C_{i\mathrm{H}}\cap C_{j\mathrm{H}}\right|}{\left|C_{i\mathrm{H}}\right|+\left|C_{j\mathrm{H}}\right|} \tag{6.3}$$

式中，c_i 表示本体 O_1 中的类；c_j 表示本体 O_2 中的类；$C_{i\mathrm{H}}$ 表示类 c_i 在层次 H 中的超类列表；$C_{j\mathrm{H}}$ 表示类 c_j 在层次 H 中的超类列表。

（3）关系比较。

关系比较是指对本体中的非层次关系进行相似度分析。因此，在已得到两个关系间词法相似度的情况下，一个权重将被赋给与上述关系相关概念的结构比较的结果。

3）描述逻辑

（1）使用描述逻辑方法的可行性。

要实现 UAV FCMS 软件需求抽取本体与智能军事领域本体的集成，需要明确本体概念的语义关系。由于在概念层次上可以不考虑概念的外延，即实例集，因此概念的语义关系完全由其内涵关系决定。UAV FCMS 软件需求抽取本体与智能军事领域本体概念间内涵关系的计算实际上就是概念属性集及其值域的计算，是一种集合运算，满足典型的集合运算语法，并且能够将概念内涵关系定义为四种语义关系，即同义关系（语义等价关系）、上下义关系（父概念/子概念关系）、语义相交关系和语义不交关系。因此，可以采用描述逻辑方法对本体集成进行研究。

（2）基于描述逻辑的匹配方法。

描述逻辑由结构化层级网络发展而来，基本构件为概念、角色与个体，目前作为本体描述语言的基础被广泛应用。概念表示一系列具有相同属性的个体集合，角色表示个体之间的二元关系。一个描述逻辑系统由表示概念和关系的构造集、Tbox、Abox、Tbox 和 Abox 上的推理机制四部分组成。Tbox 是一个描述领域结构的公理集，包括概念定义及概念间包含关系，通过一组描述概念一般属性的声明来实现，内涵性公理知识被认为是不变的。Abox 是一个描述关于具体个体事实的公理集，包含外延性知识，包括实例断言和关系断言，外延性知识通常被认为是经常变动的。通常描述逻辑至少包含以下构造器：交（∩）、并（∪）、非（-）、存在量词（∃）、全称量词（∀）、底层概念（⊥）和顶层概念（⊤）。可通过简单的概念和关系构造出复杂的概念和角色。

①定义匹配关系。

定义 6.9 对于 O_i 的 C（概念或角色）与 O_j 的 D（概念或角色），当且仅当对于任意个体依次满足以下 5 种映射时，表示两者关系分别为等价、蕴含（泛化或包含于）、蕴含（特化或包含）、重叠与相离关系：

$$i:C \overset{\equiv}{\rightarrow} j:D \tag{6.4}$$

$$i:C \overset{\subseteq}{\rightarrow} j:D \tag{6.5}$$

$$i:C \overset{\supseteq}{\rightarrow} j:D \tag{6.6}$$

$$i:C \overset{\&}{\rightarrow} j:D \tag{6.7}$$

$$i:C \overset{\perp}{\rightarrow} j:D \tag{6.8}$$

式（6.4）等价于两个概念或角色相互蕴含，即 $i:C \overset{\subseteq}{\rightarrow} j:D \wedge i:C \overset{\supseteq}{\rightarrow} j:D$，式（6.8）等价于 $i:C \overset{\subseteq}{\rightarrow} -j:D$，而式（6.5）与式（6.6）是互逆过程。

②直接推理。

通过推理，由描述逻辑知识库中的外层知识得到蕴含在其内部的知识。以下分别从概念与概念、概念与角色方面描述其推理规则。

- 概念与概念。

给出 O_i 的概念 X 与 O_j 的概念 Y 之间关系的映射规则，a 表示任意的个体。

规则 6.1 概念等价：

$$\text{iff}\forall a, X(a) \leftrightarrow Y(a) \models (i:X \equiv j:Y)$$

规则 6.2 概念包含（X 蕴含 Y）：

$$\text{iff}\forall a, X(a) \rightarrow Y(a) \wedge \exists b, Y(b) \wedge -X(b) \models (i:X \subseteq j:Y)$$

规则 6.3 概念重叠：

$$\text{iff}\forall a, X(a) \wedge Y(a) \models (i:X \,\&\, j:Y)$$

规则 6.4 概念相离：

$$\text{iff}\forall a, X(a) \leftrightarrow -Y(a) \models (i:X \leftrightarrow -j:Y)$$

- 概念与角色。

关系数据库中存在主键与外键，在关系数据库向本体转换时主键转化为类，外键转化为对象属性。在实际应用中，经常会出现一个本体中的概念与另一个本体中的角色存在语义匹配关系的情况。例如，在地理本体中 WestBL、EastBL、NorthBL、SouthBL 是作为类存在的，但在 UAV FCMS 软件需求抽取本体中它们是作为对象属性存在的，分别对应 hasWestBL、hasEastBL、hasNorthBL、hasSouthBL。参照上述思想，不同本体中概念与角色在某种情况下应存在映射关系。设概念 $X_i, X_i' \in O_i$，角色 $R \in O_j$，R_D 和 R_R 分别表示 O_j 的角色 R 的领域（Domain）和范围（Range）。

规则 6.5　Tbox 概念与角色等价：

$$\text{iff}(X_i \equiv R_\text{D}) \wedge (X_i' \equiv R_\text{R}) \models (X_i \equiv R)$$

规则 6.6　Tbox 概念与角色包含：

$$\text{iff}(X_i \subseteq R_\text{D}) \wedge (X_i' \subseteq R_\text{R}) \vee (X_i \equiv R_\text{D}) \wedge (X_i' \subseteq R_\text{R}) \vee (X_i \subseteq R_\text{D}) \wedge (X_i' \equiv R_\text{R}) \models (X_i \subseteq R)$$

规则 6.7　Tbox 概念与角色重叠：

$$\text{iff}(X_i \wedge R_\text{D}) \wedge (X_i' \wedge R_\text{R}) \models (X_i \,\&\, R)$$

规则 6.8　Tbox 概念与角色相离：

$$\text{iff}(X_i \equiv -R_\text{D}) \vee (X_i' \equiv -R_\text{R}) \models (X_i \perp R_j)$$

③传递推理。

前述推理规则仅适用于两个概念或概念与角色之间的直接推理，实际中经常遇到两者之间很难寻找到直接映射关系的情况，需要通过中间概念进行传递推理。表

6.4 中 X_1、X_2 和 X_3 表示概念或角色，≅、&表示两个概念之间是模糊（包括⊆、⊇与&）、重叠关系。

规则 6.9 $X_1 \perp X_2$，$X_3 \subset X_1$，$X_4 \subset X_2 \models X_3 \perp X_4$

规则 6.10 $X_1 \perp X_2$，$X_1 \perp X_4$，$X_4 \subset X_2$，$X_3 \subset X_1 \models X_2 \perp X_3$

规则 6.11 $X_1 = X_2$，$X_3 \subset X_1 \models X_3 \subset X_2$

规则 6.12 $X_1 \subset X_2$，$X_2 \subset X_3 \models X_1 \subset X_3$

规则 6.13 $X_1 \cong X_2$，$X_1 \subset X_3 \models X_2 \cong X_3$

表 6.4 传递映射关系

X_1RX_3	X_1RX_2				
X_2RX_3	≡	⊆	⊇	&	⊥
≡	≡	⊆	⊇	&	⊥
⊆	⊆	⊆	≅	&	≅
⊇	⊇	≅	⊇	≅	≅
&	&	&	≅	&	&
⊥	⊥	⊥	≅	&	⊥

总之，以本体映射混合方法流程为指导，通过语义相似度计算和描述逻辑方法的使用，最终可实现 UAV FCMS 软件需求抽取本体与智能军事领域本体的集成。

6.4.2.3 实施过程

下面介绍考虑地理环境因素的 UAV FCMS 软件需求抽取本体构建及评价的具体实施过程。其中，UAV FCMS 软件需求抽取本体主要基于相关资料、文献、行业标准及某型 UAV FCMS 软件多个具有继承关系版本的开发和测试经验进行构建。由于需要在 UAV FCMS 软件需求抽取本体的基础上充分考虑地理环境因素，因此使用基于语义相似度分析和描述逻辑的本体映射混合方法对两个本体进行集成，进一步使用改进的 FOCA 方法对集成后的新本体质量进行评价。此外，工程应用的结果也进一步说明了 FOCA 方法的有效性。

1. 本体映射混合方法的实施

1）语义相似度计算

（1）词法比较。

①O_1 中的代表性术语列表。

- C_C={System, Agent, AgentSensor, Environment, SpatEn, GeoEn, VertEn, RefSystem, GeoRefSysCd, GeoLocation, Terrain, EMEn, Strait, Ocean, Basin, Plateau, CliEn, StrEn, Height, HeightUnit}。

- R={isPartOf(GeoEn, SpatEn), isPartOf(VertEn, SpatEn), isPartOf(RefSystem, SpatEn), isPartOf(Terrain, SpatEn)}。
- H={参见图 6.10}。

②O_2中的代表性术语列表。

- C_C={System, Agent, AgentSensor, RefSystem, GeoRefSysCd, Extent, GeoExtent, GeoBndBox, VertExtent, VertUoM, Height, Environment, TerrainEn, Strait, Ocean, Basin, Plateau, NaturalEn, MechanicalEn, EMEn}。
- R={isPartOf(GeoExtent, Extent), isPartOf(VertExtent, Extent), isPartOf(RefSystem, Extent), isPartOf(TerrainEn, Extent)}。
- H={参见图 6.14}。

在常规词法比较的基础上结合领域特征得到等价术语列表，如表 6.5 所示。

表 6.5　等价术语列表

O_1的术语列表	O_2的术语列表
System	System
Agent	Agent
AgentSensor	AgentSensor
Environment	Extent
SpatEn	RefSystem
RefSystem	GeoRefSysCd
GeoRefSysCd	GeoExtent
GeoEn	GeoBndBox
GeoLocation	VertExtent
VertEn	VertUoM
HeightUnit	Height
Height	Environment
CliEn	NaturalEn
StrEn	MechanicalEn
EMEn	EMEn
Terrain	TerrainEn
Basin	Basin
Plateau	Plateau
Ocean	Ocean
Strait	Strait

（2）结构比较。

结构比较的目的是分析本体中概念层次的相似度，需要使用式（6.3）。式（6.3）

中的相交由表 6.5 中的等价类描述。计算结果在 0 到 1 之间，具体数值依赖于两个本体中层次结构的相似度。需要注意的是，对于不同层次（泛化层或领域层）的概念，要结合相应层次的路径进行相似度的计算，即应当在同一层次上进行相似度的计算。如前所述，已将 O_1 划分为泛化层和领域层；对 O_2 而言，除 Thing、System、Agent 和 Environment 应属于泛化层以外，其余概念均应属于领域层。

以 Agent 为例，由于有

O_1: Thing→EventFlow→StaticEntity→System→Agent

O_2: Thing→System→Agent

将其代入式（6.3），得

$$\text{sim}\left(c_i, c_j\right) = \frac{2\times\left|C_{i\text{H}} \cap C_{j\text{H}}\right|}{\left|C_{i\text{H}}\right| + \left|C_{j\text{H}}\right|} = \frac{2\times 3}{8} = 0.75$$

因此，相似度 $_{\text{Agent}}$=0.75。

以 Extent 和 SpatEn 为例，由于有

O_1: ImpEn→SpatEn

O_2: DataTypeInfo→Extent

将其代入式（6.3），得

$$\text{sim}\left(c_i, c_j\right) = \frac{2\times\left|C_{i\text{H}} \cap C_{j\text{H}}\right|}{\left|C_{i\text{H}}\right| + \left|C_{j\text{H}}\right|} = \frac{2\times 1}{4} = 0.50$$

因此，相似度 $_{\text{Extent/SpatEn}}$=0.50。

表 6.6 所示为两个本体概念间的相似度。

表 6.6 两个本体概念间的相似度

O_1 的术语列表	O_2 的术语列表	相似度
System	System	0.67
Agent	Agent	0.75
AgentSensor	AgentSensor	1.00
SpatEn	Extent	0.50
RefSystem	RefSystem	0.67
GeoRefSysCd	GeoRefSysCd	0.80
GeoEn	GeoExtent	0.50
GeoLocation	GeoBndBox	0.67
VertEn	VertExtent	0.50

续表

O_1 的术语列表	O_2 的术语列表	相似度
HeightUnit	VertUoM	0.67
Height	Height	0.67
CliEn	NaturalEn	0.67
StrEn	MechanicalEn	0.67
EMEn	EMEn	0.67
Terrain	TerrainEn	0.67
Basin	Basin	0.80
Plateau	Plateau	0.80
Ocean	Ocean	0.80
Strait	Strait	0.80

（3）关系比较。

关系比较的目的是分析本体非层次关系的相似度。在已得到两个关系间词法相似度的情况下，一个权重将被赋给与上述关系相关概念的结构比较的结果。表 6.7 所示为增加权重后 O_1 和 O_2 中某些概念间的相似度。O_1 中的概念“SpatEn”和 O_2 中的概念“Extent”具有共同的非层次关系“hasPart”，因此 0.1 的权重被加到之前获得的相似度上，增至 0.60。“GeoEn”和“GeoExtent”、“VertEn”和“VertExtent”、“RefSystem”和“RefSystem”、“Terrain”和“TerrainEn”也存在类似的情况。

表 6.7　增加权重后 O_1 和 O_2 中某些概念间的相似度

O_1 的术语列表	O_2 的术语列表	R	相似度
System	System	—	0.67
Agent	Agent	—	0.75
AgentSensor	AgentSensor	—	1.00
SpatEn	Extent	hasPart	0.60
RefSystem	RefSystem	isPartOf	0.77
GeoRefSysCd	GeoRefSysCd	—	0.80
GeoEn	GeoExtent	isPartOf	0.60
GeoLocation	GeoBndBox	—	0.67
VertEn	VertExtent	isPartOf	0.60
HeightUnit	VertUoM	—	0.67
Height	Height	—	0.67
CliEn	NaturalEn	—	0.67
StrEn	MechanicalEn	—	0.67
EMEn	EMEn	—	0.67

续表

O_1的术语列表	O_2的术语列表	R	相似值
Terrain	TerrainEn	isPartOf	0.77
Basin	Basin	—	0.80
Plateau	Plateau	—	0.80
Ocean	Ocean	—	0.80
Strait	Strait	—	0.80

注："hasPart"与"isPartOf "互逆。

2）描述逻辑

由表6.7可知，增加权重后某些概念间的相似度确有提高，但总体而言概念间的相似度还是偏低，与领域的实际情况不符，不能完全反映真实的语义信息。此外，有一些概念具有新的语义，需要增加新的概念，因此需要进一步实施描述逻辑策略。下面按照图6.16中的流程实施描述逻辑策略。

（1）概念等价。

由概念等价规则易知，GeoRefSysCd 在两个本体当中等价（语义层面），即 A: GeoRefSysCd≡B: GeoRefSysCd，因此可将 A: GeoRefSysCd 与 B: GeoRefSysCd 合并。类似地，A: AgentSensor 与 B: AgentSensor 等价。表6.7中第一列从 A: HeightUnit 到 A: Strait 的概念各自与其对应的表6.7中第二列的概念等价，两列的对应概念可以合并。

（2）概念与角色等价。

$$\text{A: hasBL/L (A: SouthBL} \cup \text{NorthBL} \cup \text{WestBL} \cup \text{EastBL, A: GeoLocation)} \tag{6.9}$$

$$\text{B: GeoBndBox} \equiv \text{A: GeoLocation} \tag{6.10}$$

$$\text{B: BL/L} \equiv \text{A: SouthBL} \cup \text{NorthBL} \cup \text{WestBL} \cup \text{EastBL} \tag{6.11}$$

使用式（6.9）～式（6.11），可以推理出如下内容：

$$\text{A: hasBL/L (B: BL/L, B: GeoBndBox)} \tag{6.12}$$

式（6.9）和式（6.12）建立了两个本体中的概念和属性的关系，最终可推理出如下内容：

A: hasBL/L ≡ B: BL/L

因此，可将 O_2 中的 B:BL/L 合并入 O_1 中的 A:hasBL/L。类似地，可将 O_2 中的 B: SouthBL 合并入 O_1 中的 A: hasSouthBL，将 O_2 中的 B: NorthBL 合并入 O_1 中的 A: hasNorthBL，将 O_2 中的 B: WestBL 合并入 O_1 中的 A: hasWestBL，将 O_2 中的 B: EastBL 合并入 O_1 中的 A: hasEastBL。

（3）传递推理。

①

$$\text{A: RefSystem} \equiv \text{A:GeoRefSysCd} \cup \text{A: InerRefSysCd} \tag{6.13}$$

$$\text{B: RefSystem} \equiv \text{B: GeoRefSysCd} \cup \text{B: MdCoRefSys} \cup \text{B: VertRefSysCd} \tag{6.14}$$

$$\text{A: GeoRefSysCd} \equiv \text{B: GeoRefSysCd} \tag{6.15}$$

$$\text{A: InerRefSysCd} \leftrightarrow \neg(\text{B: MdCoRefSys} \cup \text{B: VertRefSysCd}) \tag{6.16}$$

使用式（6.13）～式（6.16），可以推理出如下内容：

$$\text{A: RefSystem \& B: RefSystem}$$

因此，可将 O_2 中与 O_1 中不同的概念添加至 O_1 中。合并后的本体中包含 A: RefSystem、A: GeoRefSysCd、A: InerRefSysCd、B: MdCoRefSys、B: VertRefSysCd 这几个概念。

类似地，有

$$\text{A: Agent} \equiv \text{A: BottomSoftware} \cup \text{A: FCMS} \cup \text{A: APISoftware} \cup \text{A: FCMSSoftware} \cup \text{A: GroundControlDisplayTerminal} \cup \text{A: AgentSensor} \cup \text{A: ServoSystem} \cup \text{A: ApplicSoftware} \cup \text{A: FCMComputer} \tag{6.17}$$

$$\text{B: Agent} \equiv \text{B: AgentSensor} \cup \text{B: Satellite} \tag{6.18}$$

$$\text{A: AgentSensor} \equiv \text{B: AgentSensor} \tag{6.19}$$

$$\text{A: BottomSoftware} \cup \text{A: FCMS} \cup \text{A: APISoftware} \cup \text{A: FCMSSoftware} \cup \text{A: GroundControlDisplayTerminal} \cup \text{A: ServoSystem} \cup \text{A: ApplicSoftware} \cup \text{A: FCMComputer} \leftrightarrow \neg(\text{B: Satellite}) \tag{6.20}$$

使用式（6.17）～式(6.20)，可以推理出如下内容：

$$\text{A: Agent \& B: Agent}$$

因此，可将 O_2 中与 O_1 中不同的概念添加至 O_1 中。合并后的本体中包含 A: Agent、A: AgentSensor、A: BottomSoftware、A: FCMS、A: APISoftware、A: FCMSSoftware、A: GroundControlDisplayTerminal、A: ServoSystem、A: ApplicSoftware、A: FCMComputer、B: Satellite 这几个概念。同理，可将 B: System 合并至 A: System 中。

②

$$\text{A: HeightUnit} \equiv \text{B: VertUoM} \tag{6.21}$$

$$\text{A: Height} \equiv \text{B: Height} \tag{6.22}$$

$$\text{A: VertEn} \equiv \text{A: HeightUnit} \cup \text{A: Height} \tag{6.23}$$

$$\text{B: VertExtent} \equiv \text{B: VertUoM} \cup \text{B: Height} \tag{6.24}$$

使用式（6.21）～式（6.24），可以推理出如下内容：

$$\text{A: VertEn} \equiv \text{B: VertExtent}$$

因此，可将这两个概念合并。

前述推理已将 O_2 中的 B: BL/L 合并入 O_1 的 A: hasBL/L，因此

$$\text{B: GeoExtent} \equiv \text{B: GeoBndBox} \tag{6.25}$$

$$\text{A: GeoEn} \equiv \text{A: GeoLocation} \tag{6.26}$$

$$\text{A: GeoLocation} \equiv \text{B: GeoBndBox} \tag{6.27}$$

使用式（6.25）～式（6.27），可以推理出如下内容：

$$\text{B: GeoExtent} \equiv \text{A: GeoEn}$$

因此，可将这两个概念合并。

类似地，有

$$\text{A: SpatEn} \equiv \text{A: GeoEn} \cup \text{A: VertEn} \tag{6.28}$$

$$\text{B: Extent} \equiv \text{B: GeoExtent} \cup \text{B: VertExtent} \tag{6.29}$$

$$\text{B: GeoExtent} \equiv \text{A: GeoEn} \tag{6.30}$$

$$\text{A: VertEn} \equiv \text{B: VertExtent} \tag{6.31}$$

使用式（6.28）～式（6.31），可以推理出如下内容：

$$\text{B: Extent} \equiv \text{A: SpatEn}$$

因此，可将这两个概念合并。

由此可得集成后的新本体（O_N）的术语列表，如表 6.8 所示（仅针对集成前两个本体中都有的概念及属性）。

表 6.8 集成后的新本体的术语列表

O_1 的术语列表	O_2 的术语列表	O_N 的术语列表
System	System	System
Agent	Agent	Agent
AgentSensor	AgentSensor	AgentSensor
SpatEn	Extent	SpatEn
RefSystem	RefSystem	RefSystem
GeoRefSysCd	GeoRefSysCd	GeoRefSysCd
GeoEn	GeoExtent	GeoEn
GeoLocation	GeoBndBox	GeoLocation
VertEn	VertExtent	VertEn
HeightUnit	VertUoM	HeightUnit
Height	Height	Height
hasBL/L	BL/L	hasBL/L
hasSouthBL	SouthBL	hasSouthBL
hasNorthBL	NorthBL	hasNorthBL

续表

O_1的术语列表	O_2的术语列表	O_N的术语列表
hasWestBL	WestBL	hasWestBL
hasEastBL	EastBL	hasEastBL
CliEn	NaturalEn	CliEn
StrEn	MechanicalEn	StrEn
EMEn	EMEn	EMEn
Terrain	TerrainEn	Terrain
Basin	Basin	Basin
Plateau	Plateau	Plateau
Ocean	Ocean	Ocean
Strait	Strait	Strait

进一步得到集成后新本体的概念类及关联的 UML 图表示，如图 6.17 所示。

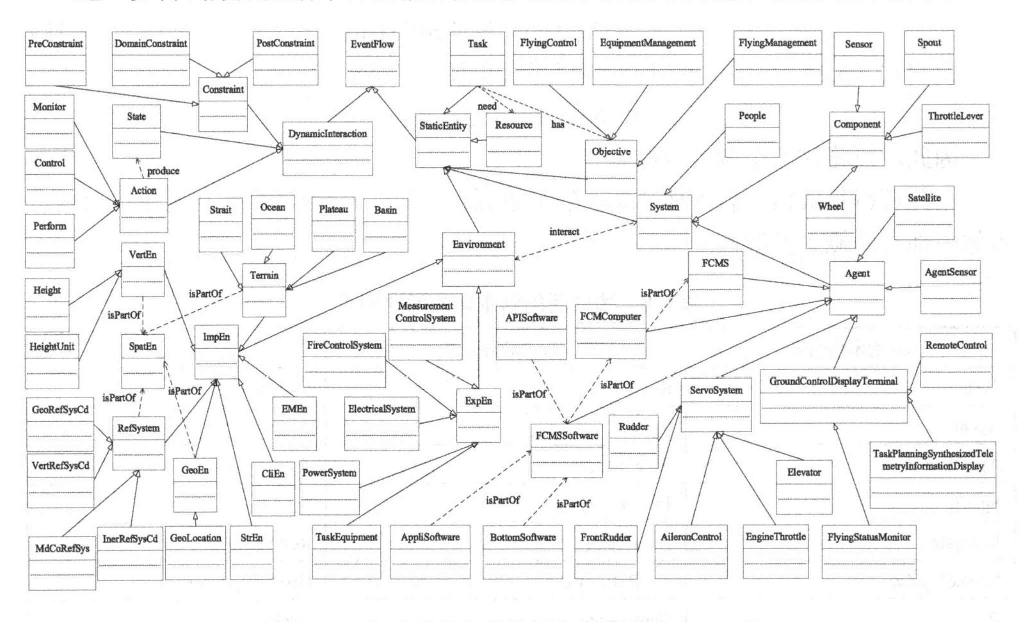

图 6.17　集成后新本体的概念类关联的 UML 图

上述本体集成过程是半自动化的，除使用推理机自动推理以外，还需要人的参与，以手动删除或确认保留某些概念。例如，智能军事本体中的概念“DataTypeInfo”在集成后的新本体中并不存在，这是因为从语义的角度出发，新本体中不需要这一概念，因此将其删除。

2. 本体评价

本体描述语言和工具的发展有利于开发人员根据具体情况构建本体，但由于语义的复杂性，在构建复杂本体的过程中如何保证本体质量是一个重要问题。此外，本体的广泛应用，使得互联网上本体数量呈爆炸式增长。大量的本体使得对本体的重用成为可能，但是因为不同的本体在其领域覆盖面、可理解性和准确性等方面存在较大差异，用户很难从整体上把握本体的这些特征，也很难了解本体的应用情况。基于上述两点，需要对本体的质量进行评价，根据评价结果，开发人员可以对本体进行重构以优化其结构，从而构建高质量的本体，而用户也可以在不同的本体系统之间选择结构最优的本体。

1）本体确认

（1）本体内容评价。

本体内容评价是指基于一致性、完整性、准确性、简洁性、可扩展性和敏感性准则检查本体的内容。本体内容评价如表6.9所示。

表6.9 本体内容评价

准则	是否满足及原因
一致性	是，因为没有矛盾的知识可以从所有的定义和公理中推断出来。同样，推理机没有显示错误
完整性	是，根据本体设计阶段确定的规约它是完整的
准确性	是，实施了专家访谈的活动。专家参与到了本体的构建过程中
简洁性	是，本体是简洁的，因为它不包含任何不必要的概念，即无冗余
可扩展性	是，它很容易扩展，因为在添加新定义时，不需要对一组定义良好的定义进行大的更改
敏感性	否，因为定义的微小变化不会改变一组定义良好的内容

（2）能力问题评价。

本书使用表6.10中列出的确定考虑地理环境因素的UAV FCMS软件需求抽取本体范围和目的的能力问题进行评价。每个能力问题在上述本体组成部分的基础上被回答，具体内容如表6.10所示。能力问题确保本体实现完全满足上述本体的范围。

表6.10 能力问题评价

序号	问 题	回 答
1	为什么要构建考虑地理环境因素的UAV FCMS软件需求抽取本体	通过工程实践发现许多UAV FCMS软件缺陷与地理环境因素密切相关。导致这些缺陷的原因在于软件需求抽取过程未充分考虑与地理环境相关的因素和场景，由此获得的软件需求规约在正确性、完备性、一致性和无二义性上存在诸多问题。本体被认为是概念化的、明确的规范说明，将本体方法引入需求抽取过程是解决上述问题的有效途径之一。通过采用本体方法，需求知识被表示为本体概念及其关联，因此是清晰、完整和一致的。采用本体方法将对提升UAV FCMS软件需求抽取质量及软件需求规约质量产生极大的促进作用

续表

序号	问　题	回　答
2	谁对考虑地理环境因素的 UAV FCMS 软件需求抽取本体有需求	系统利益相关者，包括系统分析员和软件开发者、客户、用户、领域专家均对该本体有需求。构建该本体的目的在于利用领域分析和经验数据，将领域知识建模为一个可共享的知识框架来帮助利益相关者理解应用领域和定义需求。在这个框架下，系统分析员和软件开发者可以更为精确地理解需求，最大限度地消除多视点、多范型带来的异质性，并基于该本体实施更为高质量的 UAV FCMS 软件需求抽取活动，这将有利于 UAV FCMS 软件乃至整个系统的开发，有助于获得缺陷更少、质量更高的产品，并使得研制厂商在激烈的市场竞争中缩短研制周期和降低成本。另外，客户、用户、领域专家由于具备领域知识而在高质量需求抽取活动中扮演了重要角色，该本体有助于他们按照软件开发准则精确地表达能为开发者所理解的需求，提升系统开发的质量和效率
3	谁负责管理和维护考虑地理环境因素的 UAV FCMS 软件需求抽取本体	考虑地理环境因素的 UAV FCMS 软件需求抽取本体是作为 UAV FCMS 软件及系统开发的组成部分存在的。因此，软件及系统开发人员负责对该本体进行管理和维护。当然，在开发团队中有一个专门的小组负责初期的本体开发及之后持续的本体管理和维护
4	考虑地理环境因素的 UAV FCMS 软件需求抽取本体中包含的主要内容是什么	泛化层和领域层本体相关的概念、概念属性、概念层次及概念间关联。具体而言，基于 UAV FCMS 软件需求抽取本体概念类及其关联（UAV FCMS 软件相关概念及其关联、软件需求缺陷模式相关概念及其关联、UAV FCMS 软件需求抽取本体概念类及其关联）和智能军事领域本体概念及其关联生成融合后的考虑地理环境因素的 UAV FCMS 软件需求抽取本体相关的概念、概念属性、概念层次及概念间关联
5	什么时候需要使用考虑地理环境因素的 UAV FCMS 软件需求抽取本体	当进行 UAV FCMS 软件系统开发时需要使用该本体。对于相同或相似系统的开发，可实现本体的共享和重用
6	如何管理和维护考虑地理环境因素的 UAV FCMS 软件需求抽取本体	由一个专门小组负责本体管理和维护。根据实际使用情况和用户反馈，对本体进行持续更新，包括增加新的必要的内容，以及删除过时的内容，并采用日志的形式对管理和维护过程进行记录

2）本体验证

（1）本体分类评价。

本体分类评价方法用于根据文献[55]中提到的主要准则评价本体的分类。本体分类评价如表 6.11 所示。

表 6.11 本体分类评价

准则	是否满足	
不一致	循环错误	推理机显示无错误
	分割错误	推理机显示无错误
	语义错误	推理机显示无错误
不完整	不完整的概念分类	无错误，设计阶段指定的所有知识都被包含在内
	分割错误	无错误，所有基本类的实例都属于子类
冗余	语法冗余	无错误，每个类都有唯一的定义
	某些类的相同形式定义	无错误，没有两个类有相同的定义
	某些类的相同形式定义	无错误，领域本体中不包含实例

（2）FOCA 方法。

①FOCA 方法及其不足。

FOCA 方法是一种用于评价本体质量的方法，主要内容包括确定本体类型、依据问题单打分、按照给出的统计模型计算本体质量。FOCA 方法的步骤如图 6.18 所示。其中，本体类型验证阶段定义了两种类型的本体：领域本体/任务本体和应用本体。问题验证阶段给出了验证的 5 个目标，每个目标都对应了若干问题及相应的评价准则，问题和评价准则均为 13 个。质量验证阶段通过计算给出本体的质量。

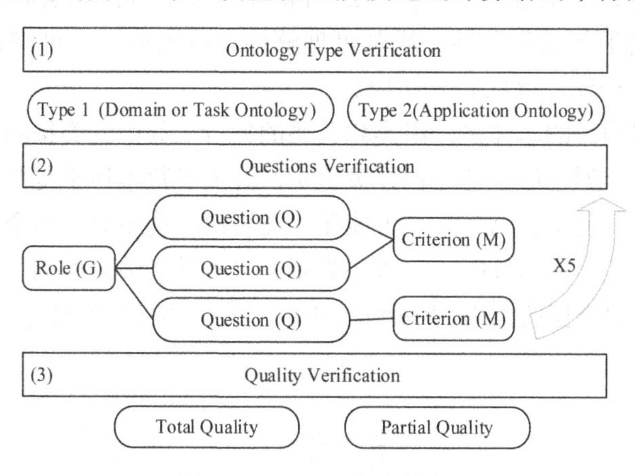

图 6.18 FOCA 方法的步骤

FOCA 方法评价准则涵盖评价本体质量的多个方面，但这些准则并未包含对本体模块化程度进行定量评价的内容。内聚度和耦合度是表征本体模块化程度较为重要的两个指标，本书选择这两个指标来反映本体模块化程度，进而将本体模块化程度作为评价本体质量的一个方面来综合考虑。本体的表示结构与面向对象的结构保持一致，也应当满足高内聚度、低耦合度的特点。本体内聚度是指多个概念以何种程度组合成一个模块，它反映一个本体内部概念间彼此相关的紧密程度。本体模块的内聚度越高，本体模块中概念间的关系越紧密，所蕴含的语义信息越相似，也越容易理解，本体的重用与维护也越有效。耦合度可以定义为本体模块之间的相关程度。如果一个模块中的类与其他模块中的类密切相关，则这个本体模块就具有很高的耦合度。本体模块间的耦合度越强，本体就越难理解、更改和纠正，同时会增加使用本体的系统的复杂性；本体模块间的耦合度越低，本体模块间的联系越松散，模块化操作产生的割操作将很有限，也能在很大程度上降低本体模块的不一致性，本体模块也越易理解、更新和重用，应用系统对本体的重用也越容易。更为重要的是，由于使用了本体集成技术，集成后的本体中相关概念的内聚度和耦合度也是反映本体质量的一个重要指标。总之，内聚度反映本体模块内部概念间关联的紧密程度，耦合度反映本体模块间联系的紧密程度，两者均表示本体结构和语义方面的特性，应当在本体质量评价时予以充分考虑，并添加至 FOCA 方法中以实现对其的改进。后续将对集成后的本体中与两个原始本体概念相关的部分计算本体内聚度和耦合度，并在随后的 FOCA 方法中添加上述指标以评价本体质量。

②本体模块及有向无环图（DAG）。

本体模块是一组紧密相关的概念、关系和公理的集合，反映一个共同的主题。本体模块是从原本体中划分或提取出来的，是原本体的一部分。一个好的本体模块应当满足高内聚度、低耦合度的特点，这与软件工程中软件模块具有的性质一致。本体的模块化有利于降低复杂性，增强可理解性、可测试性、可维护性和可靠性。模块具有自身的内聚度，可以独立使用。

依据领域知识构建的本体是一组类和关系的集合，其中的类按照从一般（高）到特定（低）的层次排列。尽管有这种分级组织，但大多数本体不是简单的树，而是被构造成有向无环图。这是因为一个类可能在分类层次结构中具有多个父类，而且本体还包括除层次分类（实体本身由 is_a 关系表示）之外的实体之间的其他关系类型。图 6.19 所示为几种不同类型的结构，特别需要指出的是，本体的整体结构中不能包含环。

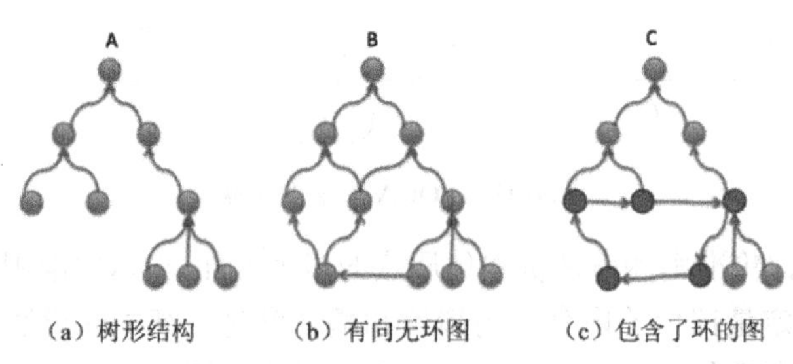

图 6.19　几种不同类型的结构

③本体的内聚度与耦合度度量指标。

本书中使用本体内聚度度量指标 Coh 及本体耦合度度量指标 NSHR、NSNR。

- 本体模块内聚度 Coh(M)表示本体模块内部各概念彼此相关的紧密程度，计算公式如下：

$$\mathrm{Coh}(M)=\begin{cases}\sum\limits_{c_i\in M}\sum\limits_{c_j\in O-M}\dfrac{\mathrm{sr}(c_i,c_j)}{\dfrac{|M|(|M|-1)}{2}}, & \text{if}\,|M|>1\\ 1, & \text{other}\end{cases} \tag{6.32}$$

$$\mathrm{sr}(c_i,c_j)=\begin{cases}\dfrac{1}{\mathrm{distance}(c_i,c_j)}, & \text{relations exist between } c_i \text{ and } c_j\\ 0, & \text{other}\end{cases} \tag{6.33}$$

式中，distance (c_i,c_j)表示 c_i 和 c_j 之间的最短路径长度，$c_i\in M$，$c_j\in M$，M : Module，| | : cardinality。如果本体模块M中没有概念，则 Coh(M)=0；如果本体模块 M 中仅一个概念，则 Coh(M)=1，因为这个概念不依赖于其他任何概念，自身是最紧密的结构。由式（6.32）可知，Coh(M)的范围是[0,1]，因为 DAG 中最大的关系数是完全连通图边的个数。Coh(M)反映了关系强度之和与模块 M 中所有可能关系数的比值。

- AOC 表示原本体的内聚度，计算公式如下：

$$\mathrm{AOC}=\frac{\sum_{i=1}^{n}\mathrm{Coh}(M_i)}{n} \tag{6.34}$$

式中，n 为原本体划分的模块个数；Coh(M_i)为本体模块 M_i 的内聚度。AOC 的值相对较大，表示该原本体概念之间关系紧密。

- 本体具有两种类型的关联关系：层次关系和非层次关系。层次关系强于非层次关系，因为通过层次关系关联的类在类之间共享并继承更多的信息。本书基于 NSHR 和 NSNR 对耦合度进行度量。在使用耦合度指标时，应考虑模块与其原本体之间的一致性。为了与原本体保持一致，模块应保留其原本体的类和公理。因此，本体应进行模块化以减少断开连接的层次关系数量。

NSHR 是本体模块化后断开连接的层次关系数量与关系总数的比值。断开连接的层次关系越多，意味着丢失有关该层次关系的更多信息。NSHR 可以表示为

$$\mathrm{NSHR}(M)=\sum_{c_i\in M}\sum_{c_j\in O-M}\mathrm{nshr}(c_i,c_j) \tag{6.35}$$

式中，$c_i\in M$，$c_j\in O-M$，其中 O 表示原本体，M 表示模块，“$-$” 表示差集运算符；nshr(c_i, c_j)表示 c_i 和 c_j 之间在模块化后断开连接的层次关系的数量。

NSNR 是本体模块化后断开连接的非层次关系数量与关系总数的比值。NSNR 的计算公式如下：

$$\mathrm{NSNR}(M)=\sum_{c_i\in M}\sum_{c_j\in O-\mathrm{M}}\mathrm{nsnr}(c_i,c_j) \tag{6.36}$$

式中，$c_i \in M$，$c_j \in O-M$，其中 O 表示原本体，M 表示模块，“-”表示差集运算符；nsnr(c_i, c_j)表示 c_i 和 c_j 之间在模块化后断开连接的非层次关系的数量。

在下面的例子中，原本体 O 被分割为 5 个模块，即 M_1、M_2、M_3、M_4 和 M_5，如图 6.20 所示。图 6.20 明确表示了模块间断开连接后的关系。

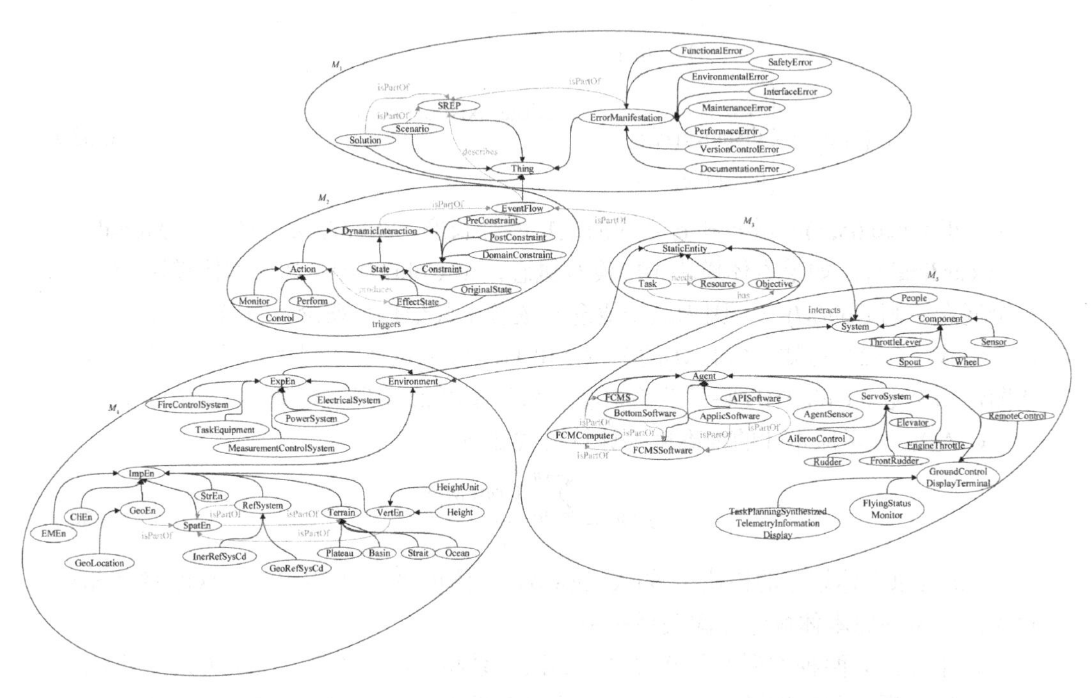

图 6.20　对原本体进行划分后的本体模块

- $r_{\text{NSHR}}(M)$表示本体模块 M 的 NSHR 与对应原本体中相应部分层次关系总数的比值，计算公式如下：

$$r_{\text{NSHR}}(M) = \frac{\text{NSHR}(M)}{K} \tag{6.37}$$

式中，K 为本体模块 M 对应原本体中相应部分的层次关系总数。

$r_{\text{NSNR}}(M)$表示本体模块 M 的 NSNR 与对应原本体中相应部分非层次关系总数的比值，计算公式如下：

$$r_{\text{NSNR}}(M) = \frac{\text{NSNR}(M)}{L} \tag{6.38}$$

式中，L 为本体模块 M 对应原本体中相应部分的非层次关系总数。

- $\text{Aver}_{r_{\text{NSHR}}}$ 表示将原本体划分为若干本体模块后，所有本体模块 $r_{\text{NSHR}}(M_i)$ 值的均值，$\text{Aver}_{r_{\text{NSNR}}}$ 表示将原本体划分为若干本体模块后，所有本体模块 $r_{\text{NSNR}}(M_i)$

值的均值，计算公式如下：

$$\mathrm{Aver}_{r_{\mathrm{NSHR}}} = \frac{r_{\mathrm{NSHR}}(M_i)}{n} \tag{6.39}$$

$$\mathrm{Aver}_{r_{\mathrm{NSNR}}} = \frac{r_{\mathrm{NSNR}}(M_i)}{n} \tag{6.40}$$

式中，n 为原本体划分的模块个数。

- S_{coupling} 表示模块综合耦合度值，计算公式如下：

$$S_{\mathrm{coupling}} = \alpha \times \mathrm{Aver}_{r_{\mathrm{NSHR}}} + \beta \times \mathrm{Aver}_{r_{\mathrm{NSNR}}} \tag{6.41}$$

式中，α 表示 $\mathrm{Aver}_{r_{\mathrm{NSHR}}}$ 所占权重，β 表示 $\mathrm{Aver}_{r_{\mathrm{NSNR}}}$ 所占权重，$\alpha+\beta=1$。该指标能从整体上评价通过某一划分方法所得本体模块的综合耦合度水平。规定：层次关系的重要度大于非层次关系的重要度，因此一般情况下 $\alpha>\beta$。α 和 β 的值可根据经验设定。

④内聚度及耦合度计算。

下面对图 6.20 中的本体进行本体模块划分后的内聚度及耦合度计算。对原本体进行模块划分得到本体模块 M_1～M_5。

- 内聚度计算。

对本体模块 M_1～M_5 使用式（6.32）进行计算，得到各模块对应的 Coh 值，如表 6.12 所示。将各值代入式（6.34），得到 AOC=0.296。AOC 的值偏低，说明本体内部概念间的关联关系不是很紧密。导致这一结果的部分原因是本体中概念类的层次结构还不是很完整，同时除层次关系以外的其他概念间关联有限。

表 6.12 模块 M_1～M_5 对应的 Coh 值

模块	Coh 值
M_1	0.14
M_2	0.23
M_3	0.83
M_4	0.14
M_5	0.14

- 耦合度计算。

对本体模块 M_1～M_5 依次使用式（6.35）～式（6.40）进行计算，得到各模块对应的 NSHR 值、NSNR 值、$r_{\mathrm{NSHR}}(M)$值、$r_{\mathrm{NSNR}}(M)$值、$\mathrm{Aver}_{r_{\mathrm{NSHR}}}$ 值、$\mathrm{Aver}_{r_{\mathrm{NSNR}}}$ 值，如表 6.13 所示。此处，设 $\alpha=0.7$，$\beta=0.3$。将 $\mathrm{Aver}_{r_{\mathrm{NSHR}}}$ 和 $\mathrm{Aver}_{r_{\mathrm{NSNR}}}$ 的值代入式（6.41）进行加权计算，可得模块综合耦合度值为 0.1706。根据经验，这一值低于 0.2 说明模块的耦合度不高，本体模块与原本体的一致性较好。这也说明本体模块之间的相关程度不高，联系较为松散，各个模块的概念都围绕各自的主题展开，因此能较为容易地理解和重用本体模块。

表 6.13　模块 M_1～M_5 对应的耦合度指标

模块序号	NSHR	$r_{NSHR}(M)$	NSNR	$r_{NSNR}(M)$
M_1	1	0.077	1	0.25
M_2	1	0.083	2	0.4
M_3	2	0.4	1	0.33
M_4	1	0.04	1	0.2
M_5	1	0.04	1	0.17
$\text{Aver}_{r_{NSHR}}$		0.128	$\text{Aver}_{r_{NSNR}}$	0.27

⑤改进后的 FOCA 本体质量评价。

本书使用改进的 FOCA 方法对集成后的新本体的质量进行评价。

- 本体类型验证。

FOCA 方法中定义了两种类型的本体：领域本体/任务本体、应用本体。实例验证中给出的考虑地理环境因素的 UAV FCMS 软件需求抽取本体属于领域本体/任务本体。基于 FOCA 方法，领域本体/任务本体应当回答的问题是 Q5，而不是 Q4，如表 6.14 所示。

表 6.14　改进后的 FOCA 方法的 GQM 模型

<table>
<tr><th>Goal</th><th colspan="2">Question</th><th>Metric</th></tr>
<tr><td rowspan="5">1.Check if the ontology complies with Substitute.</td><td rowspan="3">Q1.Were the competency questions defined</td><td>Does the document define the ontology objective</td><td rowspan="3">Completeness</td></tr>
<tr><td>Does the document define the ontology stakeholders</td></tr>
<tr><td>Does the document define the use of scenarios</td></tr>
<tr><td colspan="2">Q2.Were the competency questions answered</td><td>Completeness</td></tr>
<tr><td colspan="2">Q3.Did the ontology reuse other ontologies</td><td>Adaptability</td></tr>
<tr><td rowspan="5">2.Check if the ontology complies Ontological Commitments.</td><td colspan="2">Q4.Did the ontology impose a minimal ontological commitment（application ontology）</td><td>Conciseness</td></tr>
<tr><td colspan="2">Q5.Did the ontology impose a maximum ontological commitment （domain/task ontology）</td><td>Conciseness</td></tr>
<tr><td colspan="2">Q6.Are the ontology properties coherent with the domain</td><td>Consistency</td></tr>
<tr><td colspan="2">Q7.Did the cohesion of ontology satisfy the metrics value</td><td>Cohesion</td></tr>
<tr><td colspan="2">Q8.Did the coupling of ontology satisfy the metrics value</td><td>Coupling</td></tr>
<tr><td rowspan="2">3.Check if the ontology complies with Intelligent Reasoning.</td><td colspan="2">Q9.Are there contradictory axioms</td><td>Consistency</td></tr>
<tr><td colspan="2">Q10.Are there redundant axioms</td><td>Conciseness</td></tr>
</table>

续表

<table>
<tr><th>Goal</th><th colspan="2">Question</th><th>Metric</th></tr>
<tr><td rowspan="2">4.Check if the ontology complies Efficient Computation</td><td colspan="2">Q11.Did the reasoner bring modelling errors</td><td>Computational efficiency</td></tr>
<tr><td colspan="2">Q12.Did the reasoner perform quickly</td><td>Computational efficiency</td></tr>
<tr><td rowspan="4">5.Check if the ontology complies with Human Expression</td><td rowspan="2">Q13.Is the documentation consistent with modelling?</td><td>Are the written terms in the documentation the same as the modelling</td><td rowspan="2">Clarity</td></tr>
<tr><td>Does the documentation explain what each term is and does it justify each detail of modelling</td></tr>
<tr><td colspan="2">Q14.Were the concepts well written</td><td>Clarity</td></tr>
<tr><td colspan="2">Q15.Are there annotations in the ontology that show the definitions of the concepts</td><td>Clarity</td></tr>
</table>

- 问题验证。

由于增加了对本体内聚度和耦合度的度量，因此需要回答表 6.14 中的 13 个问题（本书中回答了 Q5，Q4 就不用回答了），由评估者对这些问题进行打分。与 Goal2 对应的问题集通过添加两个问题“本体的内聚度是否满足度量值”和“本体的耦合是否满足度量值”被扩展。打分部分参考文献[59]中的实验数据。内聚度度量值和与分值对应表如表 6.15 所示。耦合度度量值与分值对应表如表 6.16 所示。这 13 个问题有 5 个目标。

表 6.15 内聚度度量值与分值对应表

度量值 M	$M<0.25$	$0.25\leqslant M<0.5$	$0.5\leqslant M<0.75$	$0.75\leqslant M<1$
分数	25	50	75	100

表 6.16 耦合度度量值与分值对应表

度量值 N	$N<0.25$	$0.25\leqslant N<0.5$	$0.5\leqslant N<0.75$	$0.75\leqslant N<1$
分数	100	75	50	25

- 质量验证。

质量验证可分为两类：总质量验证和部分质量验证。本书中选择总质量验证方法，因为评估过程中的所有目标都被考虑在内。总质量验证使用 Beta 回归模型进行计算，计算公式如下：

$$\hat{\mu}_i=\frac{\begin{array}{c}\exp\{-0.44+0.03(\mathrm{Cov_{Sb}}\times \mathrm{Sb})_i+0.02(\mathrm{Cov_{Co}}\times \mathrm{Co})_i+0.01(\mathrm{Cov_{Re}}\times \mathrm{Re})_i\\+0.02(\mathrm{Cov_{Cp}}\times \mathrm{Cp})_i-0.66\mathrm{LExp}_i-25(0.1\times \mathrm{Nl})_i\}\end{array}}{\begin{array}{c}1+\exp\{-0.44+0.03(\mathrm{Cov_{Sb}}\times \mathrm{Sb})_i+0.02(\mathrm{Cov_{Co}}\times \mathrm{Co})_i+0.01(\mathrm{Cov_{Re}}\times \mathrm{Re})_i\\+0.02(\mathrm{Cov_{Cp}}\times \mathrm{Cp})_i-0.66\mathrm{LExp}_i-25(0.1\times \mathrm{Nl})_i\}\end{array}} \tag{6.42}$$

式中，Cov_{Sb}为目标 1 的平均分；Cov_{Co}为目标 2 的平均分；Cov_{Re}为目标 3 的平均分；Cov_{Cp}为目标 4 的平均分；LExp 为表示评估者经验的变量，为 1 表示非常有经验，为 0 表示毫无经验；如果对某个目标而言评估者不可能回答所有问题，那么 Nl 为 1。

Sb = 1，Co = 1，Re = 1，Cp = 1，因为总质量验证需要考虑所有因素。

将各个值代入式（6.42），得

$$\hat{\mu}_i = \frac{\begin{array}{c}\exp\{-0.44+0.03\times(100\times1)+0.02\times(87.5\times1)+0.01\times(100\times1)\\ +0.02\times(87.5\times1)-0.66\times1-25\times(0.1\times1)\}\end{array}}{\begin{array}{c}1+\exp\{-0.44+0.03\times(100\times1)+0.02\times(87.5\times1)+0.01\times(100\times1)\\ +0.02\times(87.5\times1)-0.66\times1-25\times(0.1\times1)\}\end{array}} = 0.9802$$

总质量的评估结果为 0.9802，与 1 较为接近，这说明考虑地理环境因素的 UAV FCMS 软件需求抽取本体具有较高的质量。

参考文献

[1] CAVALIERE D，LOIA V，SENATORE S. Towards an Ontology Design Pattern for UAV Video Content Analysis[J]. IEEE ACCESS，2019，7：105342-105353.

[2] 胡璇，刘斌，王轶辰，等. 基于本体的软件需求缺陷模式应用[J]. 北京航空航天大学学报，2009，35（6）：723-727.

[3] 胡璇. 基于本体的航空电子系统需求知识模型构建及软件需求抽取方法研究[D]. 北京：北京航空航天大学，2009.

[4] GRUBER T R. Toward principles for the design of ontologies used for knowledge sharing[J]. International Journal of Human-computer Studies，1995，（5-6）：907-928.

[5] GRUBER T R. A translation approach to portable ontology specifications[J]. Knowledge Acquisition，1993，5（2）：199-220.

[6] LU J Z，WANG G X，Törngren M. Design Ontology in a Case Study for Cosimulation in a Model-Based Systems Engineering Tool-Chain[J]. IEEE Systems Journal，2019：1-12.

[7] ALSANAD A A，CHIKH A，MIRZA A. A domain ontology for software requirements change management in global software development environment[J]. IEEE ACCESS，2019，7：49352-49361.

[8] 吴森堂，费玉华. 飞行控制系统[M]. 北京：北京航空航天大学出版社，2005.

[9] 王宏伦，王英勋. 无人机飞行控制与管理[J]. 航空学报，2008，29（Sup）：s1-s7.

[10] 姜印清. 基于 μC/OS-Ⅱ的小型无人机飞行控制系统软件设计[D]. 南京：南京航

空航天大学，2009.

[11] HB 64862008：飞机飞行控制系统名词术语[S].

[12] ISO 19115-1:2014：Geographic information-Metadata[S].

[13] GB/T 19710—2005：地理信息元数据[S].

[14] SILVA F，GIRARDI R. An approach to join ontologies and their reuse in the construction of application ontologies[C]//2014 IEEE/WIC/ACM International Joint Conferences on Web Intelligence (WI) and Intelligent Agent Technologies (IAT). Warsaw，2014：424-431.

[15] BAADER F，CALVANESE D，MCGUINNESS D L，et al. The Description Logic Handbook[M]. Cambridge Univ Pr，2007.

[16] 李军利，何宗宜，柯栋梁，等. 一种描述逻辑的地理本体融合方法[J]. 武汉大学学报（信息科学版），2014，39（3）：317-321.

[17] BANDEIRA J，BITTENCOURT I I，ESPINHEIRA P，et al. FOCA: A Methodology for Ontology Evaluation[J]. Applied Ontology3，2015：1-24.

[18] SOWA J F. Building, Sharing, and Merging Ontologies [EB/OL]. [2009-1-18]. Available: http://www.jfsowa.com/ontology/ontoshar.htm.

[19] 黄烟波，张红宇，李建华，等. 本体映射方法研究[J]. 计算机工程与应用，2005，18：27-33.

[20] Diogene's Ontology Mapping Prototype [Online]. [EB/OL]. http://diogene.cis.strath.ac. uk/prototype.html

[21] MAEDCHE A，STAAB S. Measuring similarity between ontologie[C]//EKAW 2002，Sigüenza，2002：251-263.

[22] SEKINE S，SUDO K，OGINO T. Statistical matching of two ontologies[C]//SIGLEX99: Standardizing Lexical Resources，Maryland，1999：69-73.

[23] DOAN A，MADHAVAN J，DHAMANKAR R，et al. Learning to match ontologies on the semantic web[J]. The VLDB Journal，2003，12（4）：303-319.

[24] Rodríguez M A，EGENHOFER M J. Determining semantic similarity among entity classes from different ontologies[J]. IEEE Transactions on Knowledge and Data Engineering，2003，15（2）：442-456.

[25] EHRIG M，SURE Y. Ontology mapping-an integrated approach[C]//ESWS，Heraklion，Crete，2004：76-91.

[26] PRASAD S，PENG Y，FININ T. A tool for mapping between two ontologies using explicit information[C]//AAMAS 2002 Workshop on Ontologies and Agent Systems，Bologna，2002.

[27] SHEN G H，HUANG Z Q，ZHU X D，et al．Using description logics reasoner for ontology matching[C]//IITA 2007，Zhang Jiajie，2007：30-33．

[28] KOLL M，BOUFAIDA Z. A description logics formalization for the ontology matching[J]．Procedia Computer Science，2011，3：29-3．

[29] KUMAR S K，HARDING J A. Ontology mapping using description logic and bridging axioms[J]．Computers in Industry，2013，64（1）19-28．

[30] Gómez-Pérez A，FERNANDEZ-LOPEZ M，CORCHO O．Ontological Engineering with Examples from the Areas of Knowledge Management, E-commerce and the Semantic Web[M]．London：Springer，2004．

[31] JAIN S，MEYER V．Evaluation and refinement of emergency situation ontology[J]．International Journal of Information and Education Technology，2018，8（10）：713-719．

[32] VRANDECIC D. Ontology Evaluation, Handbook on Ontologies[M]. Berlin/Heidelberg：Springer，2009．

[33] PAK J，ZHOU L．A framework for ontology evaluation[C]// Workshop on E-Business: Springer Berlin/Heidelberg，2009：10-18．

[34] LOURDUSAMY R，JOHN A．A review on metrics for ontology evaluation[C]//ICISC 2018，Coimbatore，2018：1415-1421．

[35] Poveda-Villalón M，Suárez-Figueroa M C，Gómez-Pérez A．Validating ontologies with OOPS! [C]//18th international conference， EKAW 2012．Galway City，2012：267-281．

[36] CASELLAS N. Ontology evaluation through usability measures[C]//OTM’09, Vilamoura，2009：594-603．

[37] GANGEMI A，CATENACCI C，CIARAMITA M，et al. Modelling ontology evaluation and validation[C]// ESWC 2006．Budva，2006：140-154．

[38] HARTMANN J，SPYNS P，GIBOIN A et al. D1.2.3 Methods for Ontology Evaluation[Z]．EU-IST Network of Excellence IST-2004-507482 KWEB Deliverable D 2005．

[39] TARTIR S，ARPINAR I B，SHETH A P．Ontological evaluation and validation[C]// Theory and Applications of Ontology: Computer Applications．Dordrecht：Springer 2010：115-130．

[40] BREWSTER C，ALANI H，DASMAHAPATRA S et al. Data-driven ontology evaluation[C]//The 4th International Conference on Language Resources and Evaluation．Lisbon，2004．

[41] HLOMANI H，STACEY A D，Contributing evidence to data-driven ontology evaluation: workflow ontologies perspective[C]//The 5th International Conference on Knowledge Engineering and Ontology Development. Vilamoura，2013.

[42] OUYANG L B，ZOU B J，QU M X，et al. A method of ontology evaluation based on coverage, cohesion and coupling[C]//2011 8th International Conference on FSKD. Shanghai，2011：2451-2455.

[43] BILGIN G，DIKMEN I，BIRGONUL M T. Ontology evaluation: An example of delay analysis[J]. Procedia Engineering，2014，85：61-68.

[44] ZOUAQ A，NKAMBOU R. Evaluating the generation of domain ontologies in the knowledge puzzle project[J]. IEEE Transactions on Knowledge and Data Engineering，2009，21（11）：1559-1572.

[45] HLOMANI H，STACEY D. Approaches, methods, metrics, measures, and subjectivity in ontology evaluation: A survey[EB/OL]. http://citeseerx.ist.psu.edu/viewdoc/download?doi=10.1.1.682.1950&rep=rep1&type=pdf.

[46] AMIRHOSSEINI M，SALIM J. OntoAbsolute as an ontology evaluation methodology in analysis of the structural domains in upper, middle and lower level ontologies[C]//The 2011 International Conference on Semantic Technology and Information Retrieval. Putrajaya，2011：26-33.

[47] Gómez-Pérez A. Ontology evaluation, in Handbook on Ontologies (International Handbooks on Information Systems) [M]. Berlin：Springer，2004.

[48] ARPIREZ J，PEREZ A G，LOZANO A，et al. An ontology-based www broker to select ontologies[C]//Workshop on Application of Ontologies and Problem-Solving Methods. UK，1998：16-24.

[49] GRUNINGER M，FOX M S. Methodology for the design and evaluation of ontologies[C]//Workshop on Basic Ontological Issues in Knowledge Sharing，IJCAI-95，Montreal，1995.

[50] KUREYCHIK V M，SAFRONENKOVA I B. Ontology-based approach to design problem formalization[C]//2019 International Seminar on Electron Devices Design and Production (SED). Prague，2019.

[51] 李霖，王红. 基于形式化本体的基础地理信息分类[J]. 武汉大学学报（信息科学版），2006，31（6）：523-526.

[52] YILAHUN H，IMAM S，ABDURAHMAN K，et al. A hierarchical clustering-based relation extraction method for domain ontology[C]//The 9th International Symposium on Parallel Architectures, Algorithms and Programming (PAAP). Taipei，2018：

36-40.
[53] LIU Y，LOH H T，SUN A. Imbalanced text classification: a term weighting approach[J]. Expert Systems with Applications，2009，36（1）：690-701.
[54] MENDES W C，GIRARDI R. An ontology-based architecture of an RBC agent[C]//The 8th Iberian Conference on Information Systems and Technologies. Braga，2013：776-781.
[55] Lovrenčić S，Čubrilo M. Ontology evaluation-comprising verification and validation[C]//The 19th Central European Conference on Information & Intelligent Systems (CECIIS). Varaždin，2008：657-663.
[56] OH S，YEOM H，AHN J. Cohesion and coupling metrics for ontology modules[J]. Information Technology Management，2011，12（1）：81-96.
[57] PAGE-JONES M. Practical Guide to Structured Systems Design[M]. New York: Yourdon Press，1980.
[58] DESSIMOZ C，Škunca N. The Gene Ontology Handbook, Humana Press, Springer，2017.
[59] 廖莉莉，沈国华，黄志球，等. 一种基于有向无环图的本体内聚度度量方法[J]. 计算机工程与科学，2015，37（7）：1297-1303.
[60] KALYANPUR A，PARSIA B，SIRIN E，et al. SWOOP: A web ontology editing browser[J]. Journal of Web Semantics，2006，4（2）：144-153.
[61] FERRARI S. Beta regression for modelling rates and proportions[J]. Journal of Applied Statistics，2004，31（7）：799-815.
[62] KAIYA H，SAEKI M. Using domain ontology as domain knowledge for requirements elicitation[C]//The 14th IEEE International Requirements Engineering Conference. Minneapolis/St，2006：186-195.

第7章

基于多本体需求知识框架的软件需求抽取

需求抽取是需求工程的核心任务，是确定软件系统利益相关者的需要及限制条件的过程，也是通过与利益相关者交流发现软件系统需求的过程。这项任务要求相关人员具备应用领域知识、组织知识和特定问题知识。通常，需求抽取的内容包括问题范围、功能性需求、非功能性需求、应用环境和假设条件。由此可见，需求抽取应建立在理解问题域的基础上。解决问题前必须先理解所要解决的问题，当完全、彻底地理解了一个问题时，通常就已解决了这个问题。然而，实际应用中常有违背此准则的地方。以安全性需求抽取为例，工业界的安全性方法通常源于解决域而不是问题域，而好的需求工程实践要求在给出解决方案前应先对问题有全面的理解。

目前，已有多种需求抽取方法，场景分析法是其中最为常用的。然而，该方法及支持工具过于通用，只针对一般问题域，并未用到特定问题域知识，也不支持领域知识的使用。如何引导领域用户提供尽可能完备和深入的信息是亟待解决的问题。此外，由于场景实例的采集是随机的，如何保证所采集的场景实例能全面覆盖软件系统并产生完整的需求目标树也是亟待解决的问题。由于软件规模和复杂性的不断增大，通过场景实例刻画软件行为的工作将变得越发复杂。因此，为了进行高质量需求抽取，需要一种支持领域知识使用，同时能高效刻画场景实例的方法。本章针对这一问题的研究，提出一种基于多本体需求知识框架的软件需求抽取方法（简称基于多本体的需求抽取方法）。该方法以泛化本体和领域本体为基础构建应用本体，并通过重用领域需求模型进行应用需求模型的构造。同时，引入任务本体以获得能够反映系统动态行为和目标的需求规约，并最终完成需求抽取。上述过程中将融入软件需求缺陷模式信息。软件需求缺陷模式反映了特定场景下可能导致的软件需求缺陷，并给出解决方案。由此可见，本书中的领域知识包含两类：直接反映功能/非功能性需求的术语、概念关联及约束；基于经验获得的软件需求缺陷模式。基于前者能够得到需求规约的主要内容，而通过融入后者能够以一种固定的方式提高软件需求质量，同时预防以往类似错误的发生，提高软件系统质量。此外，需求缺陷模式还具有如下作用：培训参与系统规格说明编写的人；作为一般的信息工具，在需求抽取过程中起信息源的作用；作为开发规则和系统设计指南的基础。

7.1 现有需求抽取过程中存在的问题

需求抽取着重于发现用户需求。用户需求包括用户要求系统完成什么任务和用户对系统的性能、易用性及其他质量属性的期望。需求抽取活动在很大程度上依赖经验，并建立在面谈、问卷调查、小组讨论和其他类似活动的基础上，因此用户参与十分重要。分析人员可通过理解用户提出需求的思维过程来理顺用户做出决策所遵循的流程，并从中提炼出基本逻辑。此外，分析人员必须针对用户提出的需求深究隐藏在其背后的真正含义，并考虑特殊情况，同时为用户提出一些建议和可供选择的方案。

然而目前的需求抽取过程中存在诸多问题。需求抽取问题是软件开发中最为严重也是最难以修复的问题。Beichter 的研究表明，70%的系统问题源于不充分的系统规约，而 30%的系统问题源于设计缺陷，如图 7.1 所示。此外，SEI National Software Capacity 的研究表明，导致系统开发失败的主要因素包括不充分的系统规约、缺少用户输入（参与）和不断变化的需求。

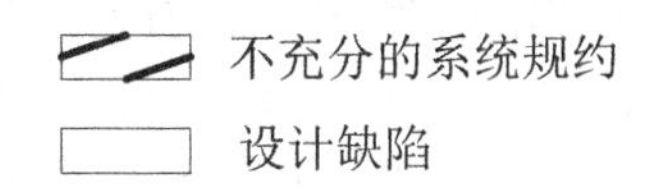

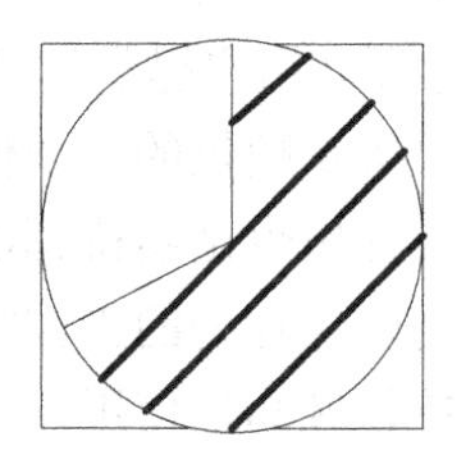

图 7.1　系统问题的来源及所占比例

一般来说，需求抽取问题可分为如下几类。

1. 系统边界问题

通常情况下，需求抽取开始于有组织的上下文分析，以便确定系统边界和目标。然而，在某些情况下需求抽取技术不能很好地解决上述问题，以致产生不完整和不可用的需求。这是因为在需求抽取过程中，分析人员并未将用户的真实目标作为系统目标。系统边界不能被正确定义可能导致需求中包含不必要的设计信息或遗漏必要的设计信息。因此，为充分解决用户关注的问题，需求抽取过程必须专注于需求的创建而非设计活动。

2. 理解问题

Savant 研究中心的一项研究表明，安装系统中 56%的缺陷源于需求定义过程中用户和分析人员之间缺乏良好的交流，而且此类缺陷是修改成本最高的一类缺陷，占用了可获得人员时间的 82%。需求抽取过程中的理解问题可能导致需求不明确、不完整、不一致，甚至不正确，这是因为需求抽取过程并未建立在理解利益相关者真实需求的基础上。具体来说，需求抽取过程中的理解问题有以下三种：第一，二义性。由所处问题域差异导致的软件开发者和领域用户之间的知识鸿沟造成了知识共享的障碍，并产生了对同一概念的多个理解。第二，不一致性。软件系统规模和复杂性的增大导致多视点、多范型的开发方法被广泛使用，同时增加了软件需求规约的异质性，从而造成需求规约不一致。第三，不完备性。软件系统规模和复杂性的增大及参与研发的人员类型的日益庞杂使得软件开发呈现显著的知识密集化、多样化和复杂化趋势，这增加了抽取完备知识的难度。

3. 易变性问题

导致需求易变性的一个主要原因是用户需求随着时间推移而不断进化，这是由需求工程的迭代本质决定的。只有这样才能使需求反映通过需求工程中的各项活动获得的新知识，也只有这样才能使解决方案按照增长的知识不断被修订。此外，不同利益相关者间的冲突也是导致需求易变性的一个重要原因。通常，不同利益相关者具有不同甚至冲突的需求、目标、视点及兴趣。此外，需求易变性还可能产生于用户不切实际的期望。用户对技术能力及其局限性的不了解常使他们对系统可提供的功能及开发系统所需时间等产生过高期望。若这些不切实际的期望不能尽早在需求抽取阶段改正，则拖延时间越长，开发和修改成本将越高。

7.2 基于多本体的需求抽取

7.2.1 基于多本体的需求抽取流程

图 7.2 所示为基于多本体的需求抽取流程。由图 7.2 可见，抽取流程中的每个主要步骤都有两条分支：若无现成本体，则首先构建本体；若已有现成本体，则重用已有本体，并根据实际需要对其进行剪裁和扩展。通过一层一层的本体构建，获得相应的概念及其关联，直到获得领域本体后，对其进行领域分析得到领域需

求模型；然后在领域需求模型及应用本体的基础上，通过应用分析，最终获得应用需求模型。

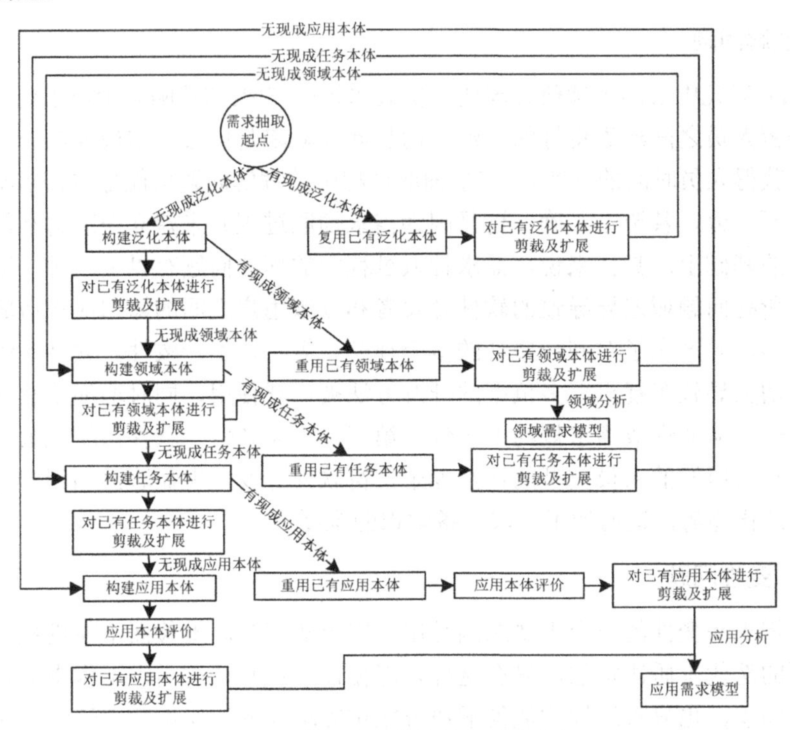

图 7.2　基于多本体的需求抽取流程

下面对图 7.2 中基于多本体的需求抽取流程的两个阶段及主要步骤进行详细介绍。

基于多本体的需求抽取流程可大体分为两个阶段：预备阶段与实施阶段。下面的内容均基于 AE 系统领域进行介绍。

1. 预备阶段

基于多本体的需求抽取非常注重前期的知识积累，即在正式的需求抽取开始前，要先建立软件需求缺陷模式库，如图 7.3 所示。该需求缺陷模式库是本体知识库的一部分。预备阶段为后续阶段提供知识基础，因此十分重要。

预备阶段：
构建AE系统领域软件需求缺陷模式库
1）根据开发和测试经验，参考测试记录和问题报告单收集总结软件需求缺陷模式
2）将需求缺陷模式表示为本体形式，并存储到本体知识库中

图 7.3　基于多本体的软件需求抽取预备阶段工作步骤

2. 实施阶段

基于多本体的需求抽取实施阶段包含正式进行需求抽取的若干具体步骤。

1）构建泛化本体

构建泛化本体的具体步骤如图 7.4 所示。

1）确定本体范畴及构建目的，同时明确AE系统领域相关知识
2）结合专家的理解和经验及利益相关者的诸多需求获取初步知识
3）通过概念—关系分析，获得概念术语及属性、概念层次结构及关联关系的描述：
  a 分析泛化本体概念层次关系
  b 分析泛化本体概念关联关系
  c 构建泛化本体概念空间
4）构建初始非形式化本体

图 7.4　构建泛化本体的具体步骤

上述过程的核心部分是进行概念-关系分析，以获得概念术语及属性、概念层次结构及关联关系的描述。下面就对上述过程进行详细介绍。

（1）AE 系统泛化本体（AEGO）概念类层次体系构建。

泛化本体是 AE 系统需求知识本体构建的基础，定义了其中最主要的概念及其关联。构建泛化本体首先应定义一个事件流（EventFlow）类，在此基础上定义其子类——静态实体（StaticEntity）类和动态交互（DynamicInteraction）类。静态实体类和动态交互类均包含若干子类。泛化本体中应具有的其他概念术语可在此基础上扩展。图 7.5 所示为 AEGO 部分概念类层次及概念关联，其中带*号的概念类为非终结概念类，其余的为终结概念类。如果继承关系的定义如下，那么非终结概念类下的子类与父类构成继承关系。

定义 7.1　继承关系是 AEGO 概念类层次中子类自动共享父类属性和结构的机制。

该定义表明：可在一个现存概念类的基础上得到一个新类，将现存概念类定义的内容作为自身内容，并加入若干新内容。

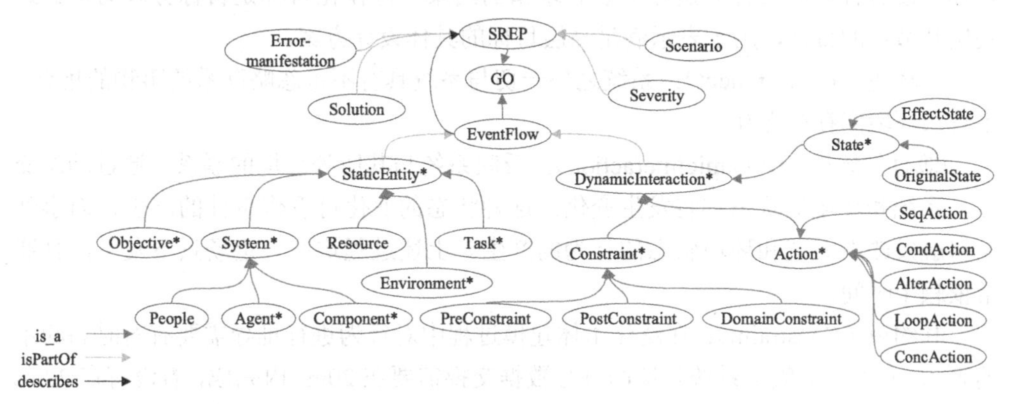

图 7.5　AEGO 部分概念类层次及概念关联

图 7.5 也表明 AEGO 概念类既包含本体的静态元素，又包含本体的动态元素。

下面给出对图 7.5 中部分概念类的解释。

①静态实体（StaticEntity）：构成泛化本体基本结构的任何静态事物都可看作一个实体，如人、资源、环境、目标等。

②系统（System）：本体建模的对象。从系统论的角度看，系统也指存在于一定环境，依赖于环境，并且具有共同任务目标的一系列事物的集合。任何系统都是在一定的环境中产生，又在一定的环境中运行、延续和演化的。系统可进一步分为人（People）、Agent 和部件（Component）。

③人（People）：在整个系统中起到与软件交互的作用，完成操纵、监控、执行等具体交互行为。

④Agent：特殊的对象，不能是人，只能是机器或其他机制，并且必须具有代理性、自主性、主动性和智能性。此处将人与 Agent 进行区分，一是为了避免概念类的交叉，二是为了强调人有不同于一般 Agent 的特殊性。

⑤部件（Component）：一类特殊的对象，并且不具有 Agent 的四大特性。

⑥资源（Resource）：各种物质要素的总称。具体来说，是指任何一种有形或无形、具有有限可利用性的物体，或者任何有助于维持系统运行的事物。

⑦目标（Objective）：通常来源于文档分析、面谈和领域知识等，可分为功能性目标和非功能性目标。功能性目标描述要实现的服务，是利益相关者期望发生的所有场景的集合，是行为的导向；非功能性目标描述对服务质量的偏好及对开发过程质量的期望，是附加在系统服务上的约束或限制。通常上述两类目标可通过功能性需求和非功能性需求来体现。在需求抽取阶段，通常需要将各类目标明确地表示出来，并写入文档保存。

⑧任务（Task）：要完成的工作及负担的责任。任务通常可看作操作化目标，即对目标（硬目标和软目标）进行分解和求精的结果。操作化目标是目标分解树中靠近底层叶节点的目标，用于表示满足高层目标的具体设计方案。

⑨环境（Environment）：系统之外一切与系统具有不可忽略联系的事物的集合，系统与环境间存在交互。

⑩动态交互（DynamicInteraction）：反映系统与其所处环境的联系。通过动态交互，系统和环境的状态都将发生变化。这种状态的变化可看作事件的产生，而事件又将触发改变系统和环境状态的行为的产生。上述过程均在一定场景下发生，且通常依赖于时间。

⑪约束（Constraint）：在泛化本体建模过程中对行为进行推导需要有对时态约束的表示。例如，某航电系统与地面进行数据交换需要在 20ms 内完成，若没有在 20ms 内完成数据交换，则认为这个时间周期内的数据帧丢失。又如，某些活动可被周期

性执行，如周期性传数等。

⑫状态（State）：系统可被观察和识别的状况、态势、特征等，一般可用若干称为状态量的系统定量特征来表征。在泛化本体中，与行为相关的状态通常包括触发状态和效果状态。触发状态定义了在什么条件成立的情况下该行为会执行；效果状态定义了一旦行为执行以后的成立条件。一个行为和它的触发状态和效果状态共同构成了行为簇。在行为持续的时间段里状态的属性被保持，所有的行为在被执行时都需要一些对象，对行为而言这些对象属于系统、环境和动态交互。

（2）AEGO 的构成分解。

AEGO 概念类及其关联是对 AEGO 不加区分的知识构成表示。进一步将 AEGO 划分为结构本体（$O_{\text{structure}}$）和行为本体（O_{action}）两大类，用它们来描述系统最基本的结构和职能，用一阶谓词逻辑表示为 AEGO = $O_{\text{structure}} \cup O_{\text{action}}$。

①结构本体。

结构是对系统实施行为的一套限制条件，包括一系列系统、人、Agent、部件、环境及作用于其上的静态属性和动态交互。系统具有一个或多个任务，每个任务由一系列需要执行的目标定义。系统在执行行为时将消耗一定资源，并遵循一定限制。结构概念类型如图 7.6 所示。

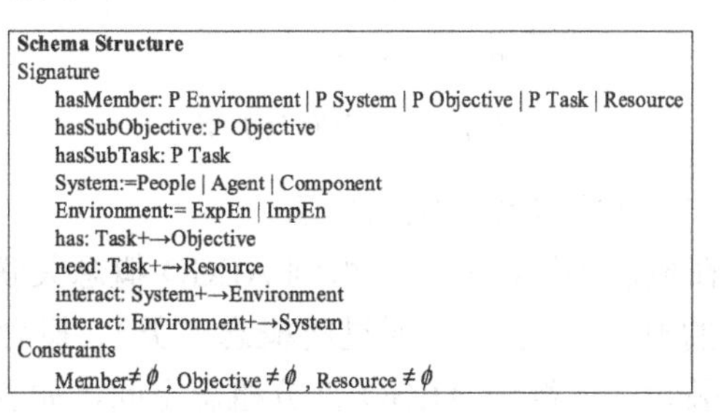
Schema Structure
Signature
hasMember: P Environment | P System | P Objective | P Task | Resource
hasSubObjective: P Objective
hasSubTask: P Task
System:=People | Agent | Component
Environment:= ExpEn | ImpEn
has: Task+→Objective
need: Task+→Resource
interact: System+→Environment
interact: Environment+→System
Constraints
Member≠ϕ , Objective ≠ϕ , Resource ≠ϕ

图 7.6 结构概念类型

②行为本体。

行为描述了系统及环境的状态转换。初始状态触发行为并由行为产生新的状态。场景中的行为由一个行为及与之相关的触发状态和效果状态表达。行为在一些时间点被初始化，之后就在一定的时间段内持续，并且行为持续期间状态的属性一直被保持。一个行为通常以它的输入到输出的转换方式被执行（转换时带有约束条件，如时间、内存大小等）。行为可分为简单行为和复杂行为。简单行为具有行为的最小粒度及不可分性；复杂行为包括顺序行为、条件行为、选择行为、循环行为和并发行为等。行为概念类型如图 7.7 所示。

```
Action := SimAction|ComAction
ComAction:=
SeqAction|CondAction|AlterAction|LoopAction|ConcAction
Actor := System|Environment
Schema SimAction      //simple action
Signature
    hasSubObjective: P Objective
    triggeredby: OriginalState
    produce: EffectState
Constraints
    hasSubObjective ≠ ϕ, operateOn ≠ ϕ
Schema SeqAction      //sequence action
Signature
    hasSubObjective: P Objective
    subAction: SeqAction
    triggeredby: OriginalState
    produce: EffectState
Constraints
    hasSubObjective ≠ ϕ, subAction ≠ ϕ, predecessor ≠ ϕ, successor ≠ ϕ
Schema CondAction     //conditional action
Signature
    hasSubObjective: P Objective
    subAction: CondAction
    triggeredby: OriginalState
    produce: EffectState
Constraints
    hasSubObjective ≠ ϕ, subAction ≠ ϕ, cond ≠ ϕ
Schema AlterAction    //alternative action
Signature
    hasSubObjective: P Objective
    subAction: AlterAction
    triggeredby: OriginalState
    produce: EffectState
Constraints
    hasSubObjective ≠ ϕ, subAction ≠ ϕ
Schema LoopAction     //loop action
Signature
    hasSubObjective: P Objective
    subAction: LoopAction
    triggeredby: OriginalState
    produce: EffectState
Constraints
    hasSubObjective ≠ ϕ, subAction ≠ ϕ
Schema ConcAction     //concurrent action
Signature
    hasSubObjective: P Objective
    subAction: ConcAction
    triggeredby: OriginalState
    produce: EffectState
Constraints
    hasSubObjective ≠ ϕ, subAction ≠ ϕ
```

图 7.7 行为概念类型

（3）AEGO 概念关联关系及概念空间构建。

根据上述步骤，在概念类层次基础上得到 AEGO 概念关联关系（箭头左侧为源概念节点，右侧为目的概念节点），并通过将概念（类）、概念类层次、概念关联关系、属性和属性特征融为一体得到 AEGO 部分概念空间，如表 7.1 所示。可以证明概念关联关系中的继承关系是偏序关系，表示为 $a \leqslant b$，interacts 关系是对称关系。

表 7.1 部分按照行为及结构概念类型构成的泛化本体概念空间

概念类型	概念关联关系	关联值类型	属性特征
Action	triggeredby	OriginalState	—
	produces	EffectState	—
Structure	Objective	P Objective	偏序性
	Task	P Task	偏序性
	has	Task+→Objective	—
	needs	Task+→Resource	—
	interacts	System+→Environment	对称性
	interacts	Environment+→System	对称性

定理 7.1 泛化本体概念关联关系中的继承关系是偏序关系。

证明：由图 7.5 可知，只有泛化本体概念类层次中的非终结概念类才具有子类，因此也只有在这些概念类间才具有继承关系。设 A 是一个由非终结概念类及其子类构成的非空集合，继承关系 I 是 A 上的一个关系。

① $\forall a\in A$，$(a,a)\in I$。

这是显然的，由面向对象基本原理可知，一个类可看作对其自身所有内容，即属性和结构的继承，因此与其自身具有自反关系，故满足自反性。

② $\forall a, b\in A$，$((a, b)\in I)\cap((b, a)\in I) \rightarrow a=b$。

由继承关系定义可知，条件$(a, b)\in I$说明 b 继承了 a 的所有内容；条件$(b, a)\in I$说明 a 继承了 b 的所有内容。这两个条件同时满足说明 a 和 b 的内容完全相同，包括属性和结构。这说明 a 和 b 的外延和内涵均相同，故 $a=b$。此即满足反对称性。

③ $\forall a, b, c\in A$，$((a,b)\in I)\cap((b, c)\in I) \rightarrow (a, c)\in I$。

由继承关系定义可知，条件$(a, b)\in I$说明 b 继承了 a 的所有内容，包括属性和结构；条件$(b, c)\in I$说明 c 继承了 b 的所有内容，包括属性和结构。因此，c 必然继承 a 的所有内容，包括属性和结构，故 c 继承 a，即$(a, c)\in I$。此即满足传递性。

由于 A 上的关系 I 满足上述三条性质，因此称 I 是 A 上的一个偏序关系，表示为 $a\leqslant b$。带偏序关系的集合 A 称为偏序集。

定理 7.2 泛化本体概念关联关系中的 interacts 关系是对称关系。

此定理较为显然，故此处省略证明。

2）构建领域本体

构建领域本体的具体步骤如图 7.8 所示。

1）基于泛化本体，按照概念映射关系，面向领域专家和用户收集领域概念术语及关联，并分类
2）参考已有文档和软件系统对领域知识进行补充和优化
3）采用本体语言构建领域本体
4）领域本体评价

图 7.8 构建领域本体的具体步骤

（1）构建领域本体概念类层次。

表 7.2 所示为飞控系统部分领域本体概念的集合。通过与所属 Concepts 类型的映射可从领域层概念追踪至泛化层概念。

表 7.2　飞控系统部分领域本体概念的集合

概念 ID	领域概念名称	所属 Concepts 类型	子类型	备注
—	飞控系统	系统	系统	—
—	飞控系统软件	系统	子系统	—
—	伺服作动设备	系统	子系统	—
—	传感器	系统	子系统	—
—	地面操控与显示终端	系统	子系统	—
—	飞控系统的外部交联设备	环境	显性环境	—
—	地理环境	环境	隐性环境	—
—	飞行控制	目标	—	—
—	姿态/航向的稳定与控制	任务	—	—
—	经纬度	约束	领域约束	—
—	硬件存储容量	约束	领域约束	—
—	响应时间	约束	领域约束	—
—	存储设备	资源	物力资源	硬件资源
—	数据	资源	物力资源	软件资源

（2）构建领域本体概念关联。

DomRelations 为领域本体概念关联集，并且是一个有限集。图 7.9 所示为领域层目标分解实例。表 7.3 所示为飞控系统部分领域本体概念关联。可以认为，领域本体概念关联是泛化本体概念关联在领域本体概念空间上的一个投影，如图 7.10 所示。

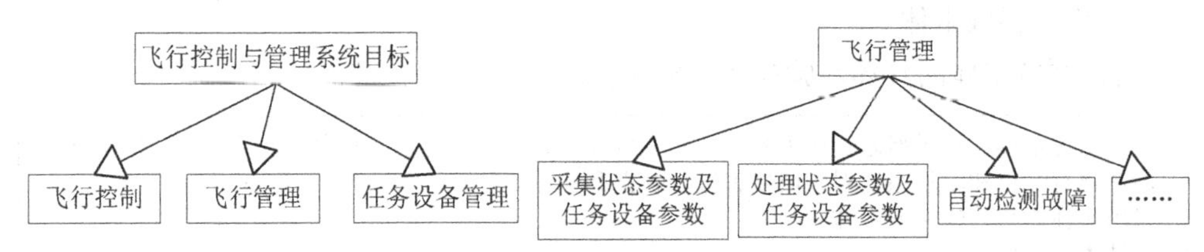

图 7.9　领域层目标分解实例

表 7.3　飞控系统部分领域本体概念关联

关联类型	关联源节点	关联目的节点
hasObjective	姿态/航向的稳定与控制	飞行控制
hasObjective	速度控制	飞行控制
hasObjective	任务管理与规划	飞行管理
hasObjective	遥控指令处理	飞行管理
hasObjective	机载任务设备工作状态监测与管理	任务设备管理
direct-interacts	飞控系统	电气系统
direct-interacts	飞控系统	动力系统

续表

关联类型	关联源节点	关联目的节点
direct-interacts	飞控系统	测控系统
direct-interacts	飞控系统	任务设备
indirect-interacts	飞控系统	地理环境
indirect-interacts	飞控系统	气候环境

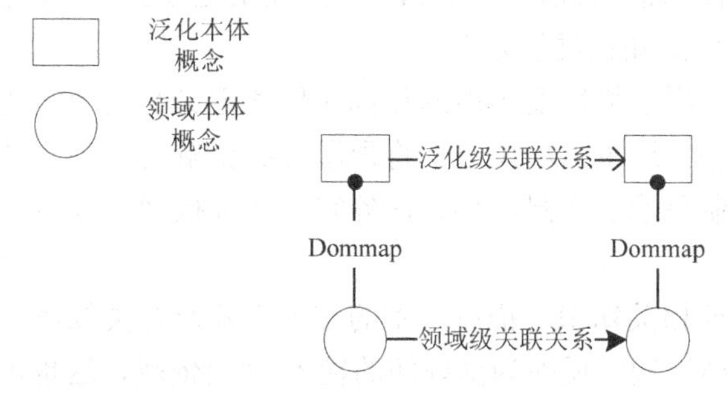

图 7.10 泛化本体概念关联在领域本体概念空间上的投影示意图

（3）领域本体评价。

领域本体给出了特定领域的概念及其关联，是对领域知识进行组织整合的有效工具。领域本体的质量高低直接影响到在此基础上进行的各种应用的有效性，因此在建立领域本体后须对其进行评价，以获得关于领域本体质量的信息。这部分内容可参见 5.1.6 节和 6.4.2 节，此处不再赘述。

3）构建任务本体

构建任务本体的具体步骤如图 7.11 所示。

1）明确PSM要实现的目标及输入/输出
2）描述实现任务目标所需推理步骤、推理步骤间的控制结构、推理步骤间的数据流和知识流
3）构建任务本体需求库，包括PSM所需静态领域知识和构成推理步骤的输入/输出的动态知识

图 7.11 构建任务本体的具体步骤

Problem-Solving Methods（PSMs）目前被认为是基于知识的系统的重要组件之一，同时也是任务本体的重要组成部分。PSMs 以一种独立于实现和领域的方式描述了基于知识系统的推理过程。一个 PSM 通常包含如下部分。

（1）实现任务目标所需的推理步骤。

（2）推理步骤间的控制结构。

（3）推理步骤间的数据流。

（4）实现推理步骤所需的知识。这些知识定义了一般性的领域独立术语集，包括 PSM 所需静态领域知识和构成推理步骤的输入/输出的动态知识。

（5）PSM 要实现的目标。

泛化本体、领域本体和应用本体所包含的内容均可视作系统静态知识，即构成需求的基本材料。要得到最终需求，还需要对基本材料进行加工处理，以获得能反映系统动态行为和目标的需求规约。这一工作需要借助任务本体来完成。任务本体是对需求抽取过程要实现的目标、所需知识、推理步骤及控制流等元素的表示。

从抽象层次上看，需求抽取任务 PSMs 构成元素是各类知识，它们可在不同应用过程中被实例化,具体的知识类型如下。

（1）任务知识：用于描述要实现的目标（任务定义）及为实现它们所进行的活动（任务体）。一般来说，PSMs 规定了将顶层任务分解为若干子任务的方法，并定义了子任务间的控制信息。在最底层，任务完成通过推理或外界 Agent 的基本动作实现。

（2）应用域推理相关知识：描述基本的推理步骤及各类领域知识在推理过程中扮演的角色。推理结构通常反映为推理间的输入/输出依赖，这也可视作推理行为的功能模型。

（3）实现推理所需领域知识本质：PSMs 不能由特定应用实例知识描述，因为这违背了 PSMs 的一般性和可重用性原则。但是可给出关于所需领域知识的结构和语义暗示。

具体来说，需求抽取任务 PSM 由能力（Competence），操作规约（Operational Specification）和需求（Requirements）组成。

（1）能力：描述 PSM 的输入/输出行为及 PSM 能够实现的目标。

（2）操作规约：描述实现特定目标的推理过程，由推理步骤、推理步骤间的控制结构、推理步骤间数据流和知识流构成。推理步骤通过对输入/输出关系的描述来刻画。推理步骤间的控制结构反映了推理步骤的执行顺序。知识流作为推理过程所需输入/输出知识的存储器而存在。

（3）需求：描述实现 PSM 能力所需的领域知识。

由此可见，上述三者的内在关系是：假设知识需求已满足，操作规约描述了实现 PSM 能力的一种途径。

需要指出的是，本书从易用性出发，在与领域本体相同的层次上构建需求抽取任务本体，因此任务本体和领域本体均位于泛化层下的本体层次。这也使得需求抽取任务的实施能够在特定领域下具有较强的针对性。因此，本书的需求抽取任务本体是依赖于特定任务和特定领域的。

4）构建应用本体

基于泛化本体和领域本体，按照概念类的映射关系，收集应用领域相关概念术语及关联关系，并分类。应用本体构建过程与领域本体构建过程类似，并且由于大部分应用本体中的概念及概念关联与领域本体中相应内容相同，因此可首先根据应用领域实情，对应泛化本体中的概念类型，创建各种概念类型的概念实例，包括为概念实例命名，指明所属概念类型及给定一个唯一概念标识。此后，在应用概念关联抽取阶段，需求提供者填写应用概念关联定义框架。在理解需求提供者提供的所有应用概念定义框架后，可得到概念关联表。最后，还要根据应用需求变化情况进行应用概念实例空间的扩展。具体过程见领域本体构建过程，此处不再赘述。

由前面介绍的内容可见，应用本体构建是基于泛化本体和领域本体完成的，应用本体是泛化本体在特定应用中的实例化。实例化过程包括概念类型实例化和概念关联实例化，实例化后的应用情况描述满足泛化本体和领域本体的所有约束。此即应用情况描述是泛化本体在特定应用上的一个同态映射，这样就实现了应用情况的获取和分析，并能保证与需求提供者顺利沟通。

然而仅构建应用本体及获取应用情况描述对实际应用来说是不够的，因为其详细程度远不能达到应用软件规格说明文档的要求，并且不够直观。因此如何基于上述粗粒度的应用本体及应用情况描述得到相应的细粒度内容还需要进一步研究。考虑到目前 UML 已得到广泛应用，并成为一项标准，本书选择 UML 类图、用例图和活动图辅助应用本体建模及应用情况描述抽取活动，以获得详细应用软件规格说明文档。完成这一工作需要解决从应用本体及应用情况描述到应用软件 UML 文档的转换问题，从本质上说就是要体现本体概念和关联到面向对象软件方法概念上的映射，即需要理解应用情况描述，并从应用情况描述中提取类、对象、关联等面向对象模型中的概念，从而实现应用模型的应用软件的面向对象模型（UML 模型）转化。

5）基于领域需求模型和应用本体构建应用需求模型

由于应用需求模型包含应用系统的动态知识，因此上述过程中需要使用用例。图 7.12 所示为构建应用需求模型的具体步骤。

1）明确用例边界
2）识别场景，包括前置条件、后置条件和步骤
3）对主场景和分支场景进行区分
4）采用UML用例图和活动图表示用例
5）考虑异常场景
a 将软件需求缺陷模式从泛化层映射到领域层
b 使用面向方面方法将软件需求缺陷模式织入需求抽取任务本体

图 7.12 构建应用需求模型的具体步骤

（1）部分 UML 模型顶层本体及 UML 模型概念类型和关联

由于本书选择用 UML 类图、用例图和活动图进行 UML 模型描述，因此需要对类模型、用例模型和活动模型进行研究，给出这三类模型的结构化表示。图 7.13 所示为部分 UML 模型顶层本体。还可参照泛化概念类型框架给出 UML 模型的概念框架定义。

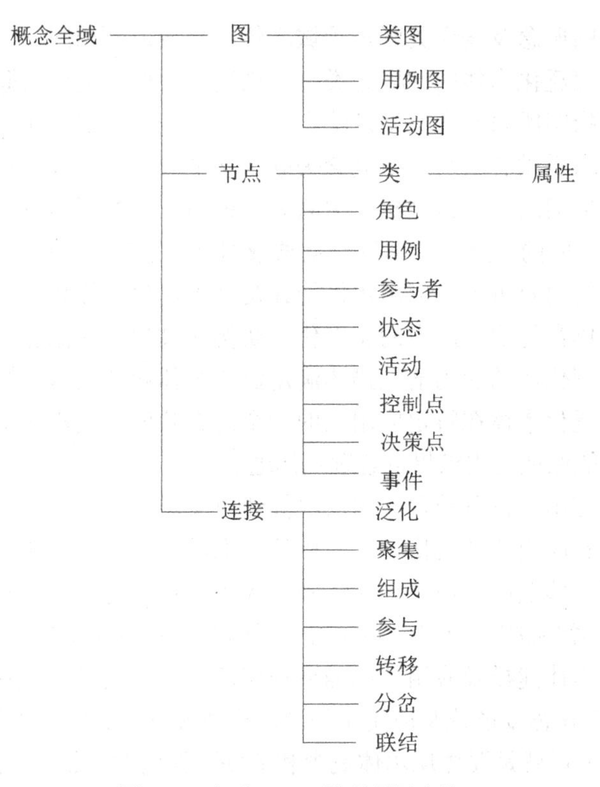

图 7.13　部分 UML 模型顶层本体

部分 UML 模型概念类型和关联如表 7.4 所示。

表 7.4　部分 UML 模型概念类型和关联

本体概念	本体关联
类	泛化
角色	聚集
用例	组成
参与者	参与
活动	转移
状态	分岔
控制点	联结
决策点	—
事件	—

下面给出一些从泛化本体到 UML 模型的映射规则。

规则 7.1　AEGO 中事件流（EventFlow）概念类型的实例可看作 UML 中的（正常）用例。

规则 7.2 AEGO 中 SREP 概念的场景（Scenario）概念类型的实例可看作 UML 中贯穿（异常）用例的一条单一路径，即（异常）用例实例。由于用例刻画的是大粒度的场景集合，因此可以认为若干场景概念类型实例共同构成一个用例。

规则 7.3 AEGO 中结构概念类型的系统（System）概念类型实例可以是用例的参与者。

规则 7.4 可通过 AEGO 中结构概念类型的系统（System）概念类型实例到用例概念类型实例的关联捕获参与者和用例的关联，即参与。

规则 7.5 AEGO 中结构概念类型成员实例可看作 UML 中的类，结构概念类型成员实例间的子类/超类关系则直接映射为 UML 中类间的子类/超类关系。

规则 7.6 AEGO 中状态（State）概念类型实例可看作 UML 中对象具备的状态。初始状态和终止状态是每个对象默认具备的状态。

规则 7.7 AEGO 中状态（State）概念类型实例的触发状态和结果状态可看作 UML 中关于事件的一个状态变迁过程。

（2）应用本体构建过程中 UML 类图的使用。

目前应用本体的构建没有统一的方法和标准可循，主要依赖于开发者的经验和熟练程度。鉴于 UML 在系统建模中的广泛应用，为增强本体设计的有效性，下面首先介绍由应用本体形式化描述向应用需求 UML 类图的转化，再以此为基础，利用 UML 类图辅助系统静态结构建模。使用 UML 类图的原因是 UML 类图用于表示不同的类及它们之间的关系，以及属性、操作及许多类型的角色和关联，因此可以反映系统的静态结构。表 7.5 所示为 UML 类图模型元素。

表 7.5 UML 类图模型元素

模型元素	功能
通用图形类	用例、包、类（角色、边界类、实体类、控制类）、注释、对象
关系类	依赖、继承、关联、实现

UML 类图的使用步骤如下。

①将应用本体组成元素形式化。

②绘制 UML 类图，识别关键概念、属性及概念关联，进而构建应用概念空间。

（3）基于领域需求模型和应用本体构建应用需求模型。

应用需求模型包含应用系统动态知识，因此建模过程中须由需求分析师和领域用户共同开发用例。

用例代表软件系统整体或部分行为，是对一组动作序列的描述。软件系统执行该动作序列，产生一个可为参与者观察的结果。UML 用例图是外部用户能观察到的软件系统功能模型图。UML 用例图的基本元素包括参与者、用例及用例间关系。每个用例的执行独立于其他用例，但这个用例的执行可能会和其他用例的执行发生关系。用例间关系包括关联、扩展、包含和泛化。表7.6所示为UML用例图模型元素。

表7.6　UML用例图模型元素

模型元素	功能	表示方法
参与者	与系统、子系统发生交互作用	
用例	外部可见的一个系统功能单元	用例1
关联	参与者与其参与执行的用例之间的通信途径	
扩展	在基础用例上插入基础用例不能说明的扩展部分	<<extend>>
包含	在基础用例上插入附加的行为，并且具有明确的描述	<<include>>
泛化	用例之间的一般和特殊关系，特殊用例继承了一般用例的特性并增加了新的特性	

UML用例图的使用步骤如下。

①将应用本体组成元素形式化。

首先给出一个反映无人机飞行控制与管理计算机软件预指令处理的应用本体形式化描述。

```
    Ontology name：无人机飞行控制与管理计算机软件预指令处理
    Type：App-ontology
    {ID：
    Father：飞行控制与管理计算机软件预指令处理
    Child：某型无人机飞行控制与管理计算机软件预指令处理
    AppRelations：{include(即毁，飞行开关预指令)，include(伞降，飞行开关预指令)，include(放油，飞行开关预指令)}
    Appmap：
    即毁→用例，
    伞降→用例；
    放油→用例；
    飞行开关预指令→用例
    }
```

②绘制UML用例图。

图7.14所示为无人机飞行控制与管理计算机软件预指令部分用例。

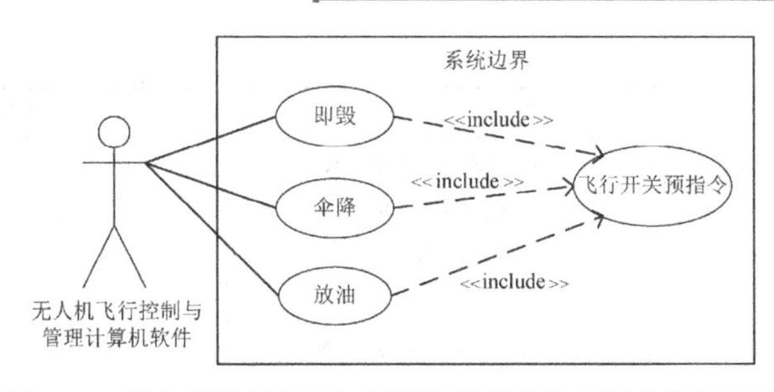

图 7.14　无人机飞行控制与管理计算机软件预指令部分用例

图 7.14 的含义：无人机飞行控制与管理计算机软件 Agent 可被视作用例的参与者，即毁、伞降和放油是无人机飞行控制与管理计算机软件 Agent 具备的三项功能，它们都包含飞行开关预指令这一功能。

（4）任务本体构建过程中 UML 活动图的使用。

任务本体构建要解决如何推理以实现目标的问题，故需要一种对系统动态行为进行刻画的手段。前面已采用 UML 类图和用例图辅助系统静态特性的刻画，下面将采用 UML 活动图来辅助系统动态行为的刻画。

软件系统的功能集合可由 UML 用例图表示，然而 UML 用例图只能对统功能进行大致描述，并不能说明系统功能的细节。使用 UML 活动图能够对系统不同组件间工作流建模，演示系统中存在的功能及这些功能如何与系统中其他组件的功能共同满足 UML 用例图建模的需求。UML 活动图在 UML 用例图后提供了下一步系统分析中对系统的充分描述，允许对系统执行过程进行了解及根据不同条件和刺激改变执行方向。因此，UML 活动图可用来对用例工作流建模。在对用例工作流建模时，UML 活动图可显示用例内和用例间路径，并说明使用例有效需要满足的条件及用例完成后系统保留的条件或状态。

UML 活动图模型元素如表 7.7 所示。

表 7.7　UML 活动图模型元素

模型元素	功能	表示方法
活动	也称为动作状态，是 UML 活动图中指示要完成某项工作的指示符	Name of action
状态	指示内部值，用来指示系统行为出现了差异，或者满足了一组条件。两个特殊状态为开始状态和结束状态	Name of state Start state End state

续表

模型元素	功能	表示方法
转移	可以组合活动和状态，显示 UML 活动图迁移路径。具体来说，可用来显示从一种状态到另一种状态的控制流，以及从状态到活动、活动间或状态间的控制流	→
控制点	标记两个活动或状态间转移，括在括号中，用来允许控制流仅沿满足预置条件的方向	条件1 条件2
决策点	当对带有大量不同条件的大型图建模时，使用决策点表示转移从起始活动迁移到活动要转移到的聚焦点	◇
事件	作用与控制点类似，不过是通过被触发使控制流转移到对应方向的	Eventname(arguments)
游泳道	使用带有对象名或域名并包含活动的矩形框来更为清晰地表示 UML 活动图	对象名
分岔/联结	①用来表示开始并行处理，分岔的每条分支基本上都是独立的 UML 活动图，与其他分支没有任何关系，每个控制流都不必等待其他控制流，直到遇到联结为止。分岔具有一个转移入口，两个或多个转移出口。 ②联结具有两个或多个转移入口，一个转移出口。联结描述不同的控制流合并到一起形成一个单向处理	

UML 活动图的使用步骤如下。

①将任务本体组成元素形式化。

首先给出无人机飞行控制与管理计算机软件对通信链路中断进行处理的需求抽取任务本体形式化表示。

```
Ontology name: Requirement-elicitation Task-ontology
Type: Task-ontology
{ID:  //标识符
Requirement-elicitation task: = < Task ID, 链路中断处理>
```

```
    Requirement-elicitation task-PSM: = < Competence, Operational specification, Requirements >
    Competence: = < 无线电装置10min未接到地面遥控数据情况下，飞机的行为>
    Operational specification: = < Inference steps and control flow between the inference steps:
    {
    If (无线电遥控装置10min未接到地面遥控数据)
    While (气压高度<2000m)
    爬升
    End While
    If (气压高度>=2000m)
    定高并盘旋
    End If
    End If
    While (链路中断时间<10min)
    盘旋
    End While
    If (通信链路中断时间>=10min)
    返航
    End If
    Return 该条需求
    }
    Requirements: = < Concepts∈ Appconcepts, Relations∈ Apprelations, Rules ∈ Apprule >
    Requirement-elicitation Taskmap: {(Requirement-elicitation Taskconcepts ∈ Appconcepts) → Domconcepts, Domconcepts→Concepts}
    }
```

②绘制 UML 活动图。

图 7.15 所示为无人机飞行控制与管理计算机软件对通信链路中断进行处理的部分用例。

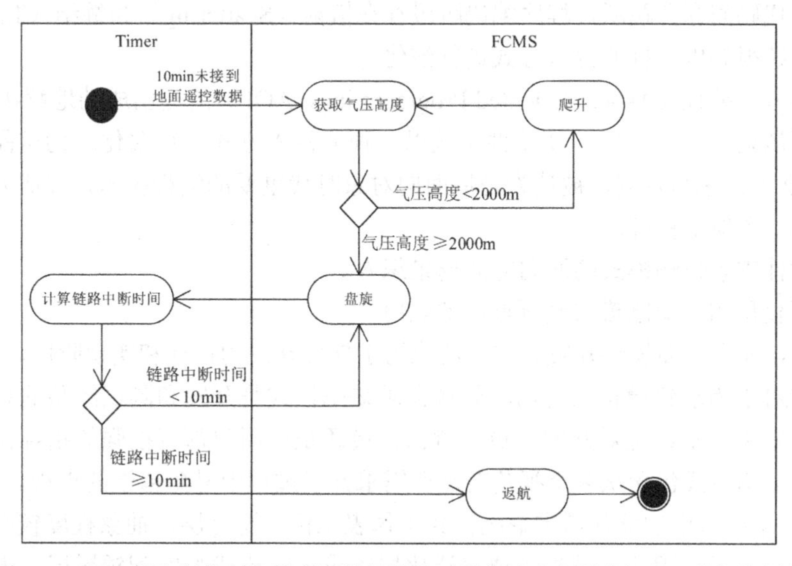

图 7.15 无人机飞行控制与管理计算机软件对通信链路中断进行处理的部分用例

上述任务本体构建过程中，对推理步骤、数据流和控制流的表示考虑了系统需要实现的正常功能。然而，实际应用中仅考虑正常功能的实现是不够的，这可能导致忽略一些可能引起需求缺陷的异常情况。因此，在任务本体构建过程中还需要考虑软件需求缺陷相关信息。这样不仅能丰富任务本体相关知识，还能增强其推理能力，更有利于抽取完整的需求。

通常情况下，经验知识更能为需求抽取带来启迪，而软件需求缺陷模式就属于这类知识，它通过总结从以往开发和测试中收集的需求缺陷相关信息来对以后的需求开发进行指导，并能针对需求遗漏、需求冲突等问题提出解决方案。第 5 章中对由软件系统与其所处环境间交互引发的环境改变及目标实现过程中可能产生的需求缺陷模式进行了泛化本体表示。这种表示使得需求缺陷模式统一在本体框架中，并有利于将其以一致的形式添加到任务本体中。此外，这种一致性也有利于后续需求抽取、需求验证过程中本体方法的使用。然而，其缺点也很明显，即抽象程度依旧较高，难以应用到实践中。因此，本书首先将需求缺陷模式泛化本体表示映射到应用层。然后，介绍需求缺陷模式的面向方面场景织入，主要解决如何将需求缺陷模式织入相应的任务本体，在什么条件下织入及织入到何处等问题。

（5）面向方面软件开发方法和软件需求缺陷模式的面向方面场景织入。

①面向方面软件开发方法。

面向对象编程（Object-Oriented Programming，OOP）是一种在实际开发中得到广泛应用的编程技术，是软件开发史上最成功的编程技术之一。然而经过多年发展，通过大量实践经验总结，人们发现 OOP 在软件开发生命周期的多个阶段都存在不足，如需求到代码间存在跳跃，程序编码阶段存在散射（Scattering）和缠结（Tangling）现象，系统很难以一种非侵入方式进行演化等。

面向方面编程（Aspect-Oriented Programming，AOP）的提出成功地解决了 OOP 中的代码散射和缠结问题，使软件系统以一种非侵入方式进行演化成为可能。AOP 是对 OOP 的继承与发展，被认为是后面向对象时代重要的编程技术，并成为编程方法学中的一个新里程碑。

②软件需求缺陷模式的面向方面场景织入。

- 泛化层需求缺陷模式到领域层的映射。

目前，面向方面软件开发方法广泛应用于软件开发的设计和实现阶段。实际上，这一方法对于需求建模也很有用。软件需求缺陷模式是开发和测试经验的总结，包含了大量知识，不论是对开发人员、测试人员还是对用户都有很强的指导作用。因此，需求缺陷模式包含从多个视角对软件需求开发过程中易犯错误的审视。

第 5 章中给出的软件需求缺陷模式本体表示位于泛化层，抽象程度较高，并且不利于实际应用。因此，首先需要将泛化层需求缺陷模式映射到领域层。下面以实例说明这一过程。

软件需求缺陷模式（泛化级）。

场景Ⅰ：需求分解图中单个子功能。

场景1：

$\exists$ interacts = < acts, explicit environment $\cup$ implicit environment >$\in$ Interacts 且 (explicit environment $\notin$ Environment)$\cap$ (implicit environment $\notin$ Environment)。

缺陷表现形式：显性或隐性环境不属于预定义环境集。

缺陷根源：预定义环境集（边界、范围）定义错误。

解决方案：给出完备的预定义环境集。

上述实例反映了由预定义环境集（边界、范围）定义错误所导致的需求缺陷模式。将领域限定为飞控系统，考虑由飞机飞行范围不当所造成的需求缺陷模式映射实例，得到如下表示。

软件需求缺陷模式（领域级）。

场景Ⅰ：需求分解图中单个子功能。

场景1：

$\exists$ interacts = < 无人机飞行控制软件系统，地理环境 >（隐性环境交互）。

即

$\exists$ interacts = < 无人机飞行控制软件系统，惯性导航系统 > $\cap$ <惯性导航系统，地理环境 >（显性环境交互）。

缺陷表现形式：地理环境中包含了预定义环境集以外的范围——南极圈以南和北极圈以北。

缺陷根源：预定义环境集（边界、范围）定义错误，不应包含南极圈以南和北极圈以北的区域。

解决方案：给出完备的预定义环境集，明确说明其合理范围。

- 软件需求缺陷模式的面向方面场景织入过程。

前面介绍了正常功能的任务本体构建，此处介绍异常功能的任务本体构建。任务本体反映了用以实现系统正常功能的 UML 活动图的对应事件序列。UML 活动图中的活动发生、功能实现和工作流均产生于一定场景，这种场景与需求缺陷模式的直接场景相同。经验表明，直接抽取和描述系统异常功能较为困难，但抽取导致异常功能的场景较为容易。因此，构建异常功能的任务本体的主要思想是根据需求缺陷模式的发生地点和条件，将其以面向方面方式织入任务本体相应位置。

下面首先给出 UML 活动图中的场景的定义。

定义 7.2　UML 活动图中的场景是指一系列事件序列，这些事件表达了 Agent 行为、环境行为及 Agent 与环境间交互。

此外，一些系统或环境行为常存在于多个软件需求项中。这类行为被称为需求横切关注点。图 7.16 所示为需求横切关注点实例，需求项“确保飞行控制开关按下”横切了两项系统安全性需求。因此，它是一个需求横切关注点。

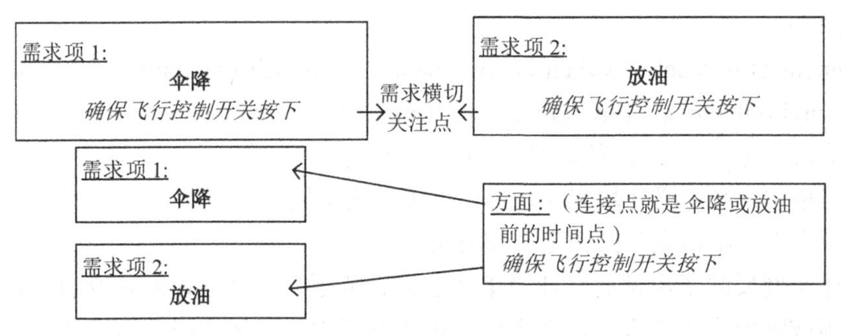

图 7.16　需求横切关注点实例

文献[12]给出了一种基于用例语法的场景描述语言——SLAF。下面给出一个采用该语言进行表示的实例。

[无人机在遥控状态下完成伞降] [飞控系统软件、传感器部件]

```
{
无人机处于沿航线飞行过程中
If （经纬度传感器故障） || （高度传感器故障）
Then 无人机进入推测导航
无人机伞降
}
```

上例的事件陈述“经纬度传感器故障”中，动词“故障”刻画了该事件的数据流。此外，整个事件描述过程采用类编程语言反映其控制结构，如 If 表示选择分支。这些都可看作前述任务本体中推理步骤、数据流和控制流的具体表现。

进一步，场景依据其在相应 UML 活动图中的地位可分为两类——主场景和分支场景。主场景反映活动图中实现正常功能的工作流执行路径。分支场景又称为从属场景，反映 UML 活动图中其他可能的工作流执行路径，包括对功能的细化及导致功能异常的工作流执行路径。主场景可在其某个分岔点分支出分支场景；分支场景也可通过联结重新汇合到主场景。

可采用如下模板，根据分支场景的发生位置和条件对其进行刻画。

[分支场景名] [交互对象 1、交互对象 2、……]

事件[织入场景的地点]

条件[织入场景的条件]

```
{
......
具体要织入的事件序列
......
```

```
}
```

该模板中的“事件”表示织入场景的地点，“条件”表示织入场景的条件。此处对“事件”的理解可参照 UML 活动图中的事件概念。UML 活动图中的事件是动作发生指示符，事件中可包含一个或多个参数。事件可包含在转移中用来强制控制流流向。

上述分支场景、事件和条件概念可与 AOP 中的概念相对应。分支场景相当于 AOP 中的方面，事件相当于 AOP 中的连接点，条件相当于 AOP 中的切入点，而事件序列相当于 AOP 中的通知。

下面分别给出对应于上述场景描述语言实例的无人机指令伞降主场景、需求缺陷模式对应的分支场景及将该分支场景织入主场景后得到的结果。

a. 无人机指令伞降主场景。

[无人机在遥控状态下完成伞降] [飞控系统软件、传感器部件]

```
{
无人机处于沿航线飞行过程中
If (((惯性导航设备故障) && (GPS 接收机故障)) || ((大气数据计算机故障) && (无线电高度表故障)))
Then 飞控系统软件计算偏航角
无人机返航
放油
指令伞降 //遥控状态下伞降
}
```

b. 需求缺陷模式对应的分支场景 1。

[放油][飞控系统软件、油量传感器]

事件[飞控系统软件发出放油指令]

条件[放油指令前缺少飞行开关预指令]

```
{
实施放油动作前未触发飞行开关预指令，而是直接放油
}
```

c. 需求缺陷模式对应的分支场景 2。

[伞降][飞控系统软件、伺服作动设备]

事件[飞控系统软件发出伞降指令]

条件[伞降指令前缺少飞行开关预指令]

```
{
实施伞降动作前未触发飞行开关预指令，而是直接伞降
}
```

d. 将上述分支场景织入主场景后得到的结果。

[无人机在遥控状态下完成伞降] [飞控系统软件、传感器部件、伺服作动设备]

```
{
无人机处于沿航线飞行过程中
```

```
    If (((惯性导航设备故障) && (GPS接收机故障)) || ((大气数据计算机故障)&&(无线电高度表故障)))
    Then 飞控系统软件计算偏航角
    无人机返航
    飞控系统软件发出放油指令
    If 实施放油动作前未触发飞行开关预指令
    Then 直接放油 //产生缺陷，相应解决方法是飞控系统软件发出放油指令，触发飞行开关预指令，放油
    Else 触发飞行开关预指令
    放油
    飞控系统软件发出伞降指令
    If 实施伞降动作前未触发飞行开关预指令
    Then 直接伞降 //产生缺陷，相应解决方法是飞控系统软件发出伞降指令，触发飞行开关预指令，伞降
    Else 触发飞行开关预指令
    指令伞降 //遥控状态下伞降
    }
```

上述场景织入过程中采用了类编程语言中的条件分支指示符 If。实际上，类编程语言中的其他指示符也可用于场景织入过程。由此可见，场景织入过程对应系统发生事件的描述过程，因此场景织入的结果与任务本体具有相同形式，并可作为需求抽取的结果。在场景织入过程中，分支场景被织入可能发生行为处。具有与 AO 知识库中特定动词或名词一致的词语的事件语句可视作连接点。因此，场景织入法的有效性极大地依赖于 AO 知识库的质量。根据上述过程进行相应的 UML 活动图建模，如图 7.17 和图 7.18 所示。

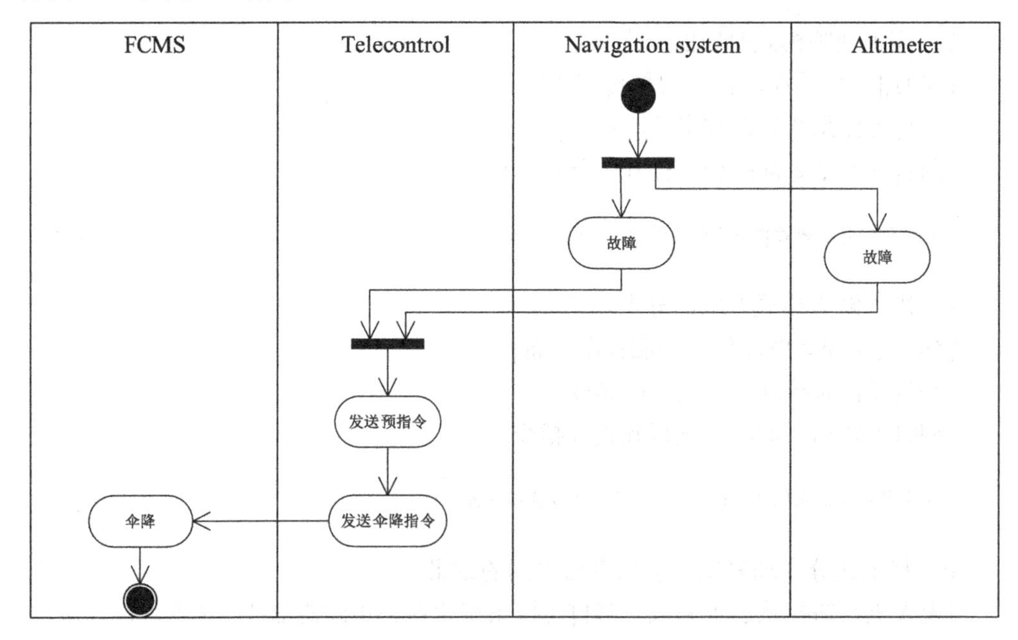

图 7.17　无人机飞行控制与管理计算机伞降处理部分活动

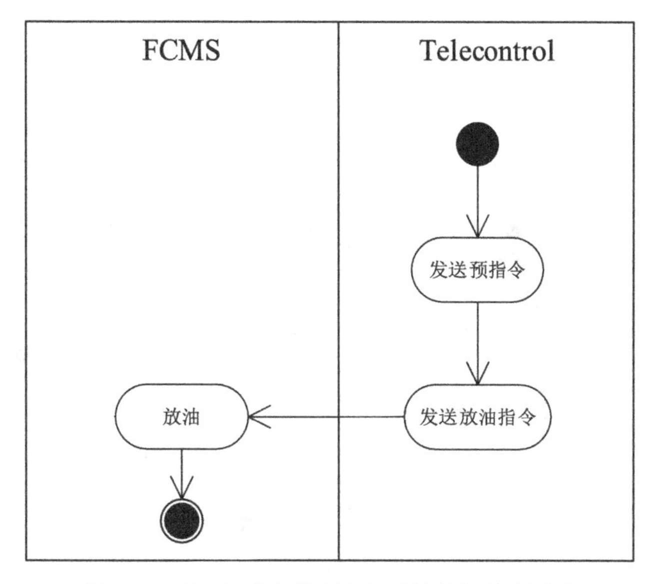

图 7.18　无人机飞行控制与管理计算机放油活动

由于任务本体中包含系统的动态知识，因此其构建过程中需要使用用例。使用用例是获取软件需求的有效技术手段之一。每个用例描述完成任务所必须做的活动，包括各种变化，也就是各种场景。因此，上述软件需求缺陷模式的面向方面场景织入法可通过用例开发获得更为直观的表示。基于前述内容可得用例开发步骤如下：①将软件需求对应的关注点分解为一般关注点和横切关注点。一般关注点对应功能需求，横切关注点对应非功能需求中的安全性需求。②明确各项一般关注点所调用的所有横切关注点。③采用 UML 用例建模技术获取功能需求，使用 UML 建模工具 Rational Rose 应用"场景"描述用例，包括前置条件、后置条件和步骤。进一步将场景划分为对应功能需求的一般场景和对应非功能需求（安全性需求）的横切场景。④以本体知识库中收集的 SREP 为依据，使用 Rational Rose 构建横切场景，在横切场景基础上构建横切用例，形成横切用例集。⑤迭代执行步骤 b，按照其中获得的调用关系，依次将各个一般关注点所调用的横切关注点对应的横切用例融入功能需求对应的一般场景。图 7.19 所示为用例开发实例。

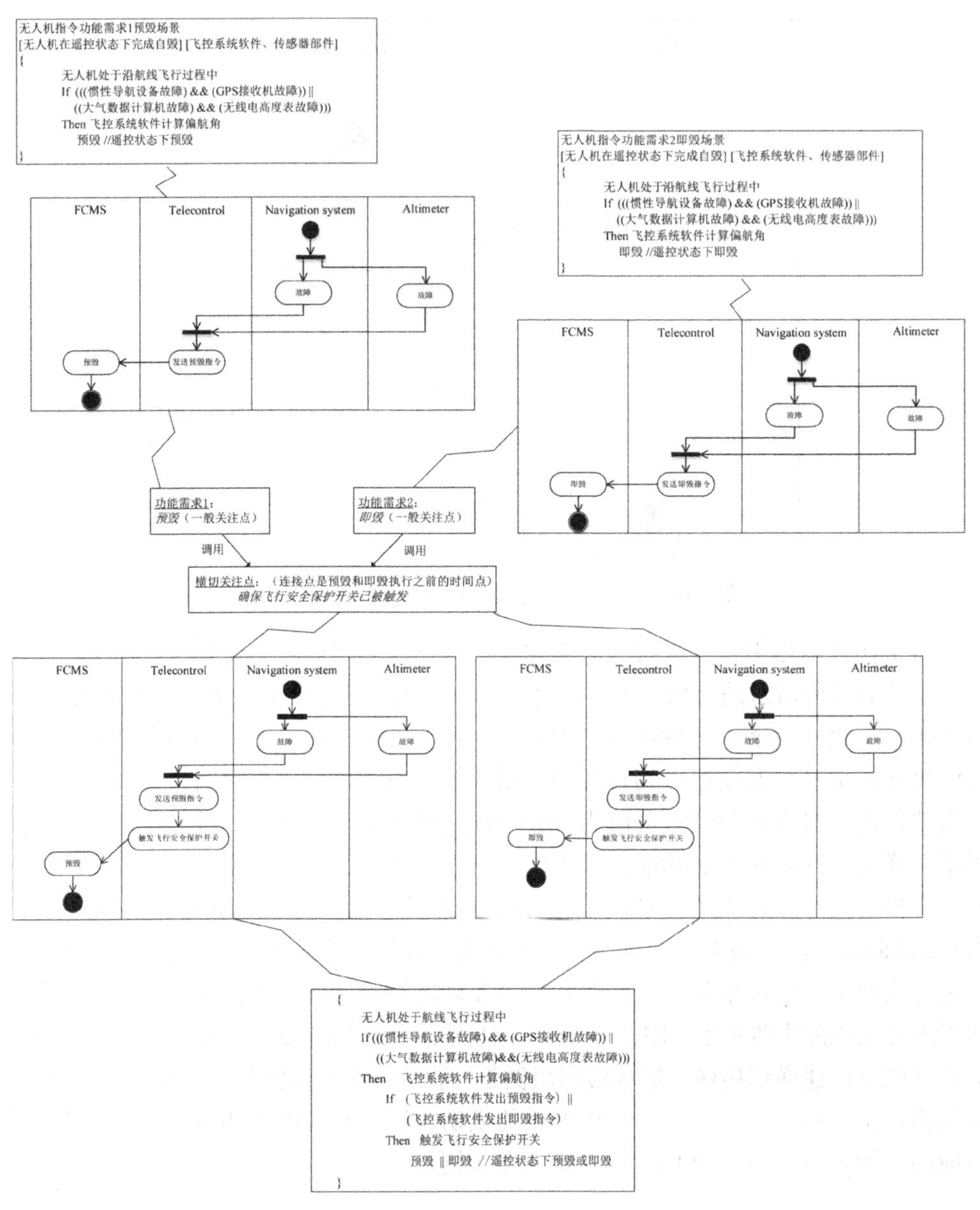

图 7.19　用例开发实例

实施阶段的完整过程如图 7.20 所示。实施阶段识别领域概念和关联的工作主要面向领域专家和用户，采用面谈法和问卷法的形式进行。此外，还可参考已有文档和软件系统。在应用本体基础上进行需求抽取活动所得初始需求可以用例形式表示，包括一系列场景，这些场景超出了基本领域知识范畴，反映了组织的独特性质。在需求抽取过程中，对场景的应用主要包括需求工程师和最终用户进行场景走查，工程师记录用户意见、问题和建议，进而找出场景中存在的问题。场景测试完成后，应根据得到的反馈信息对其做相应修改，然后将它们转化为系统需求。详尽的场景描述能有效解决需求遗漏问题。同时，这一过程也使得用户对相关资源限制、技术能力及局限性有一定了解，尽量避免用户对系统可提供功能及开发系统所需时间的不切实际的期望。

实施阶段
1 确认系统目标和边界：明确待开发系统的各项参数，签订合同及任务书
2 建立泛化本体
3 收集用户需求和期望：由用户填写期望领域需求项
4 由领域专家构建任务本体
1) 明确PSM要实现的目标及输入/输出
2) 描述为实现任务目标所需推理步骤、推理步骤间的控制结构、推理步骤间的数据流和知识流
3) 建立任务本体需求库，包括PSM所需静态领域知识和构成推理步骤的输入/输出的动态知识
5 识别概念和关联关系
1) 熟悉领域
2) 基于泛化本体，按照概念类映射关系，面向领域专家和用户收集领域概念术语及关联，并分类
3) 参考已有文档和软件系统对领域知识进行补充和优化
6 由领域专家和需求分析师构建领域本体：采用本体语言构建领域本体
7 基于任务本体和领域本体构建领域需求模型，该模型由于包含利益相关者的多个视点和期望，因此是基于多视点的且保证了领域需求模型遵守领域准则
8 初始需求精化
1) 发现需求遗漏缺陷和可行性缺陷
2) 添加遗漏需求
3) 删除不切实际的功能和时间期望
9 面向用户构建应用本体：基于泛化本体和领域本体，按照概念类的映射关系，收集应用域相关概念术语及关联关系，并分类。由于应用本体反映了系统的静态知识，因此UML类图可被用于上述应用本体构建过程。
10 基于领域需求模型和应用本体构建应用需求模型，由于应用需求模型包含了应用系统的动态知识，因此上述过程中需要使用用例。用例由需求分析师和领域用户共同开发，其开发步骤为：
1) 明确用例边界
2) 识别场景，包括前置条件、后置条件和步骤
3) 对主场景和分支场景进行区分
4) 采用UML例图和活动图表示用例
5) 考虑异常场景
（1）将软件需求缺陷模式从泛化层映射到领域层
（2）使用面向方面方法将软件需求缺陷模式织入需求抽取任务本体
11 确定需求优先级
1) 选择确定需求优先级的依据
2) 确定需求优先级
12 编写需求文档
13 应用需求验证

图 7.20　实施阶段的完整过程

前面介绍了基于多本体的需求抽取方法。由其过程和具体步骤可知，采用该方法不仅要完成需求抽取工作，还要完成需求建模和部分文档化工作。这也符合工程

实践的实际情况，即需求抽取、需求建模和文档化等活动实际上是交织在一起的。需求抽取工作完成后，需要对获得的初步需求文档进行需求分析，以发现其中的问题，并就这些问题进行修改和协商，使所有利益相关者对最终文档达成一致意见。

7.2.2 基于多本体需求抽取的优点

针对前述需求抽取方法中存在的问题，本书提出一种基于多本体的需求抽取方法，这一方法充分融入了领域知识，提出用泛化本体和领域本体作为应用描述元模型，引导各利益相关者全面描述现行系统。这一方法的好处如下。

第一，使得各利益相关者容易理解需求抽取过程，并充分参与其中，这就使得需求能全面反映各利益相关者的真实需要，因而避免了诸如需求中包含不必要的设计信息或必要的信息被遗漏等系统边界问题。

第二，给出了用户和软件开发者间沟通的桥梁。将泛化本体和领域本体作为共享的知识基础，给出一种既能让用户理解又能让软件开发者理解的应用知识描述。让用户理解是指完全采用领域术语来表示各类领域概念，让软件开发者理解是指用户说明的所有概念都可用已知的概念来定义。这样，需求抽取过程中涉及的双方人员的交流都可以此为背景，从而消除用户和软件开发者间沟通的困难。同时，通过不断交流沟通，软件开发者和用户形成对目标系统的共识。

第三，具有相对完备的领域知识基础，因此能在系统描述阶段保证需求完整性。

第四，使得用户能够对系统的实际情况有一个系统客观的认识，避免由用户对技术能力及其局限性的不了解导致的用户对系统可提供功能及开发系统所需时间等的不切实际的期望及错误的需求。

第五，该方法所基于的本体知识库中的领域本体知识来源多样，可根据实际需求进行剪裁，因此具有一定的针对性和灵活性。

7.3 基于多本体需求抽取案例

实例验证部分选取 UAV FCMS 的部分系统进行本体建模，主要基于相关资料、文献、行业标准及某型 UAV FCMS 软件多个具有继承关系版本的开发和测试经验。具体采用对比实验的方法验证本书中提出的基于多本体的需求抽取方法的有效性。由于该软件在本体建模之后还要开发若干后续版本，因此对其中的版本 3.3.x 采用通常的方法进行软件需求抽取。隔一段时间后，在对版本 3.3.(x+1)进行软件需求抽取时，采用本书中的方法，具体情况如表 7.8 所示。

表 7.8 需求审查情况统计表

项目	对第一份需求文档的审查	对第二份需求文档的审查
缺陷个数	34	15

表 7.9 记录了审查需求文档发现的缺陷表现形式、各重要度等级缺陷个数及各类缺陷总个数。采用同一组审查人员进行对比实验的方式进行审查。组 I 对应的需求文档基于通常的需求抽取方法开发，组 II 对应的需求文档基于本书中的基于多本体的需求抽取方法开发。

表 7.9 某系统需求缺陷表现形式及重要度等级分布

缺陷表现形式	各重要度等级缺陷个数及各类缺陷总个数							
	组 I				组 II			
	关键	重要	一般	总个数	关键	重要	一般	总个数
功能缺陷	4	1	1	6	0	1	1	2
性能缺陷	0	0	1	1	0	0	1	1
接口缺陷	3	6	0	9	1	2	0	3
安全性缺陷	4	1	0	5	1	0	0	1
环境缺陷	2	2	0	4	0	0	0	0
可维护性缺陷	0	1	1	2	0	0	2	2
文档描述缺陷	0	3	4	7	0	2	4	6
缺陷总个数	34				15			

由表 7.9 可见，组 I 需求文档中存在的缺陷总个数要远高于组 II。从缺陷的重要度等级分布来看，两份需求文档中除性能缺陷个数和重要度等级分布完全一样以外，其他类型的缺陷不论是从数量上来说还是从重要度等级上来说，组 I 需求文档都更甚于组 II 需求文档。产生上述结果的直接原因可初步认定为组 II 采用了基于多本体的需求抽取方法，而组 I 仅采用了一般的需求抽取方法。

上述对审查结果的初步判断仅通过经验和猜想得出，要想更为深入地分析上述结果，并获得其真实原因，还需要对需求文档进行定量分析。从直观上看，由于本体是关于领域知识的完备集合，因此通过考量需求文档与本体元素的对应关系能够间接获得需求文档质量的相关信息。此处，本书基于文献[13]中的度量指标对需求文档质量进行评价。

已知在对应本体中，$|\text{Con}| = 93$，$|\text{Rel}| = 157$。下面给出分别针对组 I 需求文档和组 II 需求文档的质量度量结果，如表 7.10 所示。

表 7.10 需求文档质量度量结果

度量指标	组I需求文档	组II需求文档
正确性	23/29≈79.3%	28/29≈96.6%

由该结果可见，组 I 需求文档和组 II 需求文档在正确性上的差距较为明显。对该指标而言，本体作为构建特定问题域的语义基础，在理想情况下所有需求项都应能在本体中找到对应元素。因此，(能够映射到本体中的需求项数/需求项总数)即能反映映射元素所占比例，该比例越高，需求文档质量越高。组 I 需求文档较组 II 需求文档这一比例明显偏低，说明组 I 需求文档中的某些需求项并没有被纳入本体知识库，也就说明组 I 需求文档中的某些需求项与实际应用情况不符。该事实也解释了表 7.9 的需求审查结果。由此可见，需求知识本体将对整个需求开发过程产生重大影响。一般来说，基于本体进行需求开发所获得的需求文档质量将高于基于一般方法进行需求开发所获得的需求文档质量。因此，应当在需求开发过程初期，以及需求抽取活动中充分融入本体元素，即知识元素。

本章中提出的基于多本体的需求抽取方法不仅基于领域本体，而且包含大量的开发和测试经验，因此是知识相对完备的。这显然更有利于应用需求模型的构建及需求文档的开发。此外，需求缺陷模式实例为开发人员提供了感性认识，并对如何避错提供了指导。

参考文献

[1] WIEGERS K E. Software Requirements[M]. Washington：Microsoft Press，2003.

[2] 金芝. 基于本体的需求自动获取[J]. 计算机学报，2000，23（5），486-492.

[3] SINDRE G，OPDAHL A L. Eliciting security requirements with misuse cases[J]. Requirements Engineering，2005，10：34-44.

[4] CROOK R，INCE D，LIN L C，et al. Security requirements engincering: when anti-requirements hit the fan[C]//IEEE Joint International Conference on Requirements Engineering. IEEE，2002.

[5] BEICHTER F W，HERZOG O，PETZSCH H. SLAN-4-A Software Specification and Design Language[J]. IEEE Transactions on Software Engineering，1984，10（2）：155-162.

[6] MCDERMID J A. Requirements Analysis: Problems and the STARTS Approach[C]//IEEE Colloquium on ‘Requirements Capture and Specification for Critical Systems. IEEE，1989.

[7] RAJAGOPAL P，LEE R，AHLSWEDE T，et al. A New Approach for Software Requirements Elicitation[C]//Proceedings of the Sixth International Conference on Software Engineering. Artificial Intelligence，Networking，2005.

[8] Jr BROOKS F P. No Silver Bullet: Essence and Accidents of Software

Engineering[J]. IEEE Computer，1987，20（4）：10-19.

[9] LI Z Y，WANG Z X，YANG Y Y，et al. Towards a Multiple Ontology Framework for Requirements Elicitation and Reuse[C]//31st Annual International Computer Software and Applications Conference. IEEE，2007.

[10] EBENAU B，STRAUSS S. Software Inspection Process[M]. New York：McGraw-Hill，1994.

[11] Zhang H H，OHNISHI A. Transformation between scenarios from different viewpoints[J]. IEICE transactions on information and systems，2004，E87D：801-810.

[12] KAIYA H，SAEKI M. Using Domain Ontology as Domain Knowledge for Requirements Elicitation[C]//Proceedings of the 14th IEEE International Requirements Engineering Conference. 2006：186-195.

第8章

可靠性试验

众所周知，试验是产品研制和生产过程中完善产品设计、评价和考核产品的各项质量特性（如功能、环境适应性、安全性、可靠性、维修性和测试性等是否达到一定水平和/或是否符合合同要求）必不可少的手段。因此，国内外产品生产者无不在产品研制初期，在充分分析产品寿命剖面和环境剖面、基本特性和历史、相似设备、时间和费用等可得资源的基础上，制定一个完善的综合试验大纲，并尽早在产品研制和生产的各阶段加以应用，充分发挥试验的作用，以便降低成本，及时、快速地研制出高质量的产品。试验已成为产品研制和生产工作的重要组成部分。

可靠性试验是产品研制和生产中要进行的关键试验之一，是产品研制和生产中可靠性工作的重要组成部分。可靠性试验实际上是一种获取产品在应力作用下的有关信息的手段。这些信息有各种用途，根据获取信息的目的不同，可靠性试验的目的也不一样，主要包括发现产品设计、材料和工艺方面的缺陷，确认产品是否符合可靠性定量要求或评价产品的可靠性水平，提供其他各种有用信息。

如前所述，试验是获取产品信息的过程。在各种可靠性试验（特别是可靠性研制试验）中，除可以获取产品的故障信息以外，还可以获取产品对应力的响应特性信息、产品薄弱环节信息，以及产品功能、性能变化趋势信息等。这些信息能够使人们对产品的特性有更为全面的了解，从而有助于产品的完好性和任务成功性的评估和改善、产品使用环境的选择和确定、产品研制过程后续试验大纲的制定、产品维修计划的制订、资源分配的保障，以及后续产品的研制。

8.1 可靠性试验类型

按不同的分类原则，如试验场地、施加应力的原则、应用阶段、试验目的和性质等，可将可靠性试验分为不同的类别。

（1）按试验场地不同，可将可靠性试验分为实验室可靠性试验和现场可靠性试验。

现场可靠性试验是在真实的现场环境中进行的，其环境应力、负载、接口、操作、维修、测量和记录等各因素均较真实，试验结果能更准确地代表产品实际使用可靠性水平。但是，这种试验的实施比较困难，主要问题是环境应力难以控制。

与现场可靠性试验相比，实验室可靠性试验有如下优点：试验的环境条件或环境应力可控；试验结果及时、可用性强。然而，实验室可靠性试验不可能实现对使用环境的真实模拟，其试验结果的准确性取决于试验条件的真实性。

（2）按照施加应力的原则不同，可将可靠性试验分为激发试验和模拟试验。

激发试验是指不模拟实际使用环境的加速应力试验。通过施加应力将产品内部的潜在缺陷加速发展为故障，进而检测出来，从而为修改设计和工艺提供信息。环境应力筛选和可靠性研制试验均属于激发试验。

模拟试验是指施加的环境应力模拟真实环境应力的大小、时序和时间比例的试验。通过对产品施加这种应力并统计产品在这种应力作用下的故障情况，验证和评估产品的可靠性水平。可靠性鉴定试验和可靠性验收试验均属于模拟试验。可靠性增长试验与可靠性鉴定试验一样模拟真实环境应力，虽然应力不高，但也可以较慢的速度激发一部分缺陷并评估产品的可靠性水平，基本上属于模拟试验。

（3）按照试验目的和性质不同，可将可靠性试验分为工程试验和统计试验。

环境应力筛选、可靠性研制试验和可靠性增长试验属于工程试验。工程试验的目的是暴露故障并加以排除。这种试验主要由承制方进行，受试产品是研制的样机或在线产品。

可靠性鉴定试验和可靠性验收试验属于统计试验，统计试验是验证产品的可靠性是否符合合同要求的试验。由于产品的可靠性指标确实存在但难以真正获得，因此只能应用统计的方法估计产品可靠性指标真值所在的范围。可靠性鉴定试验和可靠性验收试验又称为可靠性验证试验。

（4）按照试验目的和应用阶段不同，可将可靠性试验分为可靠性研制试验、可靠性增长试验、可靠性鉴定试验、环境应力筛选、可靠性验收试验。

在进行可靠性鉴定试验、可靠性验收试验或需要准确评估产品可靠性水平的可靠性增长试验时，首先要考虑试验的真实性，即准确模拟产品的实际使用环境，包括主要的环境应力类型、水平和持续时间。选用的环境应力要既能充分暴露实际使用中可能出现的故障，又不致诱发出实际使用中不可能出现的故障，从而使试验估计的结果较真实，避免造成时间和其他资源的浪费。进行这些试验应采用综合环境应力，应力的设计遵照 GJB 899A—2009 的规定。

综合多个分类原则的可靠性试验类型如表 8.1 所示。

表 8.1 综合多个分类原则的可靠性试验类型

分类原则	类型		目的和性质或特点	应用阶段
施加应力	激发试验	可靠性研制试验	发现产品设计缺陷，提高产品固有可靠性水平，属于工程试验	工程研制阶段早期
		环境应力筛选	发现并剔除早期故障，提高产品使用可靠性或排除早期故障对其他试验的可能干扰，属于工程试验	工程研制阶段可靠性增长试验、可靠性鉴定试验前，生产阶段工艺过程和产品出厂前
	模拟试验	可靠性增长试验	发现产品设计缺陷，将产品可靠性水平提高到规定标准，属于工程试验	工程研制阶段中后期
		可靠性鉴定试验	评估产品可靠性水平和寿命，为设计定型提供决策依据，属于统计试验	工程研制阶段结束前，定型阶段
		可靠性验收试验	评估产品的可靠性和寿命是否保持设计定型水平，为验收提供决策依据，属于统计试验	批生产产品出厂前
试验场地	实验室可靠性试验		试验的环境条件或环境应力可控制；试验结果具有及时性，可用性强；不可能实现对使用环境的真实模拟，试验结果的准确性取决于试验条件的真实性；一些大型设备或系统难以在实验室内进行试验	
	现场可靠性试验		在真实的现场环境中进行，试验结果能更准确地代表产品实际使用可靠性水平；试验实施比较困难，环境应力难以控制；试验结果不具有及时性；改进产品可靠性不现实	

8.2 可靠性鉴定试验

可靠性鉴定试验的目的在于验证产品在规定的使用条件和环境条件下是否能够满足性能和可靠性要求。可靠性鉴定试验可以事先确定样本量，也可以进行序贯试验而不事先确定样本量。试验产品须随机从生产线上抽取。

8.2.1 二项试验

最简单的可靠性鉴定试验之一是二项试验。其目的在于验证产品在 T 时刻的可靠度是否满足要求 R_1，即验证 $R(T)$是否大于或等于 R_1。总的试验产品数，即样本量为 n，T 时刻观察到的故障数为 X。如果 $X \leqslant r$，则说明产品可靠性满足要求；否则，有 $R(T)<R_1$，说明产品可靠性不满足要求。在可靠性鉴定试验中须规定样本量 n 和允许的最大故障数 r。

对于 n 个相互独立的产品，在 T 时刻观察到的故障数 X 为随机变量，则 X 服从参数为 n 和 $p=1-R$ 的二项分布，其中 R 为产品在 T 时刻的可靠度。显然，与这 n 个产品的抽样和试验相关的不确定性和随机性可能会导致错误地接收和拒收产品。需要知道的是，如果 $R(T)=R_1$，那么什么样的 n 和 r 能够导致高的接收概率；如果 $R(T)=R_2<R_1$，那么什么样的 n 和 r 能够导致低的接收概率。式（8.1）使这种表达更加正式化：

$$\Pr\{X\leqslant r|\,R=R_1\}=1-\alpha,\ \Pr\{X\leqslant r|\,R=R_2\}=\beta \tag{8.1}$$

图 8.1 反映的就是产品的故障概率与接收概率之间的关系。其中，α 为错误地拒收其可靠性指标的概率，β 为错误地接收其可靠性指标的概率（α 称为生产方风险，β 称为使用方风险）。图 8.1 中的曲线也称为试验抽检特性曲线，其形状取决于 n 和 r 的具体值。$R_1<R<R_2$ 的区域为无差别区域。由于 X 服从二项分布，前面提到的概率可用 n 和 r 表示为

$$\sum_{i=0}^{r}\binom{n}{i}(1-R_1)^i R_1^{\,n-i}=1-\alpha \tag{8.2}$$

$$\sum_{i=0}^{r}\binom{n}{i}(1-R_2)^i R_2^{\,n-i}=1-\beta \tag{8.3}$$

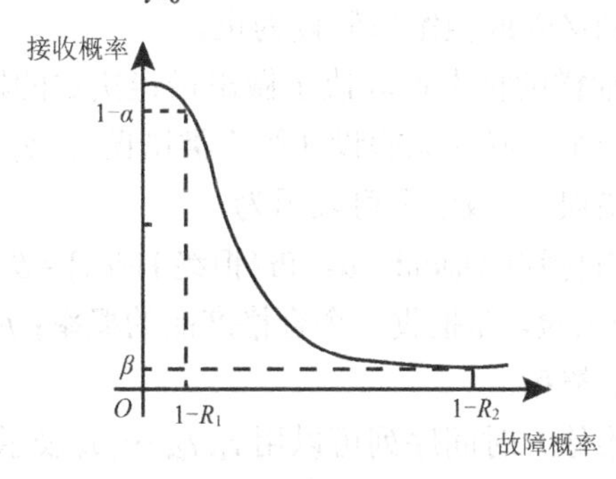

图 8.1　试验抽检特性曲线

当给定 R_1、R_2、α、β 时，问题便转化为求解满足式（8.2）和式（8.3）的 n 和 r。由于 n 和 r 必须取整数，因此式（8.2）和式（8.3）可转化为不等式。实际中，可先容易地指定 R_1、R_2、n 和 r，然后解式（8.2）和式（8.3）中的 $1-\alpha$ 和 β，通过反复试凑直到找到可接受的 n 和 r。该结果就是可靠性鉴定试验结果，它在规定的风险水平区分为可接受可靠性指标和不可接受可靠性指标。更多关于二项试验的讨论参见文献[2]。

8.2.2 序贯试验

当有足够的证据（样本）可用于在两个决定中做出选择时，序贯试验为接受和拒绝统计假设提供了一种有效的方法。由于序贯试验所需的样本量取决于观察次数，所以其故障数可以比固定样本量试验的故障数少一些。这种由 Wald 提出的基于序贯概率比的试验方法可应用于可靠性和维修性验证或鉴定试验，但不能用于可靠性参数估计。

假设可靠性参数（如 MTTF、故障率、故障概率或特征寿命）φ 有某一规定值 φ_0，同样假设该参数有一不可接受值 φ_1，那么可以表述一个假设，即试验产品满足（或超过）规定，而其备择假设为试验产品不满足规定。正式定义如下原假设（H_0）和备择假设（H_1）：

$$H_0: \varphi=\varphi_0$$

$$H_1: \varphi=\varphi_1>\varphi_0$$

通常的做法是，依次产生故障或修复，时间为 $t_1,t_2,\cdots,t_r$。进而可计算得到每次试验的统计量 $y_r=h(t_1,t_2,\cdots,t_r)$。根据试验统计量的值，我们可以接受、拒绝原假设或不做选择。如果不做选择，则需要重新试验，产生新的样本时间，再次计算新的 y_r。这种试验反复持续，直到接受或拒绝原假设为止。

接受、拒绝或继续抽样的标准均取决于做出错误决定的概率。一般存在两种错误：一种是我们拒绝了一个正确的原假设（第 I 类错误）；另一种是我们接受了一个错误的原假设（第II类错误）。数学上可表示为

$$\Pr\{拒绝\ H_0|\varphi_0\}=\alpha，\Pr\{拒绝\ H_0|\varphi_1\}=\beta$$

式中，α 为生产方承担的风险，即拒收一个合格产品的概率；β 为使用方承担的风险，即接收一个不合格产品的概率。

观测到的故障（或维修）时间序列可以用 $t_1, t_2, \cdots, t_n$ 表示，其中 t_i 表示第 i 个产品的故障时间（在维修数据中，代表第 i 个观测到的维修时间）。假设每种故障都代表来自同一总体的独立样本。总体是所有可能的故障时间的分布，可以用 $f(t)$、$R(t)$、$F(t)$或 $\lambda(t)$来表示。在所有的案例中，样本都假定为一个简单随机（或概率）样本。简单随机样本是指在同一总体中故障与维修时间都是独立观测量的样本。如果 $f(t)$是该总体的概率密度函数，那么 $f(t_i)$就是第 i 个样本值的概率密度函数。由于样本中包含 n 个相互独立的值，因此样本的联合概率分布就是 n 个相同和独立的概率分布的乘积，即

$$f_{t_1,t_2,\cdots,t_n}(t_1,t_2,\cdots,t_n)=f(t_1)f(t_2)\cdots f(t_n) \tag{8.4}$$

由式（8.4）可知，样本 $t_1, t_2, \cdots, t_r$ 的联合概率分布为 $\prod_{i=1}^{r} f(t_i|\varphi)$。来自同

一母体的、参数为 φ 的独立随机样本联合分布函数称为似然函数。对于离散分布的情况，似然函数是产生一个故障时间或维修时间样本的概率，由此似乎应当选择一个 φ 值以最大化似然函数。因此，试验统计量 y 可由备择假设 H_1 对应的似然函数和原假设 H_0 对应的似然函数的比值确定。如果原假设是正确的，则比值的分母会大于分子，y 较小。因此，如果 $y_r \leqslant A$，则接受原假设 H_0。其中，y_r 为

$$y_r = \frac{\prod_{i=1}^{r} f(t_i \mid \varphi_1)}{\prod_{i=1}^{r} f(t_i \mid \varphi_0)} \approx \frac{\Pr\{接受H_0 \mid \varphi_1\}}{\Pr\{接受H_0 \mid \varphi_0\}} \tag{8.5}$$

当备择假设正确时，分子将比分母大，y 较大。因此，如果 $y_r \geqslant B$，则拒绝原假设 H_0。其中，y_r 为

$$y_r \approx \frac{\Pr\{拒绝H_0 \mid \varphi_1\}}{\Pr\{拒绝H_0 \mid \varphi_0\}}$$

求得 A 和 B 的值后，可得到犯第Ⅰ类和第Ⅱ类错误的估计值。因此有

$$A = \frac{\beta}{1-\alpha}, \quad B = \frac{1-\beta}{\alpha}$$

在进行序贯试验时，必须给定 α、β、φ_0 和 φ_1 的值，然后可求得 A 和 B 的值。如果 $A<y_r<B$，则试验须抽取新的样本。

下面讨论指数分布情况。

对于指数分布 $f(t)=\lambda \mathrm{e}^{-\lambda t}$，假设为

$$H_0: \lambda \leqslant \lambda_0$$

$$H_1: \lambda=\lambda_1>\lambda_0$$

假设数据是完整的，t_i 为试验中第 i 个受试产品故障的时间，此时继续试验区可表示为

$$A < y_r = \prod_{i=1}^{r} \frac{\lambda_1 \mathrm{e}^{-\lambda_1 t_i}}{\lambda_0 \mathrm{e}^{-\lambda_0 t_i}} < B$$

取对数移项后，可得

$$\frac{-\ln B + r\ln(\lambda_1/\lambda_0)}{\lambda_1-\lambda_0} \leqslant \sum_{i=1}^{r} t_i \leqslant \frac{-\ln A + r\ln(\lambda_1/\lambda_0)}{\lambda_1-\lambda_0} \tag{8.6}$$

因此，由 r 个故障所确定的总试验时间成为整个试验的基础。

下面讨论二项分布情况。

另一种接受或检验基于可靠性验证。在这种情况下，没有必要做故障分布的假设。试验服从二项随机过程。试验的假设为

$$\mathrm{H}_0: R(t_0) = R_0$$

$$\mathrm{H}_1: R(t_0) = R_1 < R_0$$

假设有 n 个试验产品，到 t_0 时刻时有 y 个产品不发生故障。此时，在假设 H_0 和 H_1 下的似然函数分别为

$$p(y)=\binom{n}{y}R_0^y(1-R_0)^{n-y} \text{和} p(y)=\binom{n}{y}R_1^y(1-R_1)^{n-y}$$

因此，可以得到继续试验区为

$$A<\left(\frac{R_1}{R_0}\right)^y\left(\frac{1-R_1}{1-R_0}\right)^{n-y}<B \tag{8.7}$$

两边取自然对数并进行代数运算后，可得

$$\frac{\ln B-n\ln\dfrac{1-R_1}{1-R_0}}{D}<y_n<\frac{\ln A-n\ln\dfrac{1-R_1}{1-R_0}}{D} \tag{8.8}$$

式中，$D=\ln\dfrac{R_1(1-R_0)}{R_0(1-R_1)}$

总的试验产品数 n 中不故障的产品数为 y_n。如果 y_n 小于或等于下限，则拒绝原假设 H_0；如果 y_n 大于或等于上限，则接受原假设 H_0 且认为可靠性指标得到验证；如果 y_n 位于连续区域内，则对另一个产品进行试验直到 t_0 时刻。

下面讨论维修性验证情况。

二项序贯试验也可以用来进行维修性验证。假设为

$$\mathrm{H}_0: H(t_0) = P_0$$

$$\mathrm{H}_1: H(t_0) = P_1 < P_0$$

式中，$H(t)$为维修分布的累积分布函数；P_0 为在 t_0 时间内维修完成的比例。备择假设中的 P_1 为不可接受的在 t_0 时间内维修完成的比例。定义 y_n 为 n 次维修中在 t_0 时间内完成的维修数，运用式（8.8）分别用 R_0 和 R_1 替换 P_0 和 P_1，可求得接受和拒绝域。如果 y_n 大于或等于上限，则接受假设 H_0 且认为维修性得到验证；如果 y_n 小于或等于下限，则拒绝假设 H_0。

在假设试验中，备择假设参数可取一定范围内的值。这些值离假设值 φ_0 越远，犯第Ⅱ类错误的概率 β 越小。备择假设下犯第Ⅱ类错误的概率与 φ_0 之间的关系即抽检特性曲线。关于计算抽检特性曲线的详细内容参见文献[4]。序贯试验也可以用于讨论服从威布尔或正态分布的故障或维修时间。关于验收抽样与序贯抽样的更多讨论参见文献[5]。

 8.3 传统可靠性试验的不足

GJB 899A—2009 中给出了基于综合应力的可靠性试验方法，包括但不限于温度应力、振动应力、湿度应力和电应力等。在软硬件综合系统的发展趋势下，系统的动态特性、工作条件及功能层次日益复杂，同时系统中软件占比大大提高，使得其软件密集型发展趋势日益显现。因此，除了已被证明能够对系统可靠性产生影响的因素，如温度、湿度和电压等环境条件，以及操作人员或维修人员的操作、生理状况等人因条件，软件因素也应当被考虑在内，即软件操作也可被视作一种应力而施加于综合试验，此即软件操作应力。故基于 GJB 899A—2009 的传统可靠性试验中仅施加温度应力、振动应力、湿度应力和电应力对软硬件综合系统而言是远远不够的。第 9 章即针对上述不足提出软硬件综合系统可靠性综合试验技术，将软件也作为一种应力施加于综合试验。

参考文献

[1] EBELING C E. 可靠性与维修性工程概论[M]. 康锐，李瑞莹，王乃超等译. 北京：清华大学出版社，2010.

[2] KOLARIK W J. Creating Quality: Concepts, Systems, Strategies, and Tools[M]. New York：McGraw-Hill，1995.

[3] WALD A. Sequential Analysis[M]. New York：John Wiley & Sons，1947.

[4] KAPUR K C，LAMBERSON L R. Reliability in Engineering Design[M]. New York：John Wiley & Sons，1977.

[5] GIBRA I N. Probability and Statistical Inference for Scientists and Engineers[M]. Upper Saddle River：Prentice Hall，1973.

第9章

软硬件综合系统可靠性综合试验技术

当前，软硬件综合系统应用越来越广泛，这类系统中的软件能够与其他软件、系统、设备、传感器和人进行交互，如汽车工业和航空应用中的嵌入式系统、无线通信的专用系统等。此外，这类系统具有一系列共同特征：通常都相当复杂、分散部署、并发协作，同时还在持续不断地演化；越来越多的核心功能由软件实现，并且软件开发成本在整个系统开发成本中占有较大比重。第 12 章将对这类系统特有的软硬件综合故障进行介绍，因为这部分内容与软硬件综合系统可靠性综合试验直接相关，对其的研究是必不可少的。虽然可靠性试验和软件测试各自具备较成熟的理论体系并在工程上得到了广泛应用，但工程实践中频发的软硬件综合故障极大地阻碍了软硬件综合系统的发展，急需探索一种全新的试验技术以发现这类故障。软硬件综合系统可靠性综合试验技术就是以发现软硬件综合故障为目的的一种试验技术。本章将对与其相关的各部分内容进行介绍，包括可靠性试验的任务剖面信息扩充和软硬综合系统可靠性综合试验设计。

9.1 可靠性试验的任务剖面信息扩充

9.1.1 基本概念

1. 任务剖面

按照 GJB 899A—2009 的定义，任务剖面是对设备在完成规定任务这段时间内所要经历的全部重要事件和状态的一种时序描述。

以喷气式飞机为例，每种喷气式飞机都有其特定的飞行包线及其特有的飞行任务剖面。任务剖面的特性参数应按如下空间状态分阶段给出：阶段高度、阶段马赫

数、阶段持续时间。图 9.1 所示为任务剖面及其特性参数的示意图。

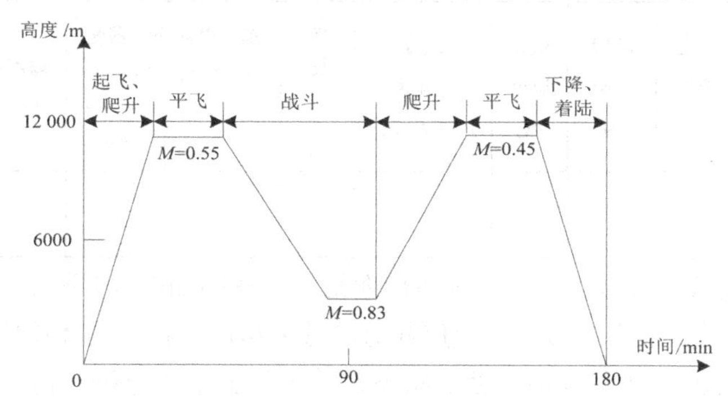

图 9.1　任务剖面及其特性参数的示意图

2．环境剖面

环境剖面是设备在贮存、运输、使用过程中将会遇到的各种主要环境参数和时间的关系图，它主要根据任务剖面绘制，主要环境参数通常选取对产品可靠性有较大影响的参数，包括气候和力学环境中的温度、湿度和振动，并且将电压波动和通电、断电作为电应力纳入试验条件。

根据图 9.1 可拟定飞机的环境剖面。环境剖面中的主要参数是温度、湿度、振动和输入电压及相应的持续时间。在环境剖面中应考虑两种情况：一是从冷天地面环境开始到热环境；二是从热环境开始返回冷环境。

在绘制环境剖面之前，需要先编制如表 9.1 所示的环境剖面数据表。环境剖面数据表中的部分数据来源于任务剖面，还有一部分数据应根据任务剖面提供的阶段高度、阶段马赫数和阶段持续时间，按照 GJB 899A—2009 中规定的方法计算得出。

表 9.1　环境剖面数据表

任务阶段	阶段持续时间/min	阶段高度/km	阶段马赫数	机舱温度/℃	温度变化率/(℃/min)	动压 q/Pa	加速度功率谱密度量值/[(m/s²)²/Hz]		露点温度/℃	设备状态	输入电压/V
							W_0	W_1			
地面不工作（冷天）											
地面工作（冷天）											
…											

续表

任务阶段	阶段持续时间/min	阶段高度/km	阶段马赫数	机舱温度/℃	温度变化率/（℃/min）	动压 q/Pa	加速度功率谱密度量值/[(m/s^2)^2/Hz]		露点温度/℃	设备状态	输入电压/V
							W_0	W_1			
降落至冷天											

典型试验阶段如表 9.2 所示，环境剖面结构示意图如图 9.2 所示。图 9.2 中从 A 到 J 各阶段（起飞、爬升、战斗、返航和着陆等）和地面状态的环境应力等级，以及相应的持续、转换时间和设备所处的状态都基于任务剖面分析获得，并还需如下信息：设备类别（按 GJB/Z 457—2006 确定）、设备在飞机内的位置、设备安装舱段的冷却方式（空调冷却或冲压空气冷却）、设备本身的冷却方式（环境空气冷却或辅助冷空气冷却）。

表 9.2　典型试验阶段

阶段	试验阶段的定义	试验时间	工作或不工作
A	地面工作（冷天）	30min	工作
B	起飞和爬升到飞行高度	由飞机战斗任务而定	工作
C	战斗	由飞机战斗任务而定	工作
D	下降和着陆	由飞机战斗任务而定	工作
E	地面（热天）	①	不工作
F	地面工作（热天）	30min	工作
G	起飞和爬升到飞行高度	由飞机战斗任务而定	工作
H	战斗	由飞机战斗任务而定	工作
I	下降	由飞机战斗任务而定	工作
J	地面（冷天）	①	不工作

①达到温度稳定所需的时间或有关标准规定的时间。

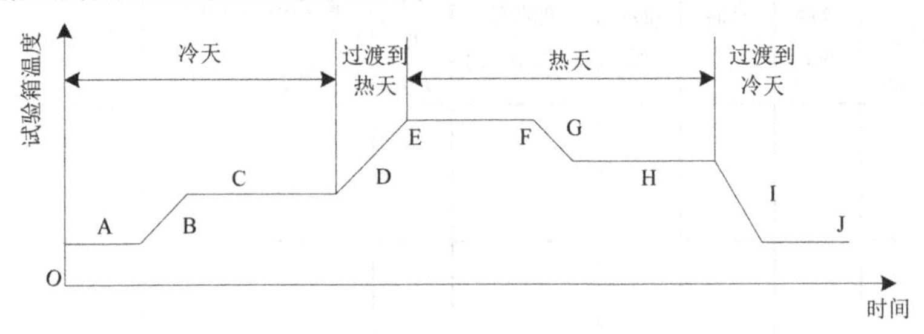

图 9.2　环境剖面结构示意图

3．试验剖面

试验剖面是直接供试验用的环境参数与时间的关系图，是按照一定的规则对环境剖面进行处理后得到的。因此，试验剖面的结构示意图和典型任务阶段的对应关系与环境剖面类似。但需要按照GJB 899A—2009中规定的应力简化规则对环境剖面数据进行简化，并编制试验剖面数据表，再将环境剖面转化为试验剖面。这一过程与环境剖面的构造过程类似，此处不再赘述。

总之，GJB 899A—2009中规定了一套根据任务剖面确定环境剖面，再将环境剖面转化为试验剖面的方法，通过该方法得到的试验剖面基本上能反映产品在执行任务过程中遇到的主要应力及其随时间变化的动态情况。在环境剖面数据简化过程中，采取去除出现时间很短的应力和对其余应力进行时间加权的原则。为便于试验一般设置几个应力等级。可靠性试验中产品只有一小部分时间处在较严酷的工作条件下，大部分时间都处在较温和的应力作用下，应力作用时间比取决于相应的任务时间比。

9.1.2 任务剖面信息扩充

由前面的介绍可知，一般来说任务剖面包含如下信息：设备任务阶段、任务时间及相关特性参数等。由于本章研究的是软硬件综合系统可靠性综合试验技术，因此需要在任务剖面中添加软件的相关信息，再配合第12章中的软硬件综合故障模式，才能有效探测相应故障，以达到可靠性综合试验的目的。这也与GJB 899A—2009的内涵一致。该标准中给出了基于综合应力的可靠性试验方法，包括但不限于温度应力、湿度应力、振动应力和电应力等。因此，软件操作也可视作一种应力而施加在综合试验中，此即操作应力。

任务剖面中直至设备级的工作状态（工作/不工作）都是已知的，以此为基础添加软件可靠性测试所需的软件系统模式、软件功能和软件操作，如表9.3所示。

表9.3 任务剖面信息扩充

序号	阶段名称	时间/min	设备工作状态	软件系统工作状态	软件系统模式	软件功能	软件操作
1	S_1	1	关	关机	—	—	—
2	S_2	10	开	初始化+待机+工作	P_1	F_1	O_1
3	S_3	25	开	工作	P_2	F_2	O_2
4	S_4	5	开	工作	P_3	F_3	O_3
5	S_5	10	关	关机	—	—	—

表9.3中任务剖面可分为5个阶段，分别是S_1～S_5。“设备工作状态”对应的集合一般由以下两个元素构成：开、关。这一集合具有通用性。“软件系统工作状态”

对应的集合一般由以下几个元素构成：初始化、待机、工作、维护、关机。这一集合也具有通用性。“软件系统模式”对应的 P_1～P_3 可以相同，也可以不同，根据具体情况确定。F_i（i=1,2,3）表示各个阶段对应的软件功能集。O_i（i=1,2,3）表示各个阶段对应的软件操作集。由表 9.3 可见，通常情况下软件系统模式较为明确，与任务阶段为一一对应的关系，而软件功能与任务阶段一般为多对一的关系，同一任务阶段可与多个软件功能按照一定概率对应。软件操作的情况与软件功能类似。因此，表 9.3 中还需要对后三列进行细化，以确定与某一软件系统模式对应的各类软件功能及软件操作的概率。上述映射过程也反映了 Musa 运行剖面构造的思想，只是根据具体情况省略了客户剖面和用户剖面的构造（因为客户和用户都是单一的，使用各类软件功能及软件操作的概率均为 1）。

9.2 软硬件综合系统可靠性综合试验设计

在完成任务剖面信息扩充的基础上，可以进行软硬件综合系统可靠性综合试验设计的相关工作。这部分工作需要解决的问题主要包括：单任务剖面匹配、软件可靠性测试剖面设计及测试用例生成，多任务剖面下软件可靠性测试剖面设计及测试用例生成。假设该可靠性试验对应 n 个任务剖面，$n\in\mathbf{N}$。下面对具体过程进行详细介绍。

9.2.1 单任务剖面匹配及软件可靠性测试剖面设计

软件可靠性测试剖面设计具体过程如图 9.3 所示。其中，软件系统模式个数 $1\leqslant i\leqslant m$，$i,m\in\mathbf{N}$，整理后的软件系统模式个数 $1\leqslant i'\leqslant m'$，$i',m'\in\mathbf{N}$；以某整理后的软件系统模式为例，与之对应的功能个数 $1\leqslant j\leqslant f$，$j,f\in\mathbf{N}$，整理后的功能个数 $1\leqslant j'\leqslant f'$，$j',f'\in\mathbf{N}$；以某整理后的功能为例，与之对应的运行个数 $1\leqslant k\leqslant O$，$k,O\in\mathbf{N}$，整理后的运行个数 $1\leqslant k'\leqslant O'$，$k',O'\in\mathbf{N}$。

此处需要说明的是，在获得各个剖面的初始形式之后，应根据需要对其进行整理，得到新的剖面。在设计剖面的同时，通过相关要素的映射建立可靠性试验剖面与软件可靠性测试剖面的匹配关系。因此，剖面设计和匹配的工作是同时进行的。下面就按照软件系统模式剖面、软件功能剖面、软件运行剖面的顺序介绍软件可靠性测试剖面的设计过程，并建立其与可靠性试验剖面的匹配关系。

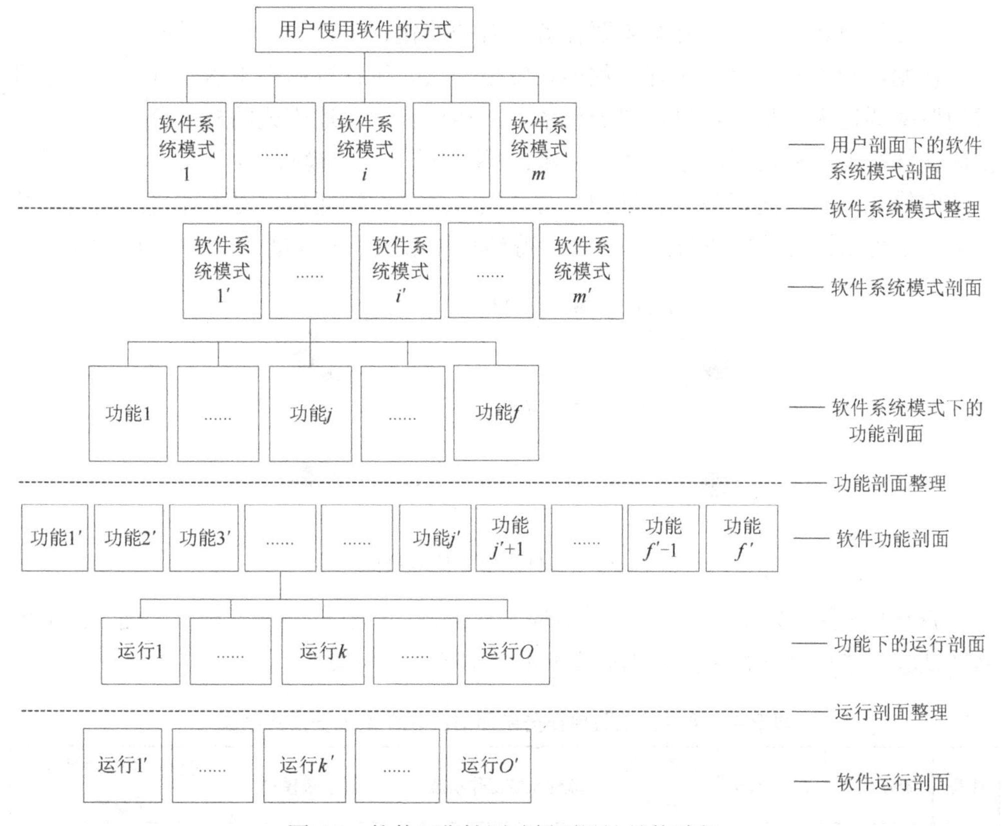

图 9.3 软件可靠性测试剖面设计具体过程

1. 软件系统模式剖面

下面的细化过程以某型机载雷达软件系统为例进行说明。雷达软件的主要系统模式包括飞行模式和地面模式。通过进一步调研发现，雷达软件处于飞行模式的概率要远大于处于地面模式的概率。具体而言，上述模式的概率分配为：假定雷达软件运行 100 次，那么 99 次处于飞行模式，1 次处于地面模式，即在软件系统模式剖面中，飞行模式的转移概率为 0.99，而地面模式的转移概率为 0.01。因此，雷达软件系统模式剖面图如图 9.4 所示。

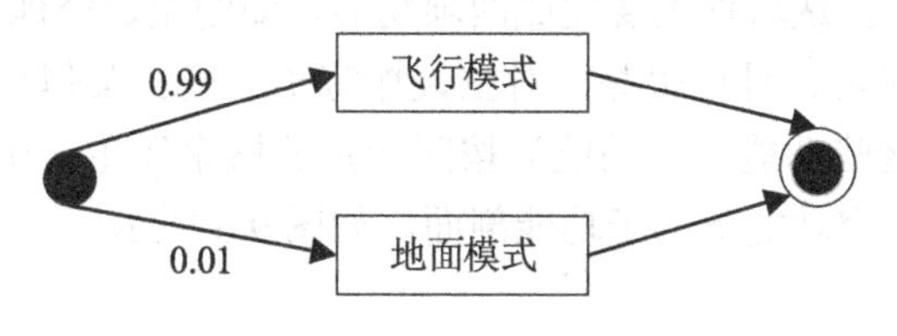

图 9.4 雷达软件系统模式剖面图

在飞行模式下完成的几个主要任务为有初始化、工作、待机、关机。正常情况下，初始化和关机在整个飞行过程中各发生一次。飞行过程中雷达软件处于工作模式的概率要远大于处于待机模式的概率。具体而言，上述模式的概率分配为：假定雷达软件在飞行模式下运行 100 次，那么 99 次处于工作模式，1 次处于待机模式。在地面模式下完成的任务只有维护。与开发人员进行沟通后，对上述模式的概率分配进行了可以接受的加速与简化处理，得到软件系统子模式剖面，如图 9.5 所示。

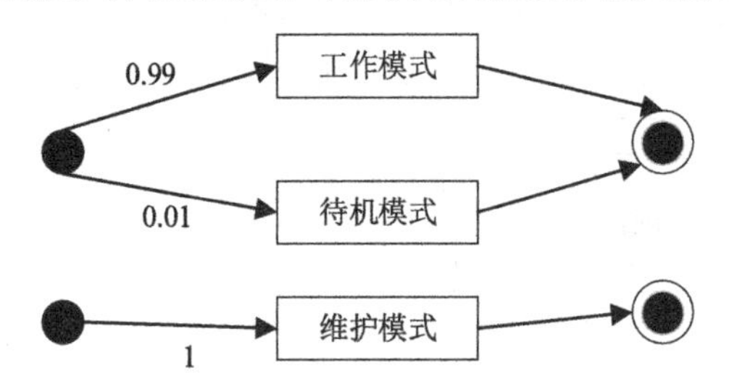

图 9.5　软件系统子模式剖面

表 9.4 在表 9.3 的基础上给出了对应于任务剖面的软件系统子模式剖面。由于可靠性试验的依据是飞行模式，因此表 9.4 中省略了地面模式。

表 9.4　可靠性试验单任务剖面对应软件系统子模式剖面

<table>
<tr><th>序号</th><th>阶段名称</th><th>时间/min</th><th>设备工作状态</th><th>软件系统工作状态</th><th>软件系统模式</th><th colspan="2">整理后的软件系统子模式</th></tr>
<tr><td>1</td><td>S_1</td><td>1</td><td>关</td><td>关机</td><td>关机</td><td colspan="2">—</td></tr>
<tr><td rowspan="2">2</td><td rowspan="2">S_2</td><td rowspan="2">10</td><td rowspan="2">开</td><td rowspan="2">初始化+待机+工作</td><td rowspan="2">初始化+待机+工作</td><td>待机</td><td>概率 $P_{11}'=0.01$</td></tr>
<tr><td>工作</td><td>概率 $P_{12}'=0.99$</td></tr>
<tr><td>3</td><td>S_3</td><td>25</td><td>开</td><td>工作</td><td>工作</td><td colspan="2">工作</td></tr>
<tr><td>4</td><td>S_4</td><td>5</td><td>开</td><td>工作</td><td>工作</td><td colspan="2">工作</td></tr>
<tr><td>5</td><td>S_5</td><td>10</td><td>关</td><td>关机</td><td>关机</td><td colspan="2">—</td></tr>
</table>

2. 软件功能剖面

在飞行模式下，雷达软件主要完成四项功能，即空空、空地、空海、辅助导航。空空功能包括对空搜索、对空跟踪、对空轰炸等子功能。类似地，可获得空海、空地功能的子功能。这些功能（子功能）按照一定的概率发生。由此可得飞行模式下的软件功能剖面及空空功能下的子功能剖面，如图 9.6 所示。

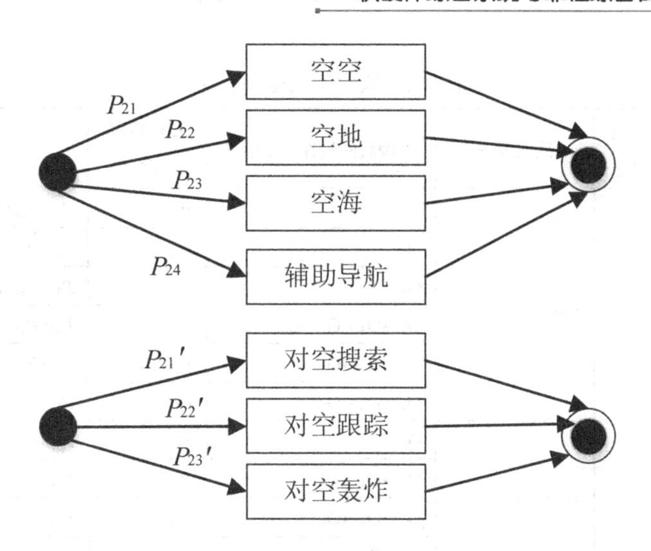

图 9.6 飞行模式下的软件功能剖面及空空功能下的子功能剖面

表 9.5 在表 9.4 的基础上给出了对应于表 9.4 的软件功能剖面及子功能剖面 1。其中，向量 $\boldsymbol{P}_2=\{P_{21}, P_{22}, P_{23}, P_{24}\}$表示对应于各个功能的相对概率，而向量 $\boldsymbol{P}_2'=\{P_{21}', P_{22}', P_{23}', P_{24}'\}$表示对应于整理后的软件功能 1 的相对概率。

表 9.5 软件功能剖面及子功能剖面 1

阶段名称	整理后的软件系统模式	概率	功能	相对概率 P_2	绝对概率 $P_2\times P_{12}'$	整理后的软件功能 1	相对概率 P_2'	绝对概率 $P_2'\times P_{21}\times P_{12}'$
S_2	工作	P_{12}'=0.99	空空	P_{21}	$P_{21}\times P_{12}'$	对空搜索	P_{21}'	$P_{21}'\times P_{21}\times P_{12}'$
						对空跟踪	P_{22}'	$P_{22}'\times P_{21}\times P_{12}'$
						对空轰炸	P_{23}'	$P_{23}'\times P_{21}\times P_{12}'$
			空地	P_{22}	$P_{22}\times P_{12}'$	对地搜索	P_{24}'	$P_{24}'\times P_{21}\times P_{12}'$
						对地跟踪	P_{25}'	$P_{25}'\times P_{21}\times P_{12}'$
						对地轰炸	P_{26}'	$P_{26}'\times P_{21}\times P_{12}'$
			空海	P_{23}	$P_{23}\times P_{12}'$	对海搜索	P_{27}'	$P_{27}'\times P_{21}\times P_{12}'$
						对海跟踪	P_{28}'	$P_{28}'\times P_{21}\times P_{12}'$
						对海轰炸	P_{29}'	$P_{29}'\times P_{21}\times P_{12}'$
			辅助导航	P_{24}	$P_{24}\times P_{12}'$	辅助导航	P_{24}	$P_{24}\times P_{12}'$

以辅助导航和对空搜索功能为例，在表 9.5 的基础上对“整理后的软件功能 1”进行整理得到“整理后的软件功能 2”，如表 9.6 所示。其中，向量 $\boldsymbol{P}_3=\{P_{31}, P_{32}, P_{33}, P_{34}, P_{35}, P_{36}, P_{37}, P_{38}, P_{39}, P_{40}\}$表示对应于各个整理后的子功能的相对概率。

表 9.6 软件子功能剖面 2

整理后的软件功能 1	相对概率 P_2'	绝对概率	整理后的软件子功能 2	相对概率 P_3	绝对概率
辅助导航	P_{24}	$P_{24}\times P_{12}'$	O_1	P_{31}	$P_{31}\times P_{24}\times P_{12}'$
			O_2	P_{32}	$P_{32}\times P_{24}\times P_{12}'$
			O_3	P_{33}	$P_{33}\times P_{24}\times P_{12}'$
			$O_3\to O_4\to O_5\to O_3$	P_{34}	$P_{34}\times P_{24}\times P_{12}'$
			$O_3\to O_1\to O_2$	P_{35}	$P_{35}\times P_{24}\times P_{12}'$
			$O_3\to O_6\to O_3$	P_{36}	$P_{36}\times P_{24}\times P_{12}'$
对空搜索	P_{21}'	$P_{21}'\times P_{21}\times P_{12}'$	O_7	P_{37}	$P_{37}\times P_{21}'\times P_{21}\times P_{12}'$
			$O_7\to O_8$	P_{38}	$P_{38}\times P_{21}'\times P_{21}\times P_{12}'$
			$O_7\to O_8\to O_9$	P_{39}	$P_{39}\times P_{21}'\times P_{21}\times P_{12}'$
			$O_7\to O_8\to O_{10}\to O_8$	P_{40}	$P_{40}\times P_{21}'\times P_{21}\times P_{12}'$

3．软件运行剖面

软件运行剖面的设计过程以辅助导航功能为例进行说明。由于表 9.6 中整理后的软件子功能 2 中的 6 个功能各自由一系列顺序执行的操作构成，因此一个独立功能下的操作间不存在概率转移关系，依次执行各操作即可。这种情况在实际使用中也较为普遍。若操作间不是简单的顺序关系，而存在一定的发生概率，那么即可按照前面软件功能剖面的设计过程将一定的概率分配给各个功能，具体过程此处不再赘述。下面给出一个操作剖面的示例，如图 9.7 所示。

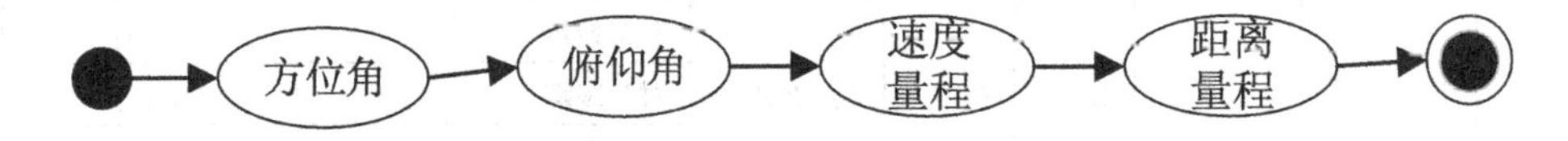

图 9.7 对应表 9.6 中子功能 O_7 的操作剖面

上述各运行都配置了一个或多个参数，工作模式下所有的运行及其参数配置如表 9.7 所示。每个运行的参数都是离散型变量，可将其变量赋值抽取原则定为全值域等概率抽取。

表 9.7 工作模式下所有的运行及其参数配置

序号	运行名称	参数名称	参数取值范围
1	方位角	角度	±10°、±30°、±60°（整型变量）
2	俯仰角	角度	<math>、<math>（整型变量）
3	速度量程	速度	2000km/h、4000km/h、8000km/h（整型变量）

续表

序号	运行名称	参数名称	参数取值范围
4	距离量程	距离	20km、40km、80km、160km、320km（整型变量）
5	搜索方式	文字描述	上视、下视、迎头、尾随
6	频率选择	文字描述	HPRF、MPRF、LPRF、AUTO
7	显示方式	文字描述	单独显示、叠加显示

9.2.2 软件可靠性测试用例生成

在完成软件可靠性测试剖面设计的工作之后可以结合整个运行剖面的内容和结构生成软件可靠性测试用例，具体步骤如下。

第一步，软件系统子模式抽取。在软件系统子模式剖面（见图 9.5）中，从起点出发，有两个概率转移，一个是以概率 0.01 转移到待机模式，另一个是以概率 0.99 转移到工作模式，因此有两个概率区间，即（0, 0.01]与(0.01, 1)。此时产生一个随机数η，$\eta \in (0, 1)$，观察η落在哪个概率区间，若η满足(0.01, 1)，则该随机数η与 0.99 这个概率值相对应，这次随机抽取到的软件系统子模式是“工作模式”；若η满足(0, 0.01]，则该随机数η与 0.01 这个概率值相对应，这次随机抽取到的软件系统子模式是“待机模式”。假设在第一步中，随机抽取到的软件系统子模式是“工作模式”，进入“工作模式”的功能剖面（见图 9.6）。

第二步，软件功能抽取。在“工作模式”功能剖面中，从起点出发，依据各个功能的转移概率对功能进行抽取。如图 9.7 所示，4 个功能对应概率分别为P_{21}、P_{22}、P_{23}、P_{24}，假设上述概率值从大到小排列为$P_{21}<P_{22}<P_{23}<P_{24}$，则有四个概率区间$(0, P_{21}]$、$(P_{21}, P_{22}]$、$(P_{22}, P_{23}]$、$(P_{23}, 1)$。此时产生一个随机数$\eta$，$\eta \in (0, 1)$，观察$\eta$落在哪个概率区间，若$\eta$满足$(0, P_{21}]$，则该随机数$\eta$与$P_{23}$这个概率值相对应，这次随机抽取到的软件功能是“空空”。进一步进入子功能剖面，可类似地生成随机数η并通过观察其所属概率区间确定相应的概率值。假设这一步随机抽取到的软件子功能是“对空搜索”。

第三步，操作抽取。在“对空搜索”子功能O_7的操作剖面中，从起点出发，顺序抽取该操作子剖面中的操作，首先抽取到的操作是“方位角”，此时对“方位角”的变量进行赋值。

第四步，变量赋值。根据表 9.7，操作“方位角”中只有一个变量：角度。该变量是一个取值范围为±10°、±30°、±60°的整型变量，由于抽取原则为全值域等概率抽取，因此此次变量赋值是产生一个上述 6 个角度值之一的整数值，该整数值对应一个角度值。假设在第四步中抽取到的角度值是 60°。

第五步。变量赋值结束后返回至“对空搜索”子功能 O_7 的操作剖面，继续抽取“方位角”之后的操作，并进行后续操作的变量赋值（同第四步），直至抽取到该操作剖面的结束标志。至此，一次软件可靠性测试用例生成结束。这是因为一个子功能 O_7 的操作剖面对应的操作即构成了一次任务。可以看出，在本次软件可靠性测试中，每个测试用例由若干个操作的变量赋值顺序组成。飞行模式下一个软件可靠性测试用例的具体形式如表 9.8 所示。

表 9.8　飞行模式下一个软件可靠性测试用例的具体形式

编制人	XX	生成时间	XXXX-XX-XX	用例编号	SRT1
软件名称	雷达	版本	Version1.0	单位	s
方位角	第一步	角度值 =60°			
	预期结果	软件以二进制形式实时（生成的数据记录文件中有时间标签）且正确记录当前方位角为 60°			
俯仰角	第二步	角度值 =4°			
	预期结果	软件以二进制形式实时（生成的数据记录文件中有时间标签）且正确记录当前俯仰角为 4°			
速度量程	第三步	速度=8000km/h			
	预期结果	当前速度=8000km/h			
距离量程	第四步	距离=320km			
	预期结果	当前距离=320km			

第六步。反复执行第一步至第五步，生成所需的测试用例，直至可靠性测试停止，则本次软件可靠性测试用例生成工作结束。

上面结合具体实例给出了软件可靠性测试流程。一般地，可给出软件可靠性测试流程定义如下。

定义 9.1　软件可靠性测试流程 TF（Test Flow）:

$$\mathrm{TF} = (\mathrm{S}_1, \mathrm{S}_2, \cdots, \mathrm{S}_i, \cdots, \mathrm{S}_n)$$

式中，S_i 表示测试流程中的第 i 步。TF 由顺序执行的 n 个步骤组成，且 $1 \leqslant i \leqslant n$，$i, n \in \mathbf{N}$。$\mathrm{S}_i$ 的完成是 S_{i+1} 开始的必要条件。

定义 9.2　步骤子化（Substep）:

$$\mathrm{S}_i = (\mathrm{S}_{i\_1}, \mathrm{S}_{i\_2}, \cdots, \mathrm{S}_{i\_j}, \cdots, \mathrm{S}_{i\_m})$$

上式表示对流程中的第 S_i 步进行再分解，分解成顺序执行的 m 个子步骤，S_{i_j} 表示 S_i 的第 j 个子步骤，且 $1 \leqslant j \leqslant m$，$i, j, m \in \mathbf{N}$。

在生成测试用例时，还有一些问题需要注意。众所周知，从生成运行剖面的角度出发，软件可按处理方式分为以下两类：批处理软件和交互式软件。批处理软件是指程序一次只处理一个输入，而且其输出仅取决于当前的输入，输入序列是不相关的。每次测试均从初始状态开始。交互式软件是指程序的处理是连续的，由“输入—处理—输出”组成的多个处理过程构成，前一个处理过程的处理结果可能会影响下一个处理过程，如操作系统软件、实时控制软件等就属于交互式程序。本书所选取的研究对象也属于交互式软件。

对于批处理软件，运行剖面的生成方法是成熟的，它的分域是对输入点的划分，运行剖面描述的是一类输入点发生的概率，采用 Musa 方法即可生成运行剖面。批处理软件的一次运行就是依据运行剖面随机抽取 ICD 上的一点（输入矢量），然后驱动软件运行。对于交互式软件，它的分域是对输入序列的划分，运行剖面描述的是由输入序列构成的类出现的概率。因此，对交互式软件，随机抽取的应是一个输入矢量序列（操作序列）。例如，对于惯导软件，它的一次运行是由以下 7 个并行的输入变量序列，即 3 个加速度序列、3 个平台姿态序列和 1 个控制状态序列构成的输入矢量序列组成的实时软件的。输入矢量序列一般来说应具有如下特性。

（1）应能描述输入变量的时序关系。

实时软件的时序关系包括并发和顺序执行两种。当一个功能由两个运行/任务来完成时，对于非实时软件，如在 Musa 提到的用户级交换机（Private Branch eXchange，PBX）系统中，功能移机被映射成两个运行，即拆除和安装。然后对拆除和安装分别进行测试。但是对于一个实时软件而言，这种方法有时是行不通的。例如，实时软件的一个功能是从设备收发数据，可以分解为发送数据和收集数据两个任务，但是对发送数据和收集数据分别进行测试没有错误并不代表这个功能就没有错误。因为当出现并发现象时，如当发送数据任务正在运行时，接收数据同时到达，如果没有一定的同步机制则有可能造成数据的遗失。同样，即使是顺序执行的两个任务，如果任务之间有时间约束关系，也是不能进行分解的。

（2）应注意测试用例的合理性。

实时软件中的任务有时需要从真实世界的环境中连续采样，因此在进行测试时，需要用一个测试序列来描述这个过程，作为一次测试的输入。假设有一个实时任务的工作是从传感器中采集当前的飞机飞行姿态，然后进行实时运算。如果在生成测试用例时，采用普通的非实时软件的生成方法，则序列之间的数据是相互独立的。飞机爬升阶段高度的变化示意图如图 9.8 所示。

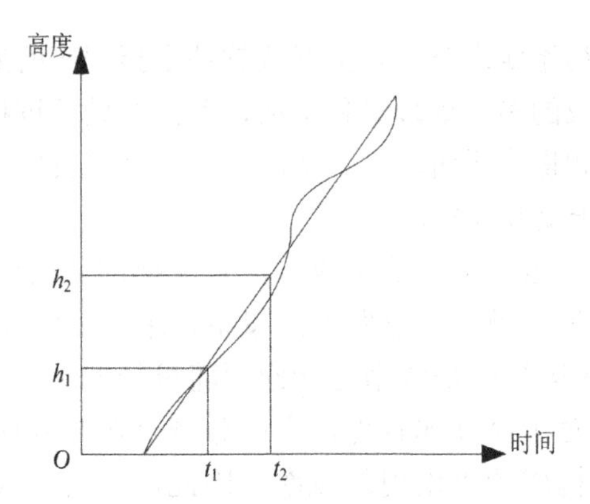

图 9.8　飞机爬升阶段高度的变化示意图

理想情况下，飞机的高度变化曲线是一条直线，在 t_1 时刻高度为 h_1，在 t_2 时刻高度为 h_2，t_2-t_1 就是任务的采样周期。但是由于气流的干扰，高度呈现一定的变化，假设这种变化在一个区间内均匀分布。那么在 t_1 时刻的测试用例为(t_1, $h_1+\Delta h_1$)，在 t_2 时刻的测试用例为(t_2, $h_2+\Delta h_2$)。其中，Δh_1、Δh_2 可能是正值也可能是负值。对非实时软件的测试用例生成采用这样的方法是合理的。但是考虑到实时软件自身的时间特性，采用这样的方法生成的测试用例的合理性就会存在问题，有可能造成数据的突变，这显然不符合软件真实的运行过程。这是因为在实际运行中某一点的采样数据不仅与当时该点的输入变量的输入空间的概率分布有关，而且与该点的相邻点的值有关，换言之，应该用一个随机过程来描述这样一个变化过程，而不应用每一点的概率分布来描述。

因此，实时软件的测试用例除应从输入空间中抽取以外，还应将时间也作为其中的一维，即测试用例应该是时间的函数。实时软件的测试用例是由多个测试变量序列构成的输入矢量序列，每个输入矢量序列服从同样规律的过程可以描述为一个随机过程。事实上，想得到一个能准确反映真实使用情况的输入矢量序列是极为困难的，如实时软件，由每个输入变量构成的序列可以表示为一个随机过程（如泊松过程），但是如何得到它的参数则是一个难题。

由此可见，在软硬件综合系统可靠性综合试验中，基于输入空间的实时软件可靠性测试可通过增加时间维度与可靠性试验相融合，这也是实施复杂系统可靠性综合试验的根本出发点。

9.2.3　软件可靠性测试用例个数的确定

在软件可靠性测试剖面设计和测试用例生成工作完成后，还需要确定测试用例的个数。由于软件可靠性测试是以概率论为理论基础的一种软件测试方法，因此只有当测试用例数量足够多时才能反映出一定的统计规律。与此同时，软件可靠性测试所依托的可靠性试验温度台阶持续时间是一定的（通常情况下可靠性试验温度台阶持续时间比测试用例执行时间要高出若干数量级）。如何在这个相对确定的时间段内以近似用户实际操作的方式执行测试用例并反映其统计规律是需要回答的问题。首先需要确定的是测试用例的个数，这样才能在可靠性试验中合理安排资源。这个问题可被认为是软件可靠性测试充分性问题的前端。

如果要对测试用例的个数进行粗略的估计，可按照如下公式计算：

$$\tilde{n}=\frac{T_{\mathrm{t}}}{E\left(T_{\mathrm{c}}\right)} \tag{9.1}$$

式中，$\tilde{n}$ 表示测试用例个数的估计值；T_{t} 表示可靠性试验温度台阶持续时间；$E\left(T_{\mathrm{c}}\right)$ 表示测试用例执行时间的期望值。T_{t} 可通过可靠性试验剖面获得。$E\left(T_{\mathrm{c}}\right)$ 的获得需要多次执行测试用例，并测量每次测试用例执行的时间，之后计算多个测试用例执行时间的均值。在实际情况下，可假设测试用例执行时间满足均匀分布。测试用例执行时间的测量可通过一定的算法获得，下面以 Vxworks 操作系统为例给出一个计算程序执行时间的具体过程。Vxworks 提供了一组调用程序，即 timex()和 timexN()，可以测量程序的执行时间。对于执行时间非常短的程序，timexN()可以通过重复执行该程序来完成计时。

timex()用于测量一个程序的单次执行时间，允许向该程序传递最多 8 个参数。当程序执行完成时，timex()显示程序的执行时间和测量误差。如果被测程序执行得太快，比系统时钟速率还快，测量误差大于 50%，测量就没有意义，这时会显示一个警告信息。对于这种情况，应该使用 timexN()测试该程序多次执行的时间。

```
void timex
{
FUNCPTR func,                /* function to time (optional) */
int arg1,                    /* first of up to 8 args to call function*/
                             /* with (optional) */
int arg2,
int arg3,
int arg4,
int arg5,
int arg6,
int arg7,
int arg8,
}
```

下面给出参考程序，其中包含两个子程序。第一个子程序 s1_time()调用 timex()测量第二个子程序 printit()的执行时间。printit()重复显示其任务 id 和变量 i 的值，重复次数由宏 ITERATIONS 指定。

```
#include "vxworks.h"
#include "timexLib.h"
```

```
#include "stdio.h"

#define ITERATIONS 200

static int printit(void)
{
    int i;
    for (i=0; i< ITERATIONS; i++)
      logMsg("Hello,i am printit(task %d) and i= %d.\n",taskIdSelf(),i, 0,0,0,0);
    return 0;
}
void s1_time()
{
FUNCPTR function_ptr=printit;
timex(function_ptr, 0, 0, 0, 0, 0, 0, 0, 0);
}
```

9.2.4 软件可靠性测试充分性的判定

9.2.3 节从工程试验的角度，以可靠性试验温度台阶持续时间为约束，通过获取测试用例执行时间的期望值进行软件可靠性测试用例个数的粗略计算，但这在反映测试用例的统计规律上还不够。要反映测试用例的统计规律还需要对软件可靠性测试的充分性进行深入研究。

9.2.4.1 软件测试充分性准则定义及性质

前面已经介绍了软件可靠性测试用例个数的确定方法，但只确定了测试用例个数还不够，因为这样还无法保证测试数据能对软件进行充分的测试。因此，需要进一步研究软件可靠性测试的充分性，即如何得到一个测试充分性准则，使得在此准则基础上得到的测试数据能对软件进行充分的测试。

首先考虑软件测试充分性。软件测试充分性是指软件在测试数据上的表现能够充分地反映软件的总体表现。令 D 为一个可数的集合，代表软件的输入、输出数据集合；P 为 D 上的可计算函数的子集，代表以 D 中的数据为输入和输出数据的程序的集合；S 为 D 上的二元关系的子集，代表软件的功能规约的集合；$T=2^D$，是测试用例数据集合的集合。

1. 谓词形式的软件测试充分性准则

定义 9.3 谓词形式的软件测试充分性准则：谓词形式的软件测试充分性准则 C 是一个定义在 $T\times P\times S$ 上的谓词，即 $C:T\times P\times S\to\{\text{true},\text{false}\}$。$C(t,p,s)=\text{true}$ 表示用测试用例数据集 t 针对功能规约 s 来测试程序 p 是充分的，否则是不充分的。

由于该定义可说明如何判断一个测试用例数据集是否充分，所以又被称为充分性判断准则。

充分性判断准则除可以定义为谓词形式的以外，还可以定义为度量函数形式的。

2. 度量函数形式的软件测试充分性准则

定义 9.4 度量函数形式的软件测试充分性准则：度量函数形式的软件测试充分性准则 C 是一个从测试用例数据集、被测程序及其功能规约到实数区间[0,1]的函数。$C(t,p,s)=r$ 表示程序 p 相对于功能规约 s 在测试用例数据集 t 上的测试充分度为 r，r 越大，充分度越高。

显然，谓词形式的软件测试充分性准则是度量函数形式的软件测试充分性准则的特例，因为可以把谓词形式的软件测试充分性准则的值域看作集合{0,1}，0 表示 false，1 表示 true。对任意一个度量函数形式的软件测试充分性准则 M 及一个充分度 r，总可以定义一个谓词形式的软件测试充分性准则 C_r，使得一个测试用例数据集是 C_r 充分的，当且仅当其 M 的充分度大于或等于 r，即

$$C_r(t,p,s)=\text{true} \Leftrightarrow M(t,p,s) \geqslant r \tag{9.2}$$

时成立。

充分性准则还可以定义为测试数据选择准则形式的。

3. 测试数据选择准则形式的软件测试充分性准则

定义 9.5 测试数据选择准则形式的软件测试充分性准则：

测试数据选择准则形式的软件测试充分性准则 C 是一个从被测程序 p 及其功能规约 s 到一族测试用例数据集合的映射，即 $C:P\times S\to 2^T$。$t\in C(p,s)$ 表示测试用例数据集 t 对于测试程序 p（相对于功能规约 s）来说是充分的，否则是不充分的。

4. 软件测试充分性准则的性质

良好的软件测试充分性准则应该具有如下基本性质。

性质 9.1 空集不充分性。空测试用例数据集对任何软件都是不充分的，空测试用例数据集意味着软件未被测试，因此该测试用例数据集是不充分的。

性质 9.2 有限性。对任何软件都存在有限的充分性测试集合，因为软件测试必须在有限的时间内完成，所以充分的测试用例数据集必须是有限的。

性质 9.3 单调性。如果一个软件系统在一个测试用例数据集上的测试是充分的，那么再多一些数据也应该是充分的。

性质 9.4 非复合性。即使对软件所有成分都进行了充分的测试，也并不意味着整个软件的测试已经充分了。

性质 9.5 非分解性。即使对一个软件系统整体的测试是充分的，也并不意味着软件系统中各个成分都已经得到了充分的测试。

性质 9.6 软件测试的充分性应该与软件的需求和软件的实现都相关，即存在两

个结构相同的程序，会有一个测试用例数据集对一个软件系统是充分的，而对另一个软件系统是不充分的。类似地，存在两个程序，它们的语义是相同的，但存在一个测试用例数据集，它对于一个软件是充分的，而对另一个软件是不充分的。

性质 9.7　复杂性。软件越复杂，需要的测试用例数据就越多。

性质 9.8　回报递减律。测试次数越多，进一步测试所能得到的充分性增长就越小。

如前所述，随机测试方法采用在 ICD 上随机抽样产生测试用例来运行软件，对软件进行测试。随机测试充分性度量可分为三类：以概率为基础的充分性度量、以可信度为基础的充分性度量和以可靠性估计为基础的充分性度量。

9.2.4.2　软件可靠性测试充分性准则定义

下面介绍软件可靠性测试充分性准则。首先定义度量函数形式的软件可靠性测试充分性准则。

定义 9.6　度量函数形式的软件可靠性测试充分性准则：

给定 Op(.)为从运行剖面得到的一个 pdf，即 $\mathrm{Op}:\mathrm{ICD}\to[0,1]$，$\sum_{t\in D}\mathrm{Op}(t)=1$，依据该 pdf 随机生成的测试用例数据集 t 的充分性度量函数 $M(t)$为

$$M(t)\mathrm{Probability}\left\{\frac{|R_{\mathrm{eval}}-R_{\mathrm{real}}|}{R_{\mathrm{real}}}<\varepsilon\right\} \tag{9.3}$$

令 Rel 是用于对软件 P 进行可靠性度量的参数；R_{real} 是软件 P 的 Rel 参数的真实值，即 R_{real}=Rel(P)；R_{eval} 是通过软件 P 运行 t 产生的失效数据而对软件 P 进行可靠性评估得到的 Rel 的估计值，即 R_{eval}=Rel(P, t)。

显然，该定义属于上面所提及的随机测试充分性度量类型中的第二类，即以可信度为基础的充分性度量。事先给定一个置信度 α，判断 $\mathrm{Probability}\left\{\frac{|R_{\mathrm{eval}}-R_{\mathrm{real}}|}{R_{\mathrm{real}}}<\varepsilon\right\}$ 是否不小于 α，如果是，则认为 t 是充分的。

为了能得到可以直接用来判定测试是否充分的准则，有必要借助数理统计学理论，考察软件可靠性测试，得出其实质是什么，从而指导软件可靠性测试充分性准则的定义。

根据 Musa 的运行剖面生成方法，一个软件 P 的使用可抽象为如表 9.9 所示的形式。

表 9.9　软件 P 的使用抽象形式

D	D_1	D_2	…	D_i	…	D_m
P	p_1	p_2	…	p_i	…	p_m

设 $D_1,D_2,\cdots,D_m$ 是 ICD 上的分域，其中 D_i（i=1,2,…, m）是输入空间依据用户真

实使用情况进行的划分，p_i（i=1,2,…,m）为发生概率。显然，这是一个多项分布。

软件可靠性测试用例数据集 t 的生成可以描述为，依据上面的多项分布进行抽样而产生的一组样本的观察值。软件可靠性估计就是建立在由测试用例数据集 t 产生的失效数据上的估计。显然，软件可靠性测试就是数理统计学理论在软件测试中的实际应用。

9.2.4.3 软件可靠性测试用例数据充分性准则

软件可靠性测试用例数据充分，要求软件在测试用例数据上的表现能够充分地反映软件的总体表现。这就要求测试用例数据集 t 在满足一定容量的要求下，反映被测软件使用的统计特性。只有这样软件在测试用例数据集 t 上的表现（失效数据）才能充分地反映软件的总体表现。于是，首先给出两个度量函数形式的软件可靠性测试用例数据充分性准则：基于 χ^2 的软件可靠性测试用例数据充分性准则（简称 χ^2 准则）和基于熵的软件可靠性测试用例数据充分性准则（简称熵准则）

1．χ^2 准则

定义 9.7 χ^2 准则：

给定 Op(.)为从运行剖面得到的一个 pdf，即 $\mathrm{Op}:\mathrm{ICD}\to[0,1]$，$\sum_{t\in D}\mathrm{Op}(t)=1$，依据该 pdf 随机生成测试用例数据集 t，在不小于最小测试量 $N_{\min}$ 的条件下，其充分性度量函数 $M(t)$为

$$\text{Probability}\left\{\chi^2(m-1)<\sum_{i=1}^{m}\frac{(n_i-Np_i)^2}{Np_i}\right\} \tag{9.4}$$

事先给定一个置信度 α，如果 $M(t)$大于或等于 α，则测试用例数据集 t 是充分的，这样就将度量函数形式的 χ^2 准则变换为判别形式的充分性准则。

下面利用数理统计的知识，给出此准则的依据。

假设依据上面的多项分布进行 N 次抽样产生了一组样本观察值，从而构成测试用例数据集 t，其中，在 $D_1, D_2, \cdots, D_i, \cdots, D_m$ 中的个数分别为 $n_1, n_2, \cdots, n_i, \cdots, n_m$，有

$$\sum_{i=1}^{m}n_i=N,\quad \sum_{i=1}^{m}p_i=1$$

统计量为

$$\sum_{i=1}^{m}\frac{(n_i-Np_i)^2}{Np_i} \tag{9.5}$$

它服从 $\chi^2(m-1)$分布，根据皮尔逊定理，可以用此统计量判断子样 t 是否代表了软件使用的统计特性。

因为每个概率分布都对应着唯一的一个信息熵值，多项分布的信息熵可以表示为$H=\sum_{i=1}^{m}p_i\lg p_i$。进行$N$次抽样产生的一组样本观察值构成测试用例数据集$t$，其中，在$D_1, D_2, \cdots, D_i, \cdots, D_m$中的个数分别为$n_1, n_2, \cdots, n_i, \cdots, n_m$，故有

$$\sum_{i=1}^{m}n_i=N\text{，}\sum_{i=1}^{m}p_i=1$$

取$\tilde{p}_i=\dfrac{n_i}{N}$，仿照$H$的表达式有$\tilde{H}=\sum_{i=1}^{m}\tilde{p}_i\lg\tilde{p}_i$。

2．熵准则

定义 9.8 熵准则：

给定 Op(.)为从运行剖面得到的一个 pdf，即$\mathrm{Op}:\mathrm{ICD}\to[0,1]$，$\sum_{t\in D}\mathrm{Op}(t)=1$，依据该 pdf 随机生成测试用例数据集$t$，在不小于最小测试量$N_{\min}$的条件下，其充分性度量函数$M(t)$为

$$M(t)1-\frac{|H-\tilde{H}|}{H} \tag{9.6}$$

3．最小测试量$N_{\min}$的确定

通过以下方法来确定测试量N。

软件可靠性测试的测试量必须满足以下条件，即

$$P\left(\frac{\left|\frac{n_i}{N}-p_i\right|}{p_i}<\varepsilon\right)>\alpha\text{，}i=1,2,\cdots,m \tag{9.7}$$

根据 De Moivre-Laplace 定理知，n_i服从均值为$E(n_i)=Np_i$，方差为$D(n_i)=Np_iq_i$的正态分布，其中$q_i=1-p_i$，即

$$\frac{n_i-Np_i}{\sqrt{Np_iq_i}}\sim N(0,1) \tag{9.8}$$

式（9.7）可变化为

$$P(-\varepsilon Np_i<n_i-Np_i<\varepsilon Np_i)>\alpha \tag{9.9}$$

即

$$P\left(\frac{-\varepsilon Np_i}{\sqrt{Np_iq_i}}<\frac{n_i-Np_i}{\sqrt{Np_iq_i}}<\frac{\varepsilon Np_i}{\sqrt{Np_iq_i}}\right)>\alpha \tag{9.10}$$

也即

$$2\Phi(z)-1>\alpha \tag{9.11}$$

式中，$z=\dfrac{\varepsilon Np_i}{\sqrt{Np_iq_i}}$。

也就是说，N 的容量可以由

$$\Phi(z)>\frac{\alpha+1}{2} \tag{9.12}$$

获得，即

$$N>\left(\frac{\Phi^{-1}\left(\dfrac{\alpha+1}{2}\right)}{\varepsilon}\right)^2\times\left(\frac{1}{p_i}-1\right)，\ i=1,2,\cdots,m \tag{9.13}$$

则 $N_{\min}$ 为

$$N\frac{\Phi^{-1}\left(\dfrac{\alpha+1}{2}\right)^2}{\varepsilon}\frac{1}{\mathrm{Min}\{p_i\}_{\min}}，\ i=1,2,\cdots,m \tag{9.14}$$

由式（9.13）和式（9.14）可以得出以下结论。

第一，当软件中存在很少使用的功能时，需要进行更多的测试；如果软件的运行剖面均匀分布，则测试量最少。

第二，软件的测试量是由最小的 p_i 确定的。

至此，单任务剖面下软硬件综合系统可靠性综合试验的设计工作就完成了。主要步骤如下：第一，任务剖面信息扩充。通过添加软件可靠性测试所需的软件系统模式、软件功能、软件操作及其各自的发生概率等信息进行任务剖面信息扩充，建立任务剖面中各任务阶段与软件操作的对应关系。需要说明的是，由于单任务剖面下任务剖面中的任务阶段与试验剖面中的任务阶段一般来说是相同的，不同之处仅在于试验剖面中的应力进行了简化，因此任务剖面中各任务阶段与软件操作的对应关系即反映了试验剖面中各任务阶段与软件操作的对应关系。第二，综合试验的剖面设计。由于综合试验是以可靠性试验的时间轴为基准进行的，因此综合试验的剖面设计是解决在试验剖面中各任务阶段所对应的各个温度台阶上施加软件可靠性测试用例的问题，进而建立温度台阶与软件功能和软件操作的对应关系。这部分工作主要基于 Musa 的运行剖面构建模型，通过层层映射以完成最终的剖面设计工作。第三，软件可靠性测试用例生成。基于整个软件运行剖面的内容和结构，根据剖面中给出的概率值，按照可靠性测试用例生成的具体步骤生成测试用例。第四，软件可靠性测试用例个数的确定。第五，软件可靠性测试充分性的判定。第四步和第五步是一个先实现后验证的关系。在通过计算确定软件可靠性测试用例个数之后需要对其充分性进行判断：若满足充分性要求，则终止；若不满足充分要求，则需要额外生成测试用例，再进行判断，通过迭代生成测试用例直到满足充分性要求为止。

9.2.5 多任务剖面下软件可靠性测试剖面设计及测试用例生成

在工程实践中，许多软硬件综合系统往往用于执行多项任务，为此 GJB 899A—2009 中也给出了模拟多用途环境影响的合成可靠性试验剖面的设计方法。采用这一方法除需要知道每项任务的试验剖面以外，还需要知道每项任务出现的相对频率估计值，即各任务在总任务中所占比例。以此为依据得到对应于某一温度台阶的各任务剖面中特定任务阶段的合成比例。这一比例也将直接影响到后续软件测试用例的施加。举例来说，假设某软硬件综合系统对应 4 个任务剖面 A、B、C、D，每个任务剖面对应的发生概率分别为 a、b、c、d。之后，基于 GJB 899A—2009 给出的剖面合成规则，可以获得每个任务剖面中的各任务阶段在合成剖面的相应温度台阶中的占比。这里需要事先掌握的数据包括任务剖面发生概率、任务剖面中各任务阶段的持续时间等。以任务剖面 A 和任务剖面 B 为例，设其对应于温度台阶 1 的任务阶段分别为 A_3、A_5、B_2、B_7，其持续时间分别为 t_1、t_2、t_3、t_4，则任务阶段 A_3 在合成剖面的相应温度台阶中的占比为

$$P_1 = t_1 \times a / (t_1 \times a + t_2 \times b + t_3 \times c + t_4 \times d) \tag{9.15}$$

任务阶段 A_5 在合成剖面的相应温度台阶中的占比为

$$P_2 = t_2 \times b / (t_1 \times a + t_2 \times b + t_3 \times c + t_4 \times d) \tag{9.16}$$

任务阶段 B_2 在合成剖面的相应温度台阶中的占比为

$$P_3 = t_3 \times c / (t_1 \times a + t_2 \times b + t_3 \times c + t_4 \times d) \tag{9.17}$$

任务阶段 B_7 在合成剖面的相应温度台阶中的占比为

$$P_4 = t_4 \times d / (t_1 \times a + t_2 \times b + t_3 \times c + t_4 \times d) \tag{9.18}$$

在此基础上可以最终确定合成剖面的各个温度台阶对应的温度值。上述要素中各任务阶段在合成剖面的相应温度台阶中的占比是决定多任务剖面下软件可靠性测试剖面设计及测试用例生成的重要因素。此时，可供执行的软件可靠性测试用例的个数不仅受制于温度台阶持续时间，还受制于温度台阶上各任务阶段的占比。继续上例，假设温度台阶 1 持续时间为 T，则任务剖面 A 中任务阶段 A_3 对应软件可靠性测试用例的总持续时间 $T_1=T \times P_1$，任务阶段 A_5 对应软件可靠性测试用例的总持续时间 $T_2=T \times P_2$，任务阶段 B_2 对应软件可靠性测试用例的总持续时间 $T_3=T \times P_3$，任务阶段 B_7 对应软件可靠性测试用例的总持续时间 $T_4=T \times P_4$。之后的软件可靠性测试剖面设计及测试用例生成过程与单任务剖面的情况类似。此处，除一般性的测试用例生

成之外，也存在带有时间资源约束的测试用例生成，具体过程也同单任务剖面的情况类似，此处不再赘述。

下面对上述比例的确定过程给出一般性的描述。

设某软硬件综合系统对应的任务剖面分别为

$$\mathrm{P}_i，1 \leqslant i \leqslant n，i \in \mathbf{N}$$

各剖面对应的发生概率分别为

$$a_i，1 \leqslant i \leqslant n，i \in \mathbf{N}，a_i > 0，a_i \in \mathbf{R}，\sum_{i=1}^{n} a_i = 1$$

任务剖面 P_i 对应的任务阶段分别为

$$\mathrm{P}_{ij}，1 \leqslant i \leqslant n，i \in \mathbf{N}，1 \leqslant j \leqslant m_i，j \in \mathbf{N}$$

合成获得的综合试验温度台阶为

$$T_l，1 \leqslant l \leqslant k，l \in \mathbf{N}$$

其对应的任务剖面中的任务阶段所构成的集合为

$$S_l = \{\mathrm{P}_{ij}\}，1 \leqslant l \leqslant k，1 \leqslant i \leqslant n，1 \leqslant j \leqslant m_i，\forall 1 \leqslant l_1, l_2 \leqslant k，有 S_{l_1} \neq S_{l_2}$$

设任一任务阶段集合中的元素个数为

$$M_l，M_l \in \mathbf{N}，1 \leqslant M_l \leqslant m_i，1 \leqslant l \leqslant k，l \in \mathbf{N}$$

各任务阶段持续时间为

$$t_{cij}，M_1 \leqslant c \leqslant M_k，1 \leqslant i \leqslant n，1 \leqslant j \leqslant m_i$$

则其中任一任务阶段在合成剖面的相应温度台阶中的占比为

$$R = \frac{t_{cij} \times a_i}{\sum_{i=1}^{n} \sum_{j=1}^{m_i} \sum_{c=M_1}^{M_k} t_{cij}} \tag{9.19}$$

参考文献

[1] GJB 899A—2009：可靠性鉴定和验收试验[S].

[2] GJB/Z 457—2006：机载电子设备通用指南[S].

[3] ZHU H，HALL. P A V，MAY J H R. Software Unit Test Coverage and Adequacy[J]. ACM Computing Surveys，1997，29（4）：366-427.

[4] WEYUKER E J. Axiomatizing software test data adequacy[J]. Transactions on Software Engineering，1986，12（12）：1128-1138.

[5] WEYUKER E J. The evaluation of program-based software test data adequacy criteria[J]. Communications of the ACM，1988，31（6）：668-675.

[6] 朱鸿，金凌紫. 软件质量保障与测试[M]. 北京：科学出版社，1997.

[7] MUSA J D. Operational profiles in software reliability engineering[J]. IEEE Software，1993，10（2）：14-32.

[8] 葛艾冬，赵正予，张燕革．概率统计与随机过程[M]．武汉：武汉大学出版社，1994．

[9] 孟庆生．信息论[M]．西安：西安交通大学出版社，1986．

第 10 章

软硬件综合系统可靠性综合试验的软件测试用例优化

第 9 章从工程实践的角度出发介绍了软硬件综合系统可靠性综合试验技术，给出了一整套具体的实施方法及步骤，包括任务剖面信息扩充、单（多）任务下可靠性试验剖面与软件可靠性测试剖面的匹配、软件可靠性测试剖面设计等，并解决了与测试用例相关的一系列问题，如测试用例生成、测试用例个数的确定及测试充分性的判定等。然而，上述方法和步骤在实际的工程实践中还无法直接使用，这是由可靠性试验的特点决定的，即可靠性试验的某些温度台阶持续时间过短，相应的软件可靠性测试用例无法在这段时间内全部施加完。为解决这一问题，需要对测试用例数据集进行预处理。本章的主要思路是基于已生成的测试用例数据集，在给定优化目标的前提下，采用受控 Markov 链（Controlled Markov Chain，CMC）方法对测试用例数据集进行优化。在上述优化过程中要充分考虑第 12 章中将要介绍的软硬件综合故障。这样可以有针对性地施加与故障模式相关的测试用例，以提高发现故障的效率。

10.1 可靠性综合试验中测试用例生成总体方案

由于软件可靠性测试是黑盒测试的一种，因此这类测试是基于规约的，对程序内部结构并不关心。软件可靠性测试按照用户实际使用软件的方式测试软件，这在一定程度上能够还原软件的真实使用场景。然而，在实际使用过程中，尤其在软硬件综合系统的发展趋势下，由于按照用户实际使用软件的方式进行测试用例的生成是基于统计意义的，因此在发现一些重要度高但发生频率相对较低的问题时显得能力有限。这也是由在测试用例生成时缺乏针对性的故障信息所造成的。若在软件可靠性测试的基础上添加一些与软件程序相关的软件缺陷/故障信息，就能够在一定程度上增强对重要度高但发生频率相对较低的问题的探测能力。这在本质上属于灰盒测试的范畴。由于相当数量的软硬件综合故障具有较高的严酷度等级和风险水平，并且采用传统的软件可靠性试验或软件测试方法无法发现这类问题，因此它们会极大地威胁到系统的可靠性和安全性。上述灰盒测试思想在发现软硬件综合故障方面具有指导意义，它将测试的真实场景（包括实际使用方式和外部环境）与软硬件综合故障相结合，以期有效揭示在真实场景下发生的上述类型的故障。

基于上述基本思想给出软硬件综合系统可靠性综合试验中测试用例生成总体方案，如图 10.1 所示。其中，$T_{综合故障用例}$表示依据先验信息之一的软硬件综合故障所生成的测试用例的总执行时间，$T_{软件可靠性测试用例}$表示依据软件可靠性测试方法所生成的测试用例的总执行时间，$T_{温}$表示可靠性综合试验中一个温度台阶的持续时间。$TC_{综合故障用例}$表示依据软硬件综合故障所生成的测试用例数据集，记该集合中包含的测试用例个数为 $Num(TC_{综合故障用例})$。$TC_{软件可靠性测试用例}$表示依据软件可靠性测试方法生成的测试用例集，记该集合中包含的测试用例个数为 $Num(TC_{软件可靠性测试用例})$。一般情况下，有 $T_{综合故障用例} \ll T_{软件可靠性测试用例}$，$Num(TC_{综合故障用例}) \ll Num(TC_{软件可靠性测试用例})$。尽管理论上说 $T_{综合故障用例}$、$T_{软件可靠性测试用例}$与 $T_{温}$之间的关系存在多种可能，但依据工程实践经验，最常发生的情况包括 $T_{综合故障用例}$与 $T_{温}$的关系，即“$T_{综合故障用例}<T_{温}$”或“$T_{综合故障用例}>T_{温}$”，以及在此基础上$(T_{综合故障用例}+T_{软件可靠性测试用例})$与 $T_{温}$的关系，即“$(T_{综合故障用例}+T_{软件可靠性测试用例})<T_{温}$”或“$(T_{综合故障用例}+T_{软件可靠性测试用例})>T_{温}$”。上述各类情形也是图 10.1 的设计基础。

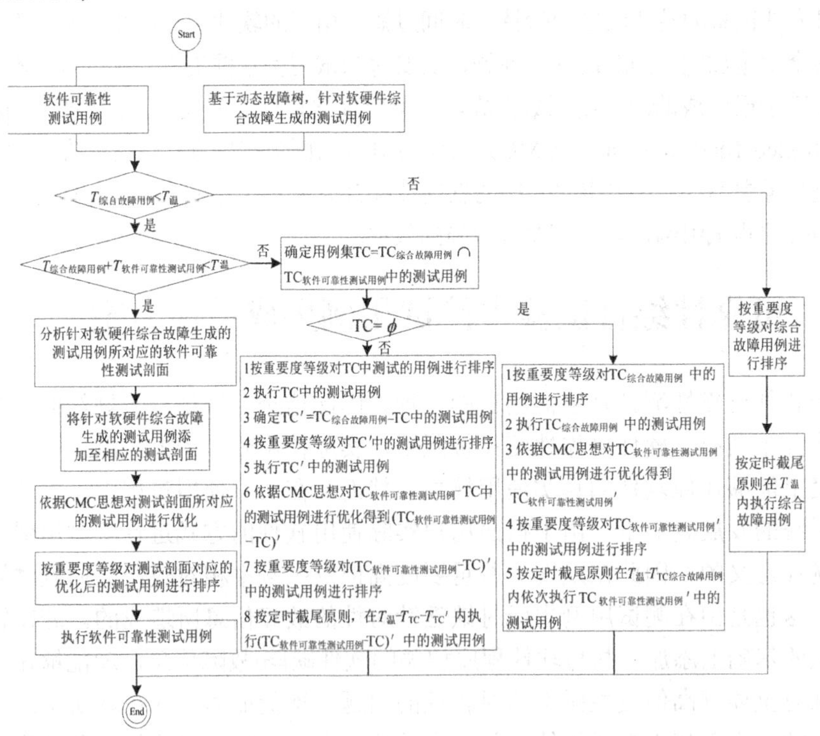

图 10.1　软硬件综合系统可靠性综合试验中测试用例生成总体方案

由图 10.1 可见，最初生成的测试用例有两个来源，即通常的软件可靠性测试用例，以及基于动态故障树，针对软硬件综合故障生成的测试用例。由于与软硬件综合故障相关的测试用例在综合试验中的优先级高于一般的软件可靠性测试用例，因此以此为基准，首先比较 $T_{综合故障用例}$和 $T_{温}$的大小，若条件满足，则进一步判断($T_{综合故障用例}$+$T_{软件可靠性测试用例}$)与 $T_{温}$的大小；若条件不满足，则按重要度等级对综合故障用例进行排序，并按定时截尾原则在 $T_{温}$内执行综合故障用例。在判断($T_{综合故障用例}$+$T_{软件可靠性测试用例}$)与 $T_{温}$的大小时，若条件满足，则首先判断软硬件综合故障对应的测试用例与软件可靠性测试剖面的隶属关系，进一步将测试用例添加至相应的测试剖面，这样综合故障用例与软件可靠性测试用例就能够融合于可靠性测试剖面。随后，先依据 CMC 思想对测试剖面所对应的测试用例进行优化，再按重要度等级对测试剖面所对应优化后的测试用例进行排序并执行上述用例。若条件不满足，则 $TC_{综合故障用例}$和 $TC_{软件可靠性测试用例}$不可能全部执行，按照图 10.1 中的思路，需要先判断 $TC_{综合故障用例}$和 $TC_{软件可靠性测试用例}$的公共部分的测试用例是否为空，具体步骤详见图 10.1 中所述。此处要说明的是，在不同的条件判断分支下采用的 CMC 也是不同的，在($T_{综合故障用例}$+$T_{软件可靠性测试用例}$)<$T_{温}$的条件不满足的情况下，采用的是带有时间资源约束的测试用例优化方法；在该条件满足的情况下，采用的是无约束的测试用例优化方法。详细内容参见 10.3 节及 10.4 节中的介绍。

由于前面已经介绍了软件可靠性测试用例的生成方法、具体步骤、测试用例个数的确定及测试充分性的判定，下面重点针对测试用例的优化问题进行介绍。

10.2 基于 CMC 的软硬件综合系统状态模型构建

本节基于 CMC 对软硬件综合系统进行建模，以此来研究系统的状态迁移，为软件测试优化奠定基础。

基于 CMC 的软件测试优化方法以软件控制论为理论基础。CMC 理论于 1994 年被首次提出，这一理论将软件测试视作一个优化控制问题，将被测软件视作一个受控对象并将其建模为 CMC，将测试策略视作一个控制器。被测软件和相应的测试策略构成一个闭环控制系统，这样就形成了软件测试中的反馈机制。同时，测试策略能够按照事先给定的测试目标被设计和优化。

从控制论的角度看，软硬件综合系统可被视作一个受控对象。根据其自身特点，可将其设定为一条 Markov 链，表示为如下五元组：

$$<S_t, A(\mathrm{TC}, S), \{A(y)|y\in S_t\}, Q, W> \tag{10.1}$$

式中，S_t 和 A 是给定集合，分别称作状态空间和控制行为集。此处的控制行为集由一系列 TC 和 S 组成的二元组构成，其中 TC 是指测试用例，S 是指综合应力。$\{A(y)|y$

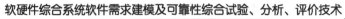

$\in S_t\}$是 A 的一族非空子集 $A(y)$，其中 $A(y)$是在状态 $y\in S_t$ 下的可执行控制行为集。Q 是形式如下的一条转移规则：

$$Q(B|y,a)=\Pr\{Y_{t+1}\in B|Y_t=y, A_t=a\}，B\subset S_t \tag{10.2}$$

式中，Y_t 指明了时刻 t 的系统状态、施加的控制行为 $A_t(\mathrm{TC}_t, S_t)$。W 是一个成本函数。当 S_t 离散时，式（10.2）就表示一条 CMC。

式（10.2）描述了一个在时刻 t=0,1,2,⋯被观察的受控随机系统。若系统正处于时刻 t 的状态 $Y_t=y\in S_t$，且控制行为 $A_t=a\in A(y)$被应用，则将导致如下事件发生：第一，将产生一个成本函数 $W_{Y_t}(a)$；第二，系统依据转移准则 Q 迁移至下一状态 Y_{t+1}。一旦发生了新的状态迁移，将产生一个新的控制。上述过程被不断重复。显然，一条 CMC 一般来说不是一个普通的或时间齐次的 Markov 链。当 A 仅由一个行为构成时，它将被简化为普通 Markov 链，且 $A(y)\equiv A$。

令

$$H_t=\{Y_0, A_0(\mathrm{TC}_0, S_0), Y_1, A_1(\mathrm{TC}_1, S_1),\cdots, Y_{t-1}, A_{t-1}(\mathrm{TC}_{t-1}, S_{t-1}),Y_t\} \tag{10.3}$$

即 H_t 指明了截至时刻 t 系统的历史情况。令

$$D_t(A_t(\mathrm{TC}_t, S_t); H_t)=\Pr\{A_t(\mathrm{TC}_t, S_t)|H_t\} \tag{10.4}$$

即 $D_t(a; h_t)$这一条件概率指明了在条件 $H_t = h_t$ 下及 t 时刻 $A_t=a$ 的概率。显然，

$$\sum_{a\in A(y_t)} D_t(a;h_t)=1 \tag{10.5}$$

之后，定义一个控制准则：

$$\omega=\{D_t(A_t;H_t);t=0,1,2,\cdots\} \tag{10.6}$$

若 D_t 总是被限制为两个值——1 或 0，即在任意时刻一个特定的行为一定会发生，则表明 ω 的值是确定的。如果不确定的话，那么 ω 的值将是随机的。若 $D_t(A_t; H_t)$仅依赖于 t、Y_t 和 $A_t(\mathrm{TC}_t, S_t)$，即

$$\begin{aligned}&D_t(A_t; H_t)\\&= \Pr\{A_t(\mathrm{TC}_t, S_t)|\{ Y_0, A_0(\mathrm{TC}_0, S_0), Y_1, A_1(\mathrm{TC}_1, S_1),\cdots, Y_{t-1}, A_{t-1}(\mathrm{TC}_{t-1}, S_{t-1}),Y_t \}\}\\&= \Pr\{A_t(\mathrm{TC}_t, S_t)|Y_t\}\end{aligned} \tag{10.7}$$

施加行为 A_t 使系统状态转移至 Y_{t+1} 的概率仅由系统的前一个状态 Y_t 决定，即相应的控制准则具有无后效性，也即具有 Markov 性。若 $D_t(A_t;H_t)$仅依赖于 Y_t 和 A_t，则相应的控制准则是平稳 Markov 的（简称平稳的）。这样就有多种类型的控制准则：随机准则，（随机）Markov 准则，（随机）平稳准则，确定准则，确定 Markov 准则和确定平稳准则。在控制准则的条件下，很显然集合$\{Y_t;t=0,1,2,\cdots\}$构成了一个时间齐次的 Markov 链。这是由于$\forall t$，转移概率为

$$D_t(A_t; H_t) = \Pr\{A_t(\mathrm{TC}_t, S_t)|Y_t\}= \Pr\{A_{t+1}(\mathrm{TC}_{t+1}, S_{t+1})|Y_{t+1}\}= D_{t+1}(A_{t+1}; H_{t+1}) \tag{10.8}$$

但在通常的控制准则下这一结论并不成立。

令$W_{Y_t}(A_t)$表示处在状态 Y_t 时的系统行为 A_t 在时刻 t 引发的成本。一般情况下$W_{Y_t}(A_t)$是一个随机变量。在 CMC 的优化控制中，需要优化包含$W_{Y_t}(A_t)$在内的某个性能准则。对最短路径成本准则或最短路径问题而言，假设系统初始状态为 $Y_0=y_0$，系统进化过程停止时的目标状态 $y^*\neq y_0$。令τ表示使得$Y_\tau=y^*$的最小正整数。优化最短路径问题关注如下关于控制准则ω的目标函数最小化问题：

$$J_\omega(y_0)=E_\omega\sum_{t=0}^{\tau}W_{Y_t}(A_t)=\sum_{t=0}^{\tau}\sum_{y}\sum_{a}\Pr^{(\omega)}\{Y_t=y,A_t=a\}W_y(a) \tag{10.9}$$

式中，E_ω表示在控制准则ω下的数学期望；$\Pr^{(\omega)}$表示控制准则ω下的相应概率；τ是一个随机变量，因此$J_\omega(y_0)$是多个随机变量和的期望值。

10.3 无约束的软件测试用例优化方法

10.2 节构建了软硬件综合系统状态模型并构造了相应的优化问题。本节介绍在无约束的情况下如何优化软件测试用例。

在无约束，即$(T_{综合故障用例}+T_{软件可靠性测试用例})<T_{温}$为真的情况下，令 $Y_t=j$ 表示被测软硬件综合系统在 t 时刻包含 j 个缺陷，其中 $j=0,1,2,\cdots$，$t=0,1,2,\cdots$

$$Z_t=\begin{cases}1, & 若t时刻执行的动作发现了一个缺陷\\0, & 若t时刻执行的动作未发现缺陷\end{cases}$$

下面给出如下假设：

(1) 软硬件综合系统可靠性试验共有n个温度台阶($n\in\mathbf{N}$)，在某一温度台阶T_i($i=1,\cdots,n$，$n\in\mathbf{N}$)的起始时刻($t=0$)，系统包含M个软硬件综合缺陷。
(2) 一次执行一个测试用例至多能发现一个缺陷 。
(3) 若一个缺陷被发现，它将被立即移除且不会引入新的缺陷，即 $Y_t=j$ 且$Z_t=1$意味着$Y_{t+1}=j-1$。
(4) 若没有缺陷被发现，则剩余系统缺陷数保持不变，即$Y_t=j$且$Z_t=0$意味着$Y_{t+1}=j$。
(5) $Y_t=0$是一个吸收状态，也是目标状态。
(6) 每一时刻总有m个可执行测试用例，测试用例数据集$\mathrm{TC}_t=\{1,2,\cdots,m\}$，$m\in\mathbf{N}$。
(7) 每一时刻总对应一个试验的综合应力S_t，且其为4种应力的综合，即$S_t\{t_t,v_t,m_t,e_t\}$。
(8) Z_t依赖于系统当前状态Y_t、t时刻执行的测试用例数据集 TC_t及综合试验在时刻t所具备的综合应力 S_t，即

$\Pr\{Z_t=1|Y_t=j,\mathrm{TC}_t=i,S_t=k\}=j\theta$，$j=1,2,\cdots$

$\Pr\{Z_t=0|Y_t=j,\mathrm{TC}_t=i,S_t=k\}=1-j\theta$，$j=1,2,\cdots$

$\Pr\{Z_t=0|Y_t=0,\mathrm{TC}_t=i,S_t=k\}=1$，$t=0,1,2,\cdots$

(9) t时刻执行的测试用例数据集 TC_t导致了一个$W_{Y_t}(\mathrm{TC}_t,S_t)$的成本，而不论其是否能发现一个缺陷，有

$$W_{Y_t}(\mathrm{TC}_t=i,S_t=k)=\begin{cases}w_j(i,k) & Y_t=j\neq 0\\0 & Y_t=0\end{cases}$$

(10) 移除一个已发现缺陷的成本可忽略。

按照上述假设可使用图 10.2 来描述软硬件综合系统可靠性综合试验中的软件状

态转移。若软件测试用例数据集 TC_t 和相应的综合应力 S_t 在 t 时刻的状态 j（$j\neq0$）下作用于软件，随后软件以概率 $1-j\theta_{\mathrm{TC}_t,S_t}$ 保持状态 j，以概率 $j\theta_{\mathrm{TC}_t,S_t}$ 转移到状态 $j-1$。进入目标状态 0 后，系统将永远保持该状态。

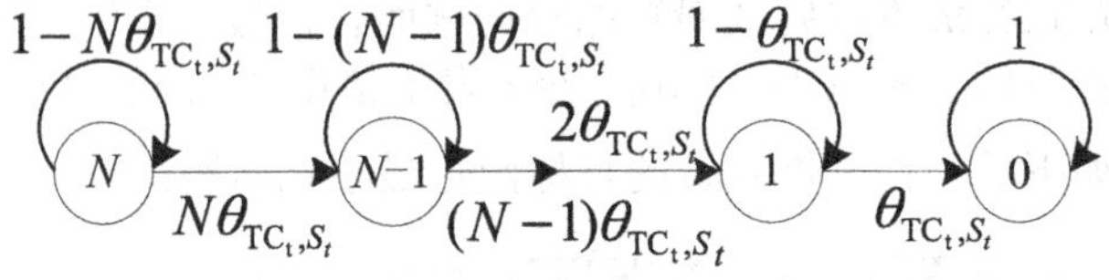

$1-N\theta_{\mathrm{TC}_t,S_t}$　$1-(N-1)\theta_{\mathrm{TC}_t,S_t}$　$1-\theta_{\mathrm{TC}_t,S_t}$　1

N　$N-1$　$2\theta_{\mathrm{TC}_t,S_t}$　1　0

$N\theta_{\mathrm{TC}_t,S_t}$　$(N-1)\theta_{\mathrm{TC}_t,S_t}$　$\theta_{\mathrm{TC}_t,S_t}$

图 10.2　软硬件综合系统可靠性综合试验中的状态转移

令 τ 是到达状态 0 的第一路径，且

$$J_\omega(N)=E_\omega\sum_{t=0}^{\tau}W_{Y_t}\left(\mathrm{TC}_t,S_t\right) \tag{10.10}$$

式中，ω 表示一条控制准则（测试策略）。现在的问题是找出能够最小化 $J_\omega(N)$ 的控制准则（测试策略）。可基于这一准则以期望的最小成本移除所有（N 个）缺陷。特别地，一条控制准则（测试策略）需要确定哪个测试用例应当在 t 时刻的状态 Y_t 下被执行。一种软件测试方法应当能够依据给定的优化（测试）目标设计或决定所需的测试策略。最终的测试用例数据集 $\{\mathrm{TC}_t,\ t=0,1,2,\cdots\}$ 指明了被测软件的一个优化测试剖面。

 10.4 带有时间资源约束的软件测试用例优化

由图 10.1 可见，在 $(T_{综合故障用例}+T_{软件可靠性测试用例})<T_{温}$ 为假的情况下系统综合试验中的软件测试用例优化问题实质上是一个在有限的时间资源内选择测试用例并予以施加的问题。这与基于 CMC 的具有测试资源限制的软件测试用例优先问题非常类似，因此可借鉴其方法来解决系统综合试验中的软件测试用例优化问题。

在实践中，软硬件综合系统可靠性综合试验温度台阶持续时间通常是有限的且不能超过某些特定的边界，这也进一步限制了相应的软件测试用例执行的时间资源成本。若在试验的某一时刻，给定的可靠性综合试验资源耗尽，即试验相应的温度台阶结束，那么试验在当前温度台阶结束，并将进入下一温度台阶或终止试验。这使得与当前温度台阶对应的软件测试活动也必须终止。一般来说存在以下情况：就综合试验剖面中某一温度台阶对应的软件测试用例而言，假设当应用于被测软件的测试数达到某一给定值时软件测试必须终止，这样可以将问题限定在离散时间域中。第一个测试应用于 $t=0$ 时刻下的被测软硬件综合系统。第 i 个测试应用于 $t=i-1$ 时刻下的被测软硬件综合系统。每个测试对应于“一个行为+相应的综合应力”或“一个

测试用例的选择和执行+相应的综合应力”。令 x_0 表示能够应用于被测软硬件综合系统的软件测试最大数，X_t 表示能够应用于 t 时刻的被测软硬件综合系统的剩余软件测试最大数，S_t 表示对应于 t 时刻的综合应力。这意味着：$X_0=x_0, X_1=x_0-1,\cdots$。令 $Y_t=j$ 表示被测软硬件综合系统在 t 时刻包含 j 个缺陷，其中 $j=0,1,2,\cdots$，$t=0,1,2,\cdots$，有

$$Z_t=\begin{cases}1，若t时刻执行的动作发现了一个缺陷\\0，若t时刻执行的动作未发现缺陷\end{cases}$$

令 $\xi_t=(X_t,Y_t)$，ξ_t 以二元组的形式表示 t 时刻的软硬件综合系统状态。当处于状态 ξ_t 时，软硬件综合系统包含 Y_t 个缺陷（除了可能由 t 时刻执行的测试用例发现的缺陷），剩余测试资源允许软硬件系统至多被测试 X_t 次（包括 t 时刻执行的测试）。

进一步给出如下假设：

(1) 软硬件综合系统可靠性综合试验共有 n 个温度台阶（$n\in\mathbf{N}$），在某一温度台阶 T_i（$i=1,\cdots,n,\ n\in\mathbf{N}$）的起始时刻（$t=0$）软硬件综合系统包含 M 个软硬件综合缺陷。

(2) 初始时刻测试资源集中共包含 x_0 个测试用例。

(3) 一次执行一个测试用例至多能发现一个缺陷 。

(4) 若一个缺陷被发现，它将被立即移除且不会引入新的缺陷，即 $Y_t=j$ 且 $Z_t=1$ 意味着 $Y_{t+1}=j-1$。

(5) 若没有缺陷被发现，则剩余系统缺陷数保持不变，即 $Y_t=j$ 且 $Z_t=0$ 意味着 $Y_{t+1}=j$。

(6) $\xi_t=(X_t,Y_t)=(0,0)$ 是一个吸收状态，也是目标状态。

(7) 每一时刻总有 m 个可执行测试用例，测试用例数据集 $\mathrm{TC}_t=\{1,2,\cdots,m\}$，$m\in\mathbf{N}$。

(8) 每一时刻总对应一个试验的综合应力 S_t，且其为4种应力的综合，即 $S_t\{t_t, v_t, m_t, e_t\}$。

(9) 系统状态迁移依赖于当前状态 ξ_t、t 时刻执行的用例及综合试验在 t 时刻所具备的综合应力，即

$$q_{\xi_t\xi_{t+1}}(i)=\Pr\{\xi_{t+1}=(x_{t+1},y_{t+1})\mid\xi_t=(x_t,y_t),\mathrm{TC}_t=i,S_t=j\}=$$

$$\begin{cases}1-y_t\theta_i & y_{t+1}=y_t,x_{t+1}=x_t-1,y_t\neq0,x_t\neq0\\ y_t\theta_i & y_{t+1}=y_t-1,x_{t+1}=x_t-1,y_t\neq0,x_t\neq0\\ 1 & y_{t+1}=0,x_{t+1}=0,x_t=0\\ 1 & y_{t+1}=0,x_{t+1}=0,y_t=0\\ 0 & 其他\end{cases}$$

(10) 不论是否能发现缺陷，t 时刻执行的测试用例数 TC_t 将导致一个值为 $W_{\xi_t}(\mathrm{TC}_t,S_t)$ 的成本，且

$$W_{\xi_t}(\mathrm{TC}_t=i,S_t=j)=\begin{cases}w_{(x_t,y_t)}(i,j) & y_t\neq0，x_t\neq0\\ 0 & y_t=0或x_t=0\end{cases}$$

在系统综合试验中，成本包括人力资源成本、试验设备使用成本及试验设备用电成本。

(11) 在状态 ξ_t 通过施加用例 TC_t 及相应综合应力探测到缺陷后移除该缺陷所产生的成本表示为 $C_{\xi_t}(\mathrm{TC}_t,S_t)$。在软硬件综合试验中，成本仅指人力资源成本。

(12) 在状态通过施加用例 TC_t 探测缺陷使得缺陷被移除所产生的收益为 $\sigma_{\xi_t}(\mathrm{TC}_t,S_t)$。在系统综合试验中，收益指试验人员通过发现缺陷获得的好处，也属于人力资源成本的范畴

令 τ 是通往状态(0, 0)的最短路径时间，且

$$J_\omega(x_0,N)=E_\omega\sum_{t=0}^{\tau}\Big[W_{\xi_t}(\mathrm{TC}_t,S_t)+q_{\xi_t\xi_{t+1}}(\mathrm{TC}_t,S_t)\big(C_{\xi_t}(\mathrm{TC}_t,S_t)-\sigma_{\xi_t}(\mathrm{TC}_t,S_t)\big)\Big] \tag{10.11}$$

式中，ω 表示一条控制准则（测试策略）。现在要解决的问题是找出能够最小化 $J_\omega(x_0,N)$ 的控制准则（测试策略）。这一准则在至多具备 x_0 个测试用例的测试资源下，

在最小化发现缺陷和移除缺陷所需成本的同时最大化移除缺陷所可能带来的收益。此即该准则试图以最小成本发现和移除尽可能多的缺陷。

基于上述假设可得到如下结果。

第一，通过软硬件综合系统可靠性综合试验发现软硬件综合缺陷的过程构成了一条 CMC。

第二，$\theta_{\mathrm{TC}_t,S_t}$ 视作在综合应力 S_t 下，通过测试用例数据集 TC_t 发现缺陷的概率。

第三，假设 $X_t \neq 0, Y_t \neq 0$，显然有 $X_{t+1}=X_t-1$。

第四，若所有资源都耗尽（$X_t=0$），则不论系统中是否还有缺陷剩余，被测系统都迁移至吸收状态(0,0)。综合试验过程随后终止。

第五，若所有缺陷都被发现和移除，则被测系统不再需要进一步试验并在之后迁移至吸收状态(0,0)。

第六，在状态$(0, y_t)$或$(x_t, 0)$处执行的测试用例可被视为一个无效用例，其耗费成本为 0，发现缺陷数为 0，且使得被测系统迁移至吸收状态(0,0)，同时使综合试验停止。若无效用例被计入总数，则综合试验期间执行的总用例数可能会升至 x_0+1。

根据上述结果可给出如下例子。假设 $x_0=4$，$N=2$。被测软硬件综合系统可能经历的状态包括(4,2), (3,2), (2,2), (1,2), (0,0), (3,1), (2,1), (1,1), (0,1), (2,0), (1,0)。因此，一条可能的状态轨迹为(4,2)→(3,2)→(2,1)→(1,1)→(0,1)→(0,0)。然而不可能有如下状态轨迹(4,2)→(3,2)→(3,1)→(2,1)→(0,1)→(0,0)或(4,2)→(3,2)→(2,0)→(0,0)。

第七，令 $W_{\xi_t}\times(\mathrm{TC}_t,S_t)=W_{\xi_t}(\mathrm{TC}_t,S_t)+q_{\xi_t\xi_{t+1}}(\mathrm{TC}_t,S_t)\left[C_{\xi_t}(\mathrm{TC}_t,S_t)-\sigma_{\xi_t}(\mathrm{TC}_t,S_t)\right]$ 问题转化为找出一条控制准则，使得 $J_\omega(x_0,N)=E_\omega\sum_{t=0}^{\tau}S\left[W_{\xi_t}\times(\mathrm{TC}_t,S_t)\right]$ 最小。

$q_{\xi_t\xi_{t+1}}(\mathrm{TC}_t,S_t)C_{\xi_t}(\mathrm{TC}_t,S_t)$ 表示当综合系统处于状态 ξ_t 时施加的测试用例数据集 TC_t 所导致的期望成本。$q_{\xi_t\xi_{t+1}}(\mathrm{TC}_t,S_t)\sigma_{\xi_t}(\mathrm{TC}_t,S_t)$ 表示当综合系统处于状态 ξ_t 时施加的测试用例数据集 TC_t 所产生的期望收益。$W_{\xi_t}\times(\mathrm{TC}_t,S_t)$ 既可能为正值，又可能为负值。当 $x_t=0$或$y_t=0$时，$W_{(x_t,y_t)}\times(\mathrm{TC}_t,S_t)=0$。

无论在何种情况下都存在一条确定平稳测试策略以最小化 $J_\omega(x_0,N)$。这是因为尽管 $W_{\xi_t}\times(A_t)$ 可能是负数，也能够在有限的时间内到达目标状态(0,0)。为了确定优化控制准则（测试策略），按照逐次逼近法，令

$$v_{n+1}(\xi)=\min_{1\leqslant i\leqslant m}\left\{w_\xi\times(i)+\sum_{\eta\neq(0,0)}q_{\xi\eta}(i)v_n(\eta)\right\} \tag{10.12}$$

$$v(\xi)=\lim_{n\to\infty}v_n(\xi) \tag{10.13}$$

由此可得

$$v(x,y)=\begin{cases}0，x=0 \text{ 或 } y=0\\ \min_{1\leqslant i\leqslant m}\{w_\xi\times(i)\}，x=1，y\neq0\\ \min_{1\leqslant i\leqslant m}\{w_\xi\times(i)+y\theta_i v(x-1,y-1)+(1-y\theta_i)v(x-1,y)\}，x>1，y\neq0\end{cases}\tag{10.14}$$

上述公式说明，当处于状态$(x,0)$和$(0,y)$时，任何行为都可被执行。当处于状态$(1,y)$且$y\neq0$时，行为$\arg\min_{1\leqslant i\leqslant m}\{w_{(1,y)}\times(i)\}$应当被执行。当处于其他状态时，行为$\arg\min_{1\leqslant i\leqslant m}\{w_\xi\times(i)+y\theta_i v(x-1,y-1)+(1-y\theta_i)v(x-1,y)\}$应当被执行。一般来说，为了确定处于状态$(x,y)$时所需的优化行为，必须考虑如下的几种可能状态：$(x-1,y-1)$，$(x-1,y)$，$(x-2,y-1)$，$(x-2,y-2)$，$(x-2,y)$等。

参考文献

[1] CAI K Y. A controlled Markov chains approach to software testing[Z]. Working Paper，2000.

[2] CAI K Y. Optimal test profile in the context of software cybernetics[C]//2nd Asia-Pacific Conference on Quality Software. Hong Kong:IEEE Computer Society Press，2001：157-166.

[3] CAI K Y. Optimal software testing and adaptive software testing in the context of software cybernetics[J]. Information and Software Technology，2002，44（14）：841-855.

[4] CAI K Y，GU B，HAI H，et al. A case study of adaptive software testing[Z]. Working Paper，2003.

[5] CAI K Y. Optimal stopping of multi-project software testing in the context of software testing[J]. Science in China (Series F)，2003，4（5）：335-354.

第 11 章

软硬件综合系统可靠性分析

可靠性是构成系统质量特性的重要因素之一，对系统进行可靠性分析具有重要意义。通过可靠性分析可以明确系统可靠性的薄弱环节，为评估系统的适用性和效能提供依据。第 9 章中已经介绍了软硬件综合系统可靠性综合试验技术。该技术是以发现软硬件综合故障为目的的一种试验技术，包含任务剖面、环境剖面及试验剖面等内容。本章分别对一般性的系统稳态可靠性、双机热备系统的瞬时可靠性及以工程需求为牵引的基于任务剖面的系统任务可靠性进行分析。

11.1 基于 HSRN 的复杂系统可靠性分析

11.1.1 SRN 的定义

SRN 由 G. Ciardo 等人于 1993 年提出，是对 GSPN 的扩充。下面首先给出 SRN 的基本定义。

定义 11.1 定义 SRN 为如下形式的 9 元组：

$$A=\left\{P, T, D, g, h, \mu_0, \lambda_t, \omega_t, r\right\} \tag{11.1}$$

式中，P 为库所集，每个库所中可以包含非负整数的标记（Token）；T 为变迁集，分为 T_t（延时变迁集）与 T_i（瞬时变迁集）两个子集，满足 $T=T_t\cup T_i$，$T_t\cap T_i=\phi$；D 为与标识相关（Marking-Dependent）的输入弧、输出弧或禁止弧的弧权函数，即在 SRN 中，这些弧的权重都是可变的；g 是与 t 关联标识相关的布尔实施函数，当 t 在标识 μ 下满足实施条件时，实施函数 $g_t(\mu)$将被评价，若 $g_t(\mu)$=true，则变迁 t 可实施，否则 t 仍是被禁止的；h 是关于变迁的实施优先级，通常规定瞬时变迁具有比延时变迁更高的实施优先级；μ_0为初始标识；λ_t 为变迁 t 的点火时间的指数分布率，当 λ_t 为∞时，变迁 t 的实施时间为 0，$\forall t\in T$，若存在 $\lambda_t(\mu)=\infty$，则称 μ 为虚标识，否则称 μ 为实标识，从而可将标识集分为实标识集与虚标识集两个集合，分别记为 Ω_T、Ω_V，$\mu\xrightarrow{t}$表

示变迁 t 在标识 μ 下实施，在实标识 μ 下，令可实施变迁 t 实施概率为

$$\frac{\lambda_t(\mu)}{\sum_{y\in T:\mu\overset{y}{\rightarrow}}\lambda_y(\mu)} \tag{11.2}$$

ω_t 为变迁 t 的实施权重，在虚标识 μ 下，可实施变迁 t 发生的概率为

$$\frac{\omega_t(\mu)}{\sum_{y\in T:\mu\overset{y}{\rightarrow}}\omega_y(\mu)} \tag{11.3}$$

r 为标识的回报率函数。

11.1.2 SRN 的层次化

在用于系统可靠性分析时，SRN 的图形化建模能力可使模型被直观地描述，同时可自动生成 CTMC（连续时间马尔可夫链，Continuous-Time Markov Chain），使其具有较强的数学计算能力。但当用 SRN 建立复杂系统可靠性模型时，其状态空间与模型可读性仍将受到影响。为了简化系统的状态空间，同时保持良好的模型特性和可读性，本章采用 HSRN 模型，并将其应用于复杂系统可靠性分析。

SRN 中根据变迁的实施时间可将变迁分为延时变迁和瞬时变迁两种类型。其中，延时变迁的实施时间呈指数分布，瞬时变迁的实施时间为 0。这是由于瞬时变迁仅表示控制作用或逻辑上的选择，并无对时间的需求。延时变迁与瞬时变迁在文中将分别用“□”与“▮”表示。SRN 根据瞬时变迁是否实施可将可达集划分为两个不相交子集：仅使延时变迁可实施的实标识集 Ω_T 和可使瞬时变迁实施的虚标识集 Ω_V。

本章中的 HSRN 采用自底向上逐步综合替代的层次化结构。其中，下层模型（子模型）用于描述失效模式为统计独立的组件的可靠性，可通过传统的 SRN 建立下层模型。组件的统计相依性在上层模型中进行表示，即上层模型用于描述下层组件的相互作用关系。下层模型需要通过等效变换在上层模型中实现描述，由于下层等效模型的引入，因此对建立上层模型所使用 SRN 的变迁做了扩充：将延时变迁中的时间变迁集分为基本延时变迁集和等效延时变迁集。基本延时变迁集为传统 SRN 中的延时变迁集。等效延时变迁用于描述下层模型中的等效延时变迁，用“□”表示，点火率为下层模型中的等效转移率。

11.1.3 HSRN 的度量

SRN 的一个重要性质是，可以为实标识集 Ω_T 中的每个实标识分配一个回报率。类似地，利用 HSRN 建立的模型指标亦可用回报函数来表示，令 $Z(t)=r_{X(t)}$ 为系统 t

时刻的瞬时回报率，$\pi_i(t)$为实标识 i 在 t 时刻的状态概率，则在 t 时刻瞬时回报率期望为

$$E\left[Z(t)\right]=\sum_{i\in\Omega_{\mathrm{T}}} r_i\pi_i(t) \tag{11.4}$$

系统稳态回报率期望为

$$\lim_{t\to\infty} E\left[Z(t)\right]=E\left[Z\right]=\sum_{i\in\Omega_{\mathrm{T}}} r_i\pi_i \tag{11.5}$$

在计算系统可用度时，可将 Ω_{T} 划分为正常状态标识集和故障状态标识集，分别记作 Ω_{U}、Ω_{D}，令回报率函数为

$$r_i=\begin{cases}1，& i\in\Omega_{\mathrm{U}}\\ 0，& i\in\Omega_{\mathrm{D}}\end{cases} \tag{11.6}$$

则系统的稳定可用度的计算公式为

$$A_{\mathrm{SS}}=E\left[Z\right]=\sum_{i\in\Omega_{\mathrm{T}}} r_i\pi_i \tag{11.7}$$

11.1.4 HSRN 的等效变换

下层模型的等效变换是上层模型建立的基础。由 SRN 的实标识构建 CTMC，可以利用 Markov 过程对以 SRN 为基础建立的下层模型（记为 $\mathrm{SRN_L}$）的 CTMC（记为 $\mathrm{CTMC_L}$）进行等效变换，等效变换后的 CTMC 记为 $\mathrm{CTMC_{EL}}$，其状态转移图如图 11.1 所示。

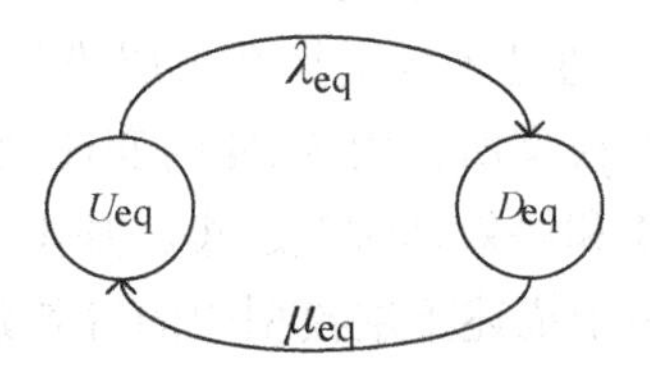

图 11.1　$\mathrm{CTMC_{EL}}$ 的状态转移图

图 11.1 中，状态 U_{eq} 和 D_{eq} 分别表示组件处于正常工作状态和故障状态，分别对应 $\mathrm{SRN_L}$ 的 Ω_{U} 和 Ω_{D} 中的所有标识。状态 U_{eq} 到状态 D_{eq} 的等效失效率记为 λ_{eq}，状态 D_{eq} 到状态 U_{eq} 的等效维修率记为 μ_{eq}，CTMC 的稳定状态概率可通过下列方程组求解：

$$\begin{cases} \boldsymbol{\pi} \cdot \boldsymbol{Q} = \boldsymbol{0} \\ \sum_j \pi_j = 1 \end{cases} \tag{11.8}$$

式中，$\boldsymbol{\pi}$ 为稳态概率向量；$\boldsymbol{Q}$ 为状态转移矩阵。对如图 11.1 所示的状态转移图而言，有

$$\boldsymbol{\pi} = \left[\pi_{U\text{eq}}, \pi_{D\text{eq}}\right] \tag{11.9}$$

$$\boldsymbol{Q} = \begin{bmatrix} -\lambda_{\text{eq}} & \lambda_{\text{eq}} \\ \mu_{\text{eq}} & -\mu_{\text{eq}} \end{bmatrix} \tag{11.10}$$

从而可得，CTMC_{EL} 中组件处于正常工作状态和故障状态的稳态概率分别为

$$\pi_{U\text{eq}} = \frac{\mu_{\text{eq}}}{\lambda_{\text{eq}} + \mu_{\text{eq}}} \tag{11.11}$$

$$\pi_{D\text{eq}} = \frac{\lambda_{\text{eq}}}{\lambda_{\text{eq}} + \mu_{\text{eq}}} \tag{11.12}$$

参考文献[5]的方法给出通过 CTMC_{L} 计算 CTMC_{EL} 中等效转移率的公式，有

$$\lambda_{\text{eq}} = \sum_{t_{i,j} \in F} \sum_{i_{i,j}} \frac{\sum_{t_{i,j} \in F} \pi_i \cdot q_{i,j}}{\sum_{s_k \in U} \pi_k} \text{Pr} \tag{11.13}$$

$$\mu_{\text{eq}} = \sum_{t_{i,j} \in M} \sum_{i_{i,j}} \frac{\sum_{t_{i,j} \in M} \pi_i \cdot q_{i,j}}{\sum_{s_k \in D} \pi_k} \text{Pr} \tag{11.14}$$

式（11.13）与式（11.14）中，s_k 为 CTMC_{L} 中的状态 k，t_{ij} 与 q_{ij} 分别为从状态 i 到状态 j 的转移与转移率；π_i 为状态 i 的稳态概率；U 与 D 分别为正常工作状态与故障状态的集合；F 为从正常工作状态到失效状态转移的集合；M 为从失效状态到故障状态转移的集合。

当用 CTMC_{EL} 替换 CTMC_{L} 时，要保证变换过程中的等价性，需要证明在 CTMC_{EL} 中组件处于正常工作状态的概率（故障状态的概率）与 CTMC_{L} 中处于正常工作状态集（失效状态集）的概率之和相等，即需要证明：

$$\begin{cases} \pi_{U\text{eq}} = \pi_U \\ \pi_{D\text{eq}} = \pi_D \end{cases} \tag{11.15}$$

式中，$\pi_U = \sum_{s_k \in U} \pi_k$；$\pi_D = \sum_{s_k \in D} \pi_k$。

证明：由式（11.13）与式（11.14）可得

$$\frac{\lambda_{\text{eq}}}{\mu_{\text{eq}}}=\frac{\frac{1}{\pi_U}\cdot\left(\sum_{t_{i,j}\in F}\pi_i\cdot q_{i,j}\right)}{\frac{1}{\pi_D}\cdot\left(\sum_{t_{i,j}\in M}\pi_i\cdot q_{i,j}\right)} \tag{11.16}$$

由稳态时正常工作状态集的流出率与流入率的平衡关系可得

$$\sum_{t_{i,j}\in F}\pi_i\cdot q_{i,j}=\sum_{t_{i,j}\in M}\pi_i\cdot q_{i,j} \tag{11.17}$$

结合式（11.16）与式（11.17）可得

$$\lambda_{\text{eq}}=\frac{\pi_D}{\pi_U}\mu_{\text{eq}} \tag{11.18}$$

将式（11.18）代入式（11.11）和式（11.12），可得

$$\pi_{U\text{eq}}=\frac{\mu_{\text{eq}}}{\frac{\pi_D}{\pi_U}\mu_{\text{eq}}+\mu_{\text{eq}}}=\frac{\pi_U}{\pi_D+\pi_U}=\pi_U \tag{11.19}$$

$$\pi_{D\text{eq}}=\frac{\frac{\pi_D}{\pi_U}\mu_{\text{eq}}}{\frac{\pi_D}{\pi_U}\mu_{\text{eq}}+\mu_{\text{eq}}}=\frac{\pi_D}{\pi_D+\pi_U}=\pi_D \tag{11.20}$$

由式（11.19）和式（11.20）可知，式（11.15）所示的结论成立。

因此，在用 CTMC_{EL} 替换 CTMC_{L} 的过程中可保证变换的等价性，与 CTMC_{EL} 同构的等效随机回报网（SRN_{EL}）（见图 11.2）与 SRN_{L} 亦是等价的。

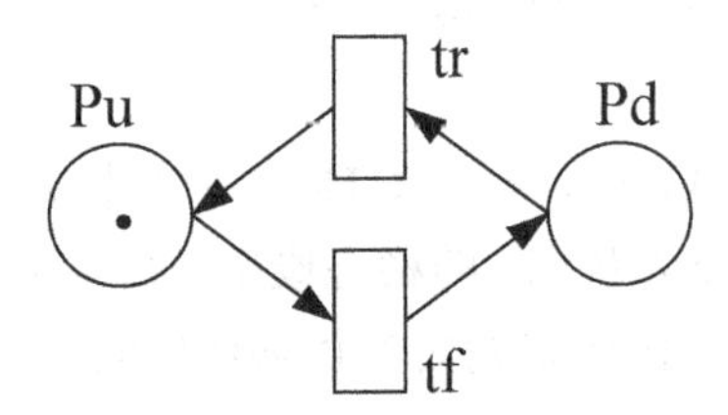

图 11.2 SRN_{EL} 示意图

图 11.2 中的库所 Pu、Pd 分别表示组件的正常工作状态与故障状态，变迁 tf 与 tr 的激活率则分别为等效转移率 λ_{eq}、μ_{eq}，从而实现了下层模型 SRN 的等价变换。

11.1.5 HSRN 模型求解

因为在 SRN 的层次化过程中保证了等效变迁的点火时间仍服从指数分布，所以由 HSRN 的实标识构建的随机过程亦为 CTMC。

通过计算实标识之间的转移率可以获得 CTMC 的状态转移矩阵，定义

$\boldsymbol{P}_{\mathrm{V}}=[\boldsymbol{P}_{\mathrm{VV}}|\boldsymbol{P}_{\mathrm{VT}}]$为从虚标识到虚标识（$\boldsymbol{P}_{\mathrm{VV}}$）或实标识（$\boldsymbol{P}_{\mathrm{VT}}$）的转移概率矩阵，$\boldsymbol{U}_{\mathrm{T}}=[\boldsymbol{U}_{\mathrm{TV}}|\boldsymbol{U}_{\mathrm{TT}}]$为从实标识到虚标识（$\boldsymbol{U}_{\mathrm{TV}}$）或实标识（$\boldsymbol{U}_{\mathrm{TT}}$）的转移概率矩阵，则实标识间的转移矩阵为

$$\boldsymbol{U}=\boldsymbol{U}_{\mathrm{TT}}+\boldsymbol{U}_{\mathrm{TV}}(1-\boldsymbol{P}_{\mathrm{VV}})^{-1}\boldsymbol{P}_{\mathrm{VT}} \tag{11.21}$$

定义 CTMC 的状态转移矩阵为 $\boldsymbol{Q}$（$Q_{i,j}$为状态 i 到状态 j 的转移率），则系统状态转移矩阵中的元素为

$$Q_{i,j}=\begin{cases} U_{i,j}, & i\neq j \\ -\sum\limits_{k\in\Omega_{\mathrm{T}},k\neq i}U_{i,k}, & i=j \end{cases} \tag{11.22}$$

设 $\boldsymbol{\pi}$ 为实标识对应的稳态概率向量，根据式（11.8）与式（11.22）可以计算出 CTMC 中每个状态的稳态概率，以此为基础即可进行系统可靠性分析。

11.2 基于 HSRN 的飞控计算机系统可靠性分析

11.2.1 余度技术

可靠性分析是一门与国防科技息息相关的技术，逐渐在理论研究和实际应用中走向成熟，逐步完善，地位也越来越重要。本书以航电系统，如飞控系统、雷达等为载体给出相关的具体技术细节和实施步骤。本章以飞控系统为例介绍飞控计算机系统可靠性模型的构建。

从 20 世纪 60 年代起，随着主动控制和随动布局的广泛应用，电传操纵系统逐步取代了先前的机械操纵系统。但是在提高飞机性能的同时，电子元器件繁多、维修困难、故障不易检测等也为系统带来了可靠性低的缺点。为此现代先进飞控系统都采用了余度技术，又称冗余技术。余度技术是一种通过为系统增加多重资源（硬件和软件重复配置），实现对多重资源的合理管理，从而提高产品和系统可靠性的设计技术。余度技术在设计过程中起着很重要的作用。特别是当单个部件的可靠性已由现有的设计或各种无法控制的故障模式确定，不可能通过固有产品设计来达到期望的可靠性时，余度技术是唯一的选择。此外，余度技术还能够增加可靠性以抵抗外部环境应力。在进行设计权衡分析时，需要考虑额外的部件成本、系统尺寸和重量的增加，以及维修和预防性维修的增加（因为需要维修的是两个或更多部件，而不是一个）。

余度技术一般应用于具有高可靠性要求的领域。在这些领域中，系统相互独立

地在各自的通道中运行，若系统各单通道的故障率为 R，则根据可靠性理论，系统的通道数（余度数）N 与最大故障率 Q 满足如下关系：$Q=1-R^n$。采用余度技术能极大提高相应任务的安全系数。余度技术一般分为两类：静态余度技术和动态余度技术。余度方式也多种多样，包括相似余度、非相似余度。余度通道的工作方式有热备、冷备等。上述余度方式中，非相似余度可以大大减小各余度通道共同发生故障而同时丧失功能的概率，从而增强系统的可靠性。因此，在可靠性要求极高的飞控系统中常常采用非相似硬件和非相似软件技术。

11.2.2 某型飞机电传主飞控计算机结构

图 11.3 所示为某型飞机电传主飞控计算机结构。某型飞机电传主飞控计算机系统为非相似双余度系统，将所有的余度硬件设备分为左、右两组，即双通道。主飞控计算机系统发送指令到伺服作动器。伺服作动器接收控制指令并发送信号给舵机，驱动相应舵面运动，改变飞机的姿态和速度。每条通道均有 3 个硬件和软件非相似的支路，各通道之间采用总线通信。支路的 I/O 部分包括 2 个总线终端，一个用于接收数据，另一个用于发送/接收数据。每条通道从 2 组总线接收数据，但只向同组的总线发送数据，当一组总线失效后，不会影响另外一组总线的正常工作。主飞控计算机系统的 3 条支路分别被分配为指令支路、备用支路和监控支路。指令支路执行控制律解算任务，将指令法送到指定的总线。其他 2 条支路分别执行监控和支路余度管理任务。一旦指令支路或监控支路失效，则由备用支路执行。另外 2 条支路中任意一条再次发生故障，都将导致主飞控计算机系统输出断开。

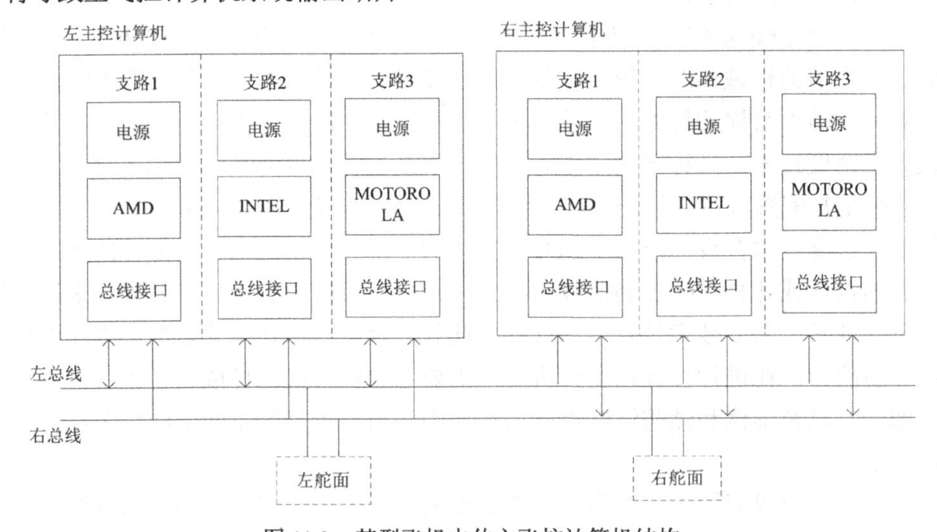

图 11.3　某型飞机电传主飞控计算机结构

11.2.3 分层混合建模分析

本节采用分层混合方法对某型飞机电传主飞控计算机的正常工作模态进行可靠性建模分析。该主飞控计算机负责执行控制律解算任务，由并行的多条支路和通道构成。对系统整体结构功能进行分析，系统构成模块包括电源、CPU、I/O 接口、软件和总线。每条通道内 3 条支路硬件非相似、运行软件非相似；每条通道由对应的左、中和右电源汇流条供电；每条通道接收 2 条总线的数据，只向对应的 1 条总线发送数据。该型飞机电传主飞控计算机系统的左主控计算机和右主控计算机之间是并联关系；主飞控计算机的 3 条支路之间是并联关系；单条支路中的部件之间是串联关系。从系统角度看，主飞控计算机系统与总线之间是串联关系。主飞控计算机系统在故障情况下动态过程复杂，故采用 HSRN 方法建模。建模过程中假设系统硬件和软件服从失效率为常数的指数分布，且不考虑瞬态故障。

当在飞行过程中发生主飞控计算机故障时，一般来说由于不具备维修条件，因此可将主飞控计算机系统按照不可修复系统的情况建模；在地面维修情况下，需要将主飞控计算机系统作为可修复系统来建模。因此，以下分两种情况考虑可靠性模型构建。

1. 可修复情况

本节将硬件与软件作为一个整体进行分析，下面将考虑设备硬件（含软件）、组件的失效、维修，以及设备的冗余关系等，利用 HSRN 分别建立支路可靠性模型、左（右）主控计算机系统可靠性模型、主飞控计算机系统可靠性模型及系统可靠性模型。考虑到主飞控计算机系统软件与硬件设备关系密切，故本节将主飞控计算机系统软件与芯片作为一个整体进行分析。

1）支路可靠性模型

图 11.4 所示为支路可靠性模型，由库所 P*x*.u、P*x*.d，以及库所之间的变迁 t*x*.f、t*x*.r 构成，用于描述支路电源、芯片和总线接口的失效与维修情况。库所 P*x*.u、P*x*.d 分别表示组件 x 正常工作与出现故障，变迁 t*x*.f、t*x*.r 用于描述组件 x 的失效与维修过程，其点火率分别记作 λ_x 与 μ_x（λ_x 与 μ_x 分别为工作站组件 x 的失效率与维修率）。工作站软件和硬件间的相互作用关系如下：①变迁 t1、t2 的布尔实施函数为(#(Pp.u)=0) ∪ (#(Pb.u)=0)。这是由于支路中电源的故障或总线的故障均会使运行着的芯片停机（并不是失效），当变迁 tp.r 或 tb.r 发生时，会在库所 Pc.u 中放入一个 token，这是由于当完成对电源或总线的维修后，伴随着电源或总线的重启，能运行的芯片应重新运行。②t3、t4 的布尔实施函数为#(Pp.u)=0，这是由于支路中电源的故障会使运行着的总线停机（并不是失效），当变迁 tp.r 发生时，会在库所 Pb.u 中放入一个 token，这是由于当完成对电源的维修后，伴随着电源的重启，能运行的总线应重新运行。

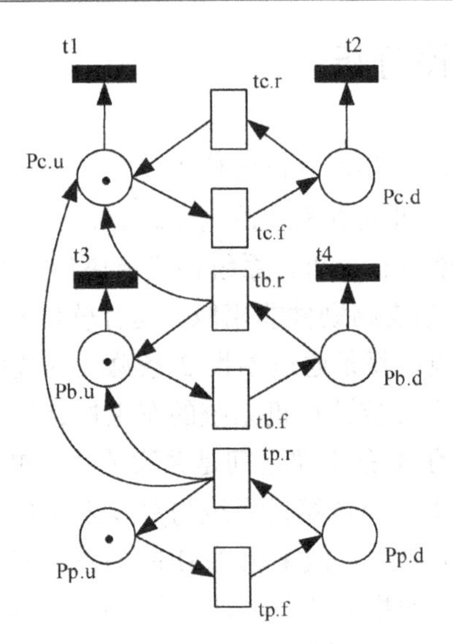

图 11.4　支路可靠性模型

图 11.4 所示支路可靠性模型的同构 CTMC 如图 11.5 所示。

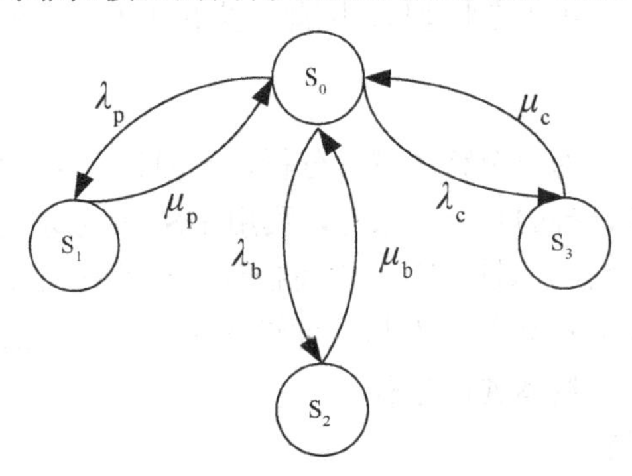

图 11.5　图 11.4 所示支路可靠性模型的同构 CTMC

图 11.5 中状态 S_0～S_3 所对应标识的 token 分布情况如表 11.1 所示。

表 11.1　图 11.5 中状态 S_0～S_3 所对应标识的 token 分布情况

标识	Pp.u	Pp.d	Pb.u	Pb.d	Pc.u	Pc.d
S_0	1	0	1	0	1	0
S_1	0	1	0	0	0	0
S_2	1	0	0	1	0	0
S_3	1	0	1	0	0	1

图 11.4 所示支路可靠性模型的同构 CTMC 中共有 4 个状态，由于当且仅当 #(Pc.u)=1 时支路处于正常工作状态，否则支路处于故障状态，因此正常工作状态为

1 个，故障状态为 3 个，即正常工作状态集合为 $\Omega_U=\{S_0\}$，故障状态集合为 $\Omega_D=\{S_1, S_2, S_3\}$。设 $\boldsymbol{\pi}$ 为稳态概率向量，$\boldsymbol{Q}$ 为状态转移矩阵，根据式（11.21）和式（11.22）可得状态转移矩阵 $\boldsymbol{Q}$ 为

$$\boldsymbol{Q}=\begin{pmatrix} -(\lambda_p+\lambda_b+\lambda_c) & \lambda_p & \lambda_b & \lambda_c \\ \mu_p & -\mu_p & 0 & 0 \\ \mu_b & 0 & -\mu_b & 0 \\ \mu_c & 0 & 0 & -\mu_c \end{pmatrix} \tag{11.23}$$

式（11.23）中，矩阵 $\boldsymbol{Q}$ 中的元素 $q_{i,j}$ 为状态 S_i 到状态 S_j 的转移率，当给定支路的失效与维修参数时，据式（11.8）可计算支路处于状态 S_i 的稳态概率 π_i（i=0,1,2,3），再根据式（11.13）与式（11.14）可得支路的等效失效率与等效维修率。

2）左（右）主控计算机系统可靠性模型

当求解出一条支路的等效转移率后，根据支路的并联工作方式及并联数目的不同可构建左（右）主控计算机系统可靠性模型，如图 11.6 所示。

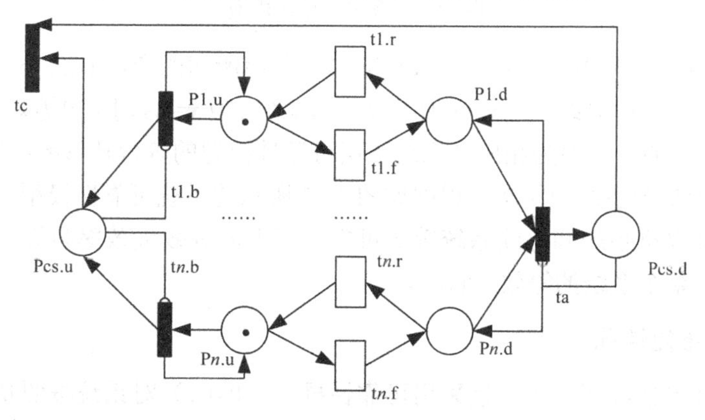

图 11.6 左（右）主控计算机系统可靠性模型

图 11.6 中，库所 Pcs.u、Pcs.d 分别表示左（右）主控计算机系统正常工作和出现故障，库所 Pi.u（i=1,2,⋯,n，此处 n=3）与库所 Pi.d 分别表示左（右）主控计算机系统的第 i 条支路的状态，变迁 ti.f、ti.r 用于描述第 i 条支路的失效与维修过程，其点火率为单条支路的等效失效率 λ_{eq_cs} 与等效维修率 μ_{eq_cs}，限于篇幅，这里不再列出左（右）主控计算机系统可靠性模型的求解过程。

3）主飞控计算机系统可靠性模型

在求解出左（右）主控计算机系统的等效转移率后，根据并联工作方式及并联数目的不同可建立总的主飞控计算机系统可靠性模型，过程与上一步类似，此处不再赘述。

4）系统可靠性模型

在求解出主飞控计算机系统可靠性模型的等效转移率后，由于该系统与外部总线之间采用串联方式连接，故可建立最终的系统可靠性模型，如图 11.7 所示。

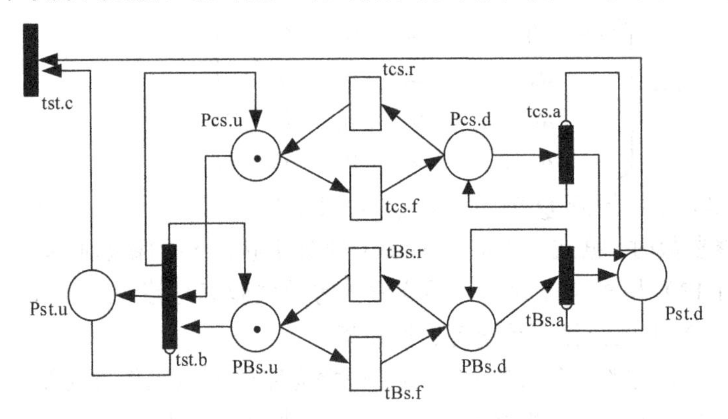

图 11.7　系统可靠性模型

图 11.7 中，库所 P*x*.u（*x*=cs,Bs,st）与 P*x*.d 及库所间的变迁 t*x*.f、t*x*.r 构成的子网分别为主飞控计算机系统（当 *x*=cs 时）和总线系统（当 *x*=Bs 时）的等效可靠性模型。其中，t*x*.f、t*x*.r 的点火率为相应子系统下层可靠性模型的等效转移率；库所 Pst.u 与 Pst.d 用于表示整个系统的状态。根据如图 11.7 所示的系统可靠性模型，利用求解的关于主飞控计算机系统和总线系统等效可靠性模型的等效失效率与等效维修率，同样可求解关于整个系统的等效转移率。

2. 不可修复情况

在不可修复情况下，可直接采用可靠性框图（RBD）对系统按照功能逻辑依赖关系进行建模，如图 11.8 所示。

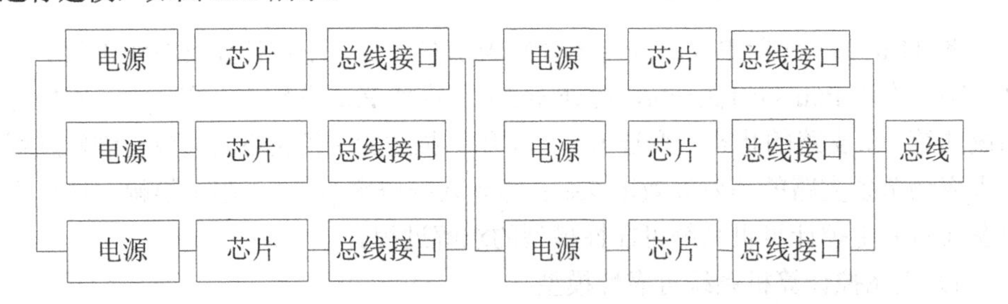

图 11.8　系统可靠性模型

图 11.8 是一种典型的混联系统。混联系统是指由串联系统和并联系统混合而成的系统。设图 11.8 中各并联系统的各单元可靠度分别为 $R_{ij}(t)$（$i=1,2,3$，$j=1,2,\cdots,6$）及 $R_{总线}$，则第一部分并联系统的可靠度为

$$R_1(t)=1-\prod_{i=1}^{3}\left[1-\prod_{j=1}^{3}R_{ij}(t)\right] \tag{11.24}$$

同理，第二部分并联系统的可靠度为

$$R_2(t)=1-\prod_{i=1}^{3}\left[1-\prod_{j=4}^{6}R_{ij}(t)\right] \tag{11.25}$$

由串联系统计算公式可得，混联系统的可靠度为

$$R(t)=\left\{1-\prod_{i=1}^{3}\left[1-\prod_{j=1}^{3}R_{ij}(t)\right]\right\}\left\{1-\prod_{i=1}^{3}\left[1-\prod_{j=4}^{6}R_{ij}(t)\right]\right\}R_{总线} \tag{11.26}$$

有了系统的可靠度，可以依此计算系统的其他可靠性特征量。

11.3 基于 Markov 过程的系统可靠性分析

11.2 节中利用 HSRN 建立了飞控计算机系统稳态时的可靠性指标，但对于与时间相关的可靠性指标则未加考虑。由于软硬件综合故障对系统的瞬时可靠性指标也可能造成影响，因此需要通过建立相应的可靠性模型对系统的瞬时可靠性进行分析。本节针对与时间相关的瞬时可靠性指标，利用 Markov 过程建立航电系统中常见的双机热备系统可靠性模型。双机热备系统可靠性模型考虑故障检测及共因失效对系统的影响，研究失效率、维修率、故障检测率、共因失效因子与系统状态概率的关系。

Markov 过程适用于分析具有多种失效模式的系统可靠性，有利于分析动态问题，是随机过程的常用表示方法。其显著特点是具有无后效性，即随机变量在 t_n 时的概率与在 t_{n-1} 时取值有关，而与 t_{n-1} 以前时刻的概率值无关。此外，Markov 过程还要求各单元的寿命分布和修复时间分布为指数分布。应用 Markov 过程可以得到系统工作状态概率值、故障状态概率值等。

设$\{X(t), t\geqslant 0\}$是取值在 $E=\{0, 1,\cdots\}$上的一个随机过程，若对任意自然数 n 及任意时刻 $0\leqslant t_1<t_2<\cdots<t_n$，均有

$$p\{X(t_n)=i_n \mid X(t_1)=i_1,X(t_2)=i_2,\cdots,X(t_{n-1})=i_{n-1}\}=P\{X(t_n)=i_n \mid X(t_{n-1})=i_{n-1}\},\ i_1,i_2,\cdots,i_n\in E \tag{11.27}$$

则称$\{X(t), t\geqslant 0\}$为离散状态空间 E 上的连续时间 Markov 过程，即在某一时刻，由一种状态转移到另一种状态的转移概率只与当前所处状态有关，而与该时刻以前所处状态无关。在使用 Markov 过程分析系统可靠性时，常用步骤如下：首先，定义系统状态，确定系统的正常工作状态空间及故障状态空间，并根据系统单元的工作、故障等过程给出系统的状态转移图；其次，定义 Markov 链 $X(t)$，并写出 Markov 矩阵

$\boldsymbol{P}(\Delta t)$（称为微系数矩阵），由微系数矩阵可以写出系统状态转移方程；最后，根据矩阵 $\boldsymbol{P}(\Delta t)$对应的矩阵 $\boldsymbol{P}$ 及系统初始状态 $\boldsymbol{P}(0)$，利用拉氏变换与拉氏反变换可对状态转移方程求解，得到系统可靠性指标。

11.3.1 双机热备系统分析

为保证系统的高可靠性，通常需要对关键设备建立冗余。一般为了权衡经济性和可靠性，双机冗余是常见的冗余方案。双机热备是双机冗余中的一种。双机热备系统由两个完全相同且相互独立的单元组成。每个单元都能独立完成规定的功能。在正常工作时，两个单元都加电工作，但只有主单元的输出能控制被控对象，备用单元的输出无效。主单元与备用单元的故障率相同。每个单元都具有故障检测和诊断功能。当主单元检测到自身出现故障后，维修人员对主单元进行维修，同时系统将切换到备用单元继续工作，直至备用单元故障导致系统失效。当备用单元检测到自身出现故障后，维修人员对备用单元进行维修，同时系统将其隔离，由主单元继续工作，直至主单元故障导致系统失效。

本节将建立双机热备系统可靠性模型，考虑故障检测覆盖率和共因失效等因素对系统的影响。针对单元的故障检测功能，单元的失效模式分为可测失效与不可测失效两种，失效率分别记为 λ_{d} 、λ_{u} ，设元件失效率为 λ，故障检测率为 c，有 $\lambda_{\mathrm{d}}=c\lambda$ 、$\lambda_{\mathrm{u}}=(1-c)\lambda$ 。进一步考虑共因失效的影响，设共因失效因子为 β，根据 β 模型将元件的失效率划分为如下 4 类。

（1）可测常规失效率：

$$\lambda_{\mathrm{dn}}=(1-\beta)\lambda_{\mathrm{d}}=c(1-\beta)\lambda \tag{11.28}$$

（2）可测共因失效率：

$$\lambda_{\mathrm{dc}}=\beta\lambda_{\mathrm{d}}=c\beta\lambda \tag{11.29}$$

（3）不可测常规失效率：

$$\lambda_{\mathrm{un}}=(1-\beta)\lambda_{\mathrm{u}}=(1-c)(1-\beta)\lambda \tag{11.30}$$

（4）不可测共因失效率：

$$\lambda_{\mathrm{uc}}=\beta\lambda_{\mathrm{u}}=(1-c)\beta\lambda \tag{11.31}$$

11.3.2 双机热备系统可靠性模型

为了应用 Markov 过程建立可维修双机热备系统可靠性模型并方便讨论，做出如下假设。

第一，系统和元件只能取正常或故障两种状态，切换开关完全可靠，当系统或元件故障时，只有一组维修人员进行维修。

第二，元件的故障率 λ 和修复率 μ 均为常数，即状态转移服从指数分布。在 Δt 时间内，发生故障的概率为 $\lambda\Delta t$，维修成功的概率为 $\mu\Delta t$，且假设状态转移发生在相当小的区间内，不会发生两个及两个以上的状态转移。

第三，元件的故障检测率为 c，共因失效因子为 β，并且根据主单元与备用单元为正常或失效状态，定义双机热备系统的 4 种状态如下。

状态 0：主单元与备用单元都正常工作，系统正常工作。

状态 1：主单元或备用单元发生可测常规失效，系统降级工作。

状态 2：备用单元发生不可测常规失效，系统降级工作（此状态与状态 1 都为降级工作状态，但由于备用单元发生不可测常规失效时维修人员不能对其进行维修，因此把它设为一种单独的状态）。

状态 3：主单元与备用单元都失效，系统失效。

当双机热备系统发生不同类型的失效或进行维修时，系统在状态 0 到状态 3 之间转移，可维修双机热备系统状态转移图如图 11.9 所示。

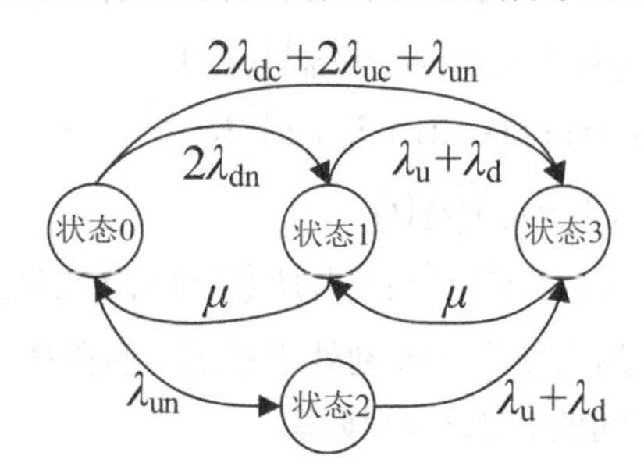

图 11.9　可维修双机热备系统状态转移图

对图 11.9 的说明如下。

（1）状态 0→状态 1。

主单元或备用单元发生可测常规失效，失效单元被隔离，由剩余单元继续工作，系统处于状态 1。

（2）状态 0→状态 2。

备用单元发生不可测常规失效，主单元继续工作，系统处于状态 2。

（3）状态 0→状态 3。

当主单元和备用单元发生可测共因失效或不可测共因失效时，两个单元都失效，系统处于状态 3；当主单元出现不可测常规失效时，系统也处于状态 3。

（4）状态 1→状态 3。

当系统处于状态 1 时，只有一个单元工作，若剩余工作单元出现可测常规失效、不可测常规失效，则系统处于状态 3。

（5）状态 2→状态 3。

当系统处于状态 2 时，只有主单元工作，若主单元出现可测常规失效、不可测常规失效，则系统处于状态 3。

（6）状态 1→状态 0。

当系统处于状态 1 时，由维修人员对故障单元进行维修，故障单元在修复成功后重新开始工作，系统回到状态 0。

（7）状态 3→状态 1。

当系统处于状态 3 时，由于只有一组维修人员，因此维修人员对主单元进行维修，主单元在修复成功后重新开始工作，备用单元仍处于故障状态，系统回到状态 1。

11.3.3 双机热备系统可靠性分析

根据图 11.9，利用全概率公式可以得到系统的状态转移方程，即

$$\begin{cases} P_0(t+\Delta t)=\mu P_1(t)+\left[1-2\left(\lambda_{\text{dc}}+\lambda_{\text{uc}}+\lambda_{\text{un}}+\lambda_{\text{dn}}\right)\right]P_0(t) \\ P_1(t+\Delta t)=2\lambda_{\text{dn}}P_0(t)+\mu P_3(t)+\left[1-\left(\lambda_{\text{d}}+\lambda_{\text{u}}+\mu\right)\right]P_1(t) \\ P_2(t+\Delta t)=\lambda_{\text{un}}P_0(t)+\left[1-\left(\lambda_{\text{d}}+\lambda_{\text{u}}\right)\right]P_2(t) \\ P_3(t+\Delta t)=\left(2\lambda_{\text{dc}}+2\lambda_{\text{uc}}+\lambda_{\text{un}}\right)P_0(t)+\left(\lambda_{\text{d}}+\lambda_{\text{u}}\right)P_1(t)+\left(\lambda_{\text{d}}+\lambda_{\text{u}}\right)P_2(t)+\left(1-\mu\right)P_3(t) \end{cases} \tag{11.32}$$

式中，$P_i(t)$（$i=0, 1, 2, 3$）为系统在 t 时刻处于状态 i 的概率；$P_i(t+\Delta t)$（$i=0, 1, 2, 3$）为系统在 t 时刻经过 Δt 时间的状态转移概率。

运用微分公式，即

$$\lim_{\Delta t\to 0}\frac{P(t+\Delta t)-P(t)}{\Delta t}=P'(t) \tag{11.33}$$

求极限后，式（11.32）可化简为

$$\begin{cases} P_0'(t)=-2\lambda P_0(t)+\mu P_1(t) \\ P_1'(t)=2(1-\beta)c\lambda P_0(t)+\mu P_3(t)-(\lambda+\mu)P_1(t) \\ P_2'(t)=(1-\beta)(1-c)\lambda P_0(t)-\lambda P_2(t) \\ P_3'(t)=(1+\beta-c+\beta c)\lambda P_0(t)+\lambda P_1(t)+\lambda P_2(t)-\mu P_3(t) \end{cases} \tag{11.34}$$

对式（11.34）进行 Laplace 变换，得

$$\begin{cases} sP_0(s)-P_0(0)=-2\lambda P_0(s)+\mu P_1(s) \\ sP_1(s)-P_1(0)=2(1-\beta)c\lambda P_0(s)+\mu P_3(s)-(\lambda+\mu)P_1(s) \\ sP_2(s)-P_2(0)=(1-\beta)(1-c)\lambda P_0(s)-\lambda P_2(s) \\ sP_3(s)-P_3(0)=(1+\beta-c+\beta c)\lambda P_0(s)+\lambda P_1(s)+\lambda P_2(s)-\mu P_3(s) \end{cases} \tag{11.35}$$

初始时刻，主单元、备用单元都正常工作，系统处于状态 0，则系统的初始状态概率向量为

$$\begin{aligned} \boldsymbol{P}(0) &= \begin{bmatrix} P_0(0) & P_1(0) & P_2(0) & P_3(0) \end{bmatrix} \\ &= \begin{bmatrix} 1 & 0 & 0 & 0 \end{bmatrix} \end{aligned} \tag{11.36}$$

将式（11.36）代入式（11.35），并利用 MATLAB 对其求解得到 $P(s)$，最后利用 MATLAB 中的 ilaplace 函数对 $P(s)$进行 Laplace 反变换，可求得 t 时刻系统处于各状态的概率 $P_i(t)$。

11.4 基于飞行剖面的任务可靠性模型

作战飞机为复杂装备系统，其任务可靠性受作战条件的影响较大，其中作战条件包括作战环境条件和作战模式。在不同的作战条件下，作战飞机的任务可靠性会表现出不同的水平。因此，在对作战飞机任务可靠性进行评估时需要考虑作战条件的差异对任务可靠性的影响。此外，一般情况下收集到的作战飞机可靠性数据为其在一定日历时间内执行多个飞行剖面后累计产生的故障数据。传统的作战飞机任务可靠性评估方法未考虑飞机在不同飞行剖面下所表现出来的差异，会使评估结果产生较大的偏差。为了较好地评估作战飞机在飞行训练、作战演习乃至实战条件下的任务可靠性水平，本节针对作战飞机故障数据的特点，综合考虑复杂系统综合故障，分析作战飞机不同飞行剖面对其任务可靠性的影响，在此基础上建立作战飞机任务可靠性模型，并进一步给出作战飞机在不同飞行剖面下的任务可靠性评估方法。

11.4.1 飞行剖面定义

飞行剖面是指为完成某一特定飞行任务而绘制的飞机航迹图形，是飞机战术技术要求的组成部分和重要设计依据，也是形象地表达飞行任务的一种形式。与一般飞机装备不同，根据任务的需要，作战飞机的飞行剖面主要分为截击、空中优势、空中封锁、战斗巡逻、战斗侦察等十几种。飞行剖面以起飞基地为原点，由若干任务阶段组成，包括滑行、起飞、爬升、巡航、待机、机动、空—空、空—地、巡航、下滑、着陆和着陆滑行等。在每个任务阶段，一般都标明飞行速度、高度、飞行时

间等。如图 11.10 所示，作战飞机常用的飞行剖面包含上述全部或部分任务阶段。

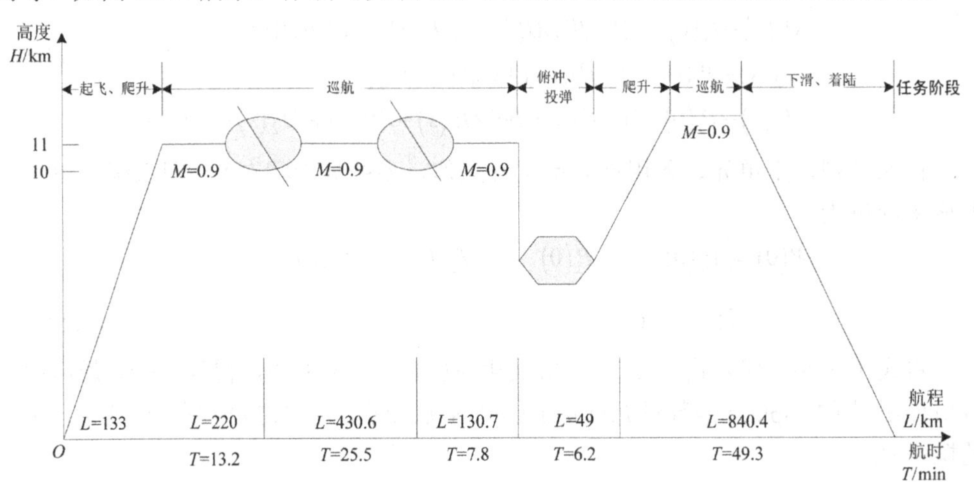

图 11.10 作战飞机典型飞行剖面示意图

11.4.2 飞行剖面折合系数

在不同飞行剖面下，作战飞机承受的载荷条件存在较大差异。从飞行参数的角度考虑，该差异主要体现在飞行高度、速度和加速度 3 个方面。这 3 个方面的参数对飞机任务可靠性的影响又表现为气压、振动和过载 3 个因素。飞机的非密舱内设备的气压环境主要取决于飞行高度。在飞行剖面中，气压低于标准大气压，低气压会引起物理/化学效应、热效应和电效应等。这些效应会导致机载设备故障，从而影响任务可靠性。振动是影响作战飞机任务可靠性的另一个重要因素，主要由动压引起。动压由飞行高度和速度决定。过载主要由飞行加速度引起，对飞机任务可靠性影响较大，对大部分机载设备都有较大影响。由此可见，作战条件的差异会导致在不同飞行剖面下作战飞机的可靠性水平不一致。为了综合利用不同飞行剖面下的飞机故障数据，可参照环境折合系数的概念，定义飞行剖面折合系数，并据此对作战飞机在不同飞行剖面下的故障数据进行等效折合。设产品在环境条件 I 和 II 下的可靠度函数分别为 $R_1(t)$和 $R_2(t)$，并且分布类型相同。以可靠度不变为准则可知，折合系数 k 满足：

$$k=\frac{t_2}{t_1} \tag{11.37}$$

$$\text{s.t. } R_1(t_1)=R_2(t_2)$$

即产品在环境条件 I 下的寿命 t_1 相当于在环境条件 II 下的寿命 kt_1。对于作战飞机这类复杂可修复系统，假设其故障间隔时间在不同飞行剖面下均服从指数分布，选择作战飞机最常用的飞行剖面作为基准剖面。设在基准剖面 x_0 下的故障率为 λ_0，可靠度函数为 $R_0(t_0)=\mathrm{e}^{-\lambda_0 t_0}$，在飞行剖面 x_i 下的故障率为 λ_i，可靠度函数为 $R_i(t_i)=\mathrm{e}^{-\lambda_i t_i}$。基于上述假设，由式（11.37）可得飞行剖面 x_i 对基准剖面 x_0 的折合系数 k_i：

$$k_i=\frac{\lambda_i}{\lambda_0} \tag{11.38}$$

11.4.3 可靠性模型

作战飞机的飞行剖面类型虽然较多，但是在有些飞行剖面下作战条件差异较小。为了便于工程应用，对其进行分类，分类原则如下。

第一，在同一类型的飞行剖面下，任务内容基本相同。

第二，在同一类型的飞行剖面下，飞行高度、速度、过载情况及次序基本相近。

第三，在同一类型的飞行剖面下，任务的一次飞行时间基本相近。

按照以上原则，将作战飞机的飞行剖面分为 n 类，记为 $\boldsymbol{X}=(x_1, x_2, \cdots, x_n)^{\mathrm{T}}$。与常用的故障数据不同，作战飞机的故障数据为其在给定日历时间内执行多个飞行剖面后累计产生的故障数据。假设在日历时间 t_s 内，有 m 架飞机执行了多次不同的飞行任务，记第 j 架飞机在飞行剖面 $\boldsymbol{X}=(x_1, x_2, \cdots, x_n)^{\mathrm{T}}$ 下的飞行时间为 $\boldsymbol{T}_j=(t_{j1}, t_{j2}, \cdots, t_{jn})^{\mathrm{T}}$（如果在飞行剖面 x_i 下没有飞行，则记 $t_{ji}=0$；如果在飞行剖面 x_i 下飞行多次，则 t_{ji} 为多次飞行时间的总和），故障数为 f_j，则作战飞机的故障数据信息可表示为

$$(T_j, f_j, \boldsymbol{X}),\ j=1, 2, \cdots, m \tag{11.39}$$

把其他剖面下的飞行时间折合到基准剖面下，则有

$$\sum_{i=1}^{n} k_i t_{ji}\lambda_0=f_j+\varepsilon_j,\ j=1, 2, \cdots, m \tag{11.40}$$

式中，ε_j 是均值为 0 的随机变量；λ_0 通常是未知的。把式（11.39）代入式（11.40）可得

$$\sum_{i=1}^{n} \lambda_i t_{ji}=f_j+\varepsilon_j,\ j=1, 2, \cdots, m \tag{11.41}$$

由式（11.41）可知，可靠性模型与基准故障率 λ_0 无关。记 $\boldsymbol{B}=(T_1, T_2, \cdots, T_m)^{\mathrm{T}}$，$\boldsymbol{F}=(f_1, f_2, \cdots, f_m)^{\mathrm{T}}$，$\boldsymbol{\lambda}=(\lambda_1,\lambda_2,\cdots,\lambda_n)^{\mathrm{T}}$，$\boldsymbol{\varepsilon}=(\varepsilon_1,\varepsilon_2,\cdots,\varepsilon_m)^{\mathrm{T}}$，则式（11.41）可以表示为如下矩阵形式：

$$\boldsymbol{B\lambda}=\boldsymbol{F}+\boldsymbol{\varepsilon} \tag{11.42}$$

对作战飞机而言，除飞行剖面以外，地面停放环境也会导致机载设备故障。实

际收集到的故障数据为作战飞机在一定日历时间内的累计故障数据，必然包括执行飞行任务和地面停放期间导致的故障。因此，在利用该故障数据进行可靠性建模时，应考虑地面停放对作战飞机可靠性的影响，为便于建模，可将地面停放阶段处理为特定飞行剖面。记第 j 架飞机的累计地面停放时间为 z_j，把地面停放时间和其他飞行剖面下的飞行时间折合到基准剖面下，有

$$\sum_{i=1}^{n} k_i t_{ji}\lambda_0 + k_e z_j \lambda_0 = f_j + \varepsilon_j \text{，} j=1, 2, \cdots, m \tag{11.43}$$

记飞机在地面停放时的故障率为 λ_e，则 $\lambda_e = k_e\lambda_0$，式（11.43）变为

$$\sum_{i=1}^{n} t_{ji}\lambda_i + z_j\lambda_e = f_j + \varepsilon_j \text{，} j=1, 2, \cdots, m \tag{11.44}$$

记 $\boldsymbol{Z} = (z_1, z_2, \cdots, z_m)^{\mathrm{T}}$，则式（11.44）可表示为如下矩阵形式：

$$\boldsymbol{B\lambda} + \boldsymbol{Z}\lambda_e = \boldsymbol{F} + \boldsymbol{\varepsilon} \tag{11.45}$$

令 $\lambda_{n+1} = \lambda_e$，$\boldsymbol{H} = (\boldsymbol{B}, \boldsymbol{Z})$，式（11.42）和式（11.45）可统一表示为

$$\boldsymbol{H\lambda} = \boldsymbol{F} + \boldsymbol{\varepsilon} \tag{11.46}$$

11.4.4 作战飞机任务可靠性评估

假如已知 m 架飞机的飞行时间和故障数据，即已知 $\boldsymbol{H}$ 和 $\boldsymbol{F}$，当故障数据中飞机的架数 m 大于飞行剖面个数 n 时，根据 Gauss-Markov 定理可得折合系数的估计为

$$\hat{\lambda} = (\boldsymbol{H}^{\mathrm{T}}\boldsymbol{H})^{-1}\boldsymbol{H}^{\mathrm{T}}\boldsymbol{F} \tag{11.47}$$

假设 $\boldsymbol{\varepsilon}$ 服从正态分布，则有 $\hat{\lambda} \sim N(\lambda, \hat{\sigma}^2(\boldsymbol{H}^{\mathrm{T}}\boldsymbol{H})^{-1})$，其中 $\hat{\sigma}^2 = \dfrac{\left\|\boldsymbol{F} - \boldsymbol{H}\hat{\lambda}\right\|^2}{(m-n)}$ 为 σ^2 的无偏估计，$\left\|\boldsymbol{F} - \boldsymbol{H}\hat{\lambda}\right\|^2 = \sum_{j=1}^{m}\left(\sum_{i=1}^{n}\hat{\lambda}_i t_{ji} - f_j\right)^2$。给定置信水平 $1-\alpha$，可得 λ_i 的置信区间为 $\left[\hat{\lambda}_i - z_{1-\alpha/2}\hat{\sigma}\sqrt{c_i}, \hat{\lambda}_i + z_{1-\alpha/2}\hat{\sigma}\sqrt{c_i}\right]$，其中 c_i 为 $(\boldsymbol{H}^{\mathrm{T}}\boldsymbol{H})^{-1}$ 的第 i 个对角元素，$z_{1-\alpha/2}$ 为标准正态分布的 $1-\alpha/2$ 分位点。

给定任务时间 t，由此可得作战飞机在飞行剖面 x_i 下的可靠度估计为

$$R(t \mid x_i) = \exp(-t\hat{\lambda}_i) \tag{11.48}$$

给定置信水平 $1-\alpha$ 和任务时间 t，可得作战飞机在飞行剖面 x_i 下的可靠度置信下限为

$$R_{\mathrm{L}}(t \mid x_i) = \exp\left[-t\left(\hat{\lambda}_i + z_\alpha\hat{\sigma}\sqrt{c_i}\right)\right] \tag{11.49}$$

11.4.5 考虑内场故障数据的任务可靠性评估

第 12 章将对一类软硬件综合故障进行介绍。这类通过内场试验发现的故障将对系统的任务可靠性水平产生影响。因此，在进行系统任务可靠性评估时也要考虑这类故障。由于内场试验先于外场飞行，因此更为真实的任务可靠度可视作以内场数据为先验信息的无故障外场飞行的条件概率值。

设$\{B_1, B_2,\cdots, B_n\}$为样本空间 S 的一个划分，即

$$S = B_1 \cup B_2 \cup \cdots \cup B_n \tag{11.50}$$

对任何事件 A 有

$$A = AS = AB_1 \cup AB_2 \cup \cdots \cup AB_n \tag{11.51}$$

于是有

$$\begin{aligned} P(A) &= P(AB_1 \cup AB_2 \cup \cdots \cup AB_n) \\ &= P(AB_1) + P(AB_2) + \cdots + P(AB_n) \\ &= P(A|B_1)P(B_1) + P(A|B_2)P(B_2) + \cdots + P(A|B_n)P(B_n) \end{aligned} \tag{11.52}$$

此即全概率公式：

$$P(A) = \sum_{i=1}^{n} P(A|B_i)P(B_i) \tag{11.53}$$

在本书中，样本空间 S 的划分为$\{B_1,B_2\}$，其中 B_1 表示内场试验发生故障，B_2 表示内场试验不发生故障，令 A 表示外场无故障飞行，$P(A) = r_2$，$P(B_1) = r_1$，$P(B_2) = 1-P(B_1) = 1-r_1$，且 $P(A|B_1) + P(A|B_2) = 1$，则有

$$\begin{cases} P(A) = P(B_1) \times P(A|B_1) + P(B_2) \times P(A|B_2) \\ P(A|B_1) + P(A|B_2) = 1 \end{cases} \tag{11.54}$$

解该二元方程组可得

$$\begin{cases} P(A|\mathrm{B}_1) = \dfrac{1-r_2-r_1}{1-2r_1} \\ P(A|\mathrm{B}_2) = \dfrac{r_2-r_1}{1-2r_1} \end{cases} \tag{11.55}$$

此即在内场发生故障及不发生故障的前提下对系统任务可靠性的评估值。

参考文献

[1] 高社生，张玲霞. 可靠性理论与工程应用[M]. 北京：国防工业出版社，2002.

[2] 于敏. 地铁综合监控系统可靠性分析方法研究[D]. 成都：西南交通大学，2010.

[3] CIARDO G，MUPPALA J，TRIVEDI K S. SPNP: stochastic Petri net package[C]. Proceedings of the 3rd International Workshop on Petri Nets and Performance Models，1989：55-60.

[4] TOMEK L，TRIVEDI K S. Analyses using stochastic reward nets [M]. New York：John Wiley & Sons，1995.

[5] GIANFRANCO C，TRIVEDI K S. A Decomposition Approach for Stochastic Reward Net Models[J]. Performance Evaluation，1993，18（1）：37-59.

[6] 马秋瑜. 无人机飞控系统实时余度软件设计[D]. 西安：西北工业大学，2007.

[7] 唐志勇，王占林，裘丽华. 任务管理式冗余飞控系统的可靠性分析[J]. 系统仿真学报，2002，14（11）：1544-1547.

[8] ELERATH J G，PECHT M. A Highly Accurate Method for Assessing Reliability of Redundant Arrays of Inexpensive Disks (RAID)[J]. IEEE Transactions on Computers，2009，58（3）：289-299 .

[9] 刘震宇，马小兵，洪东跑，等. 基于飞行剖面的作战飞机任务可靠性评估方法[J]. 北京航空航天大学学报，2012，38（1）：59-63.

[10] MIL-STD-810F:Test method standard for environmental engineering considerations and laboratory tests [S].

[11] SHI Q，TIAN J，MAN Q. Damage effect analysis and experiment for electronic equipment in impact vibration environment [J]. Journal of Systems Engineering and Electronics，2009，20（6）：1384-1388.

[12] ELSAYED E A，WANG H Z. Bayes & classical estimation of environmental factors for the binomial distribution [J]. IEEE Transactions on Reliability，1996，45（4）：661-665.

[13] 洪东跑，马小兵，赵宇，等. 基于比例风险模型的环境折合系数确定方法[J]. 北京航空航天大学学报，2010，36（4）：443-446.

[14] 刘文珽. 结构可靠性设计手册[M]. 北京：国防工业出版社，2008：493-501.

[15] 姚一平，李沛琼. 可靠性及余度技术[M]. 北京：航空工业出版社，1991：185.

第 12 章

软硬件综合系统安全性分析

软硬件综合系统中的软件没有硬件所具有的物理和化学属性，因此对人类和社会没有直接威胁，不会造成直接的损害。但是当软件用于过程监测和实时控制时，如果软件中存在缺陷，那么这些缺陷有可能通过软硬件接口使硬件发生误动或失效，造成严重的安全事故。软硬件综合系统中绝大多数涉及安全问题的错误都源于系统设计。对系统实际工作情况缺乏了解，对系统工况做出错误假设及含混的需求说明，是产生错误的重要原因。因此，提高系统安全性的关键是制定专门的安全性设计需求说明，以及研究消除设计错误的方法，常用的避错、查错和容错设计技术也适用于安全性设计。由于许多隐蔽性强或非多发性的错误很难被设计人员和测试人员察觉，仅依靠设计技术的改进仍然不足以解决安全性问题，因此需要一套严格的安全性分析程序和安全性分析方法，以预防安全事故发生或在发生安全性事故时降低危害程度，软硬件综合系统安全性工作的意义和价值正在于此。

12.1 软件系统安全性分析

12.1.1 软件系统的安全性工作

尽管本书是从软硬件综合系统的视角来分析系统安全性的，但是侧重点在软件，因此下面首先对软件系统的安全性工作进行介绍。

美国军用标准 MIL-STD-882B 将软件系统的安全性工作总结为如下九项。

第一，确定系统及系统中软件的安全性要求。

第二，将系统安全性说明中的要求准确地转化为系统或分系统说明的要求、软件需求规格说明的要求，并将这些要求在软件设计及编码中实现。

第三，在系统、分系统说明及软件需求规格说明中确定发生安全事故时的系统对策，包括失效安全、失效降级使用、失效容错使用等。

第四，确定软件安全关键单元，软件安全关键单元是指那些对软件系统安全性有关键性影响的程序、分程序和模块。

第五，对软件安全关键单元进行分析。

第六，通过分析、验证确保软件系统安全性要求的实现，验证不存在有损安全的单个或多个失效事件，保证软件系统的安全性要求不致引起新的危险。

第七，确保编制出的程序不会因为触发危险功能或阻碍正常功能的执行而使软件系统处于危险状态。

第八，保证系统中的软件能有效地降低硬件的安全风险。

第九，保证对软件系统进行充分的安全性测试。

12.1.2 软件系统安全性分析项目

软件系统安全性分析是整个系统安全性分析的组成部分。按照美国军用标准MIL-STD-882B的规定，系统安全性分析项目包括制定初步危险表、初步危险分析、分系统危险分析、系统危险分析、使用保障危险分析、职业健康危险分析和工程更改建议的安全性评审等。软件安全性分析包括以下七个项目。

1. 软件需求危险分析

软件需求危险分析是利用系统初步危险分析的结果，初步确定软件安全关键单元。这个项目的要点如下。

（1）建立软件安全性需求的跟踪系统，记录每个需求的实现情况。

（2）从安全性的角度评审系统说明和分系统说明、软件需求规格说明、接口文档，以及其他有关系统方案和要求的文件。

（3）将系统安全性要求分配到软件。

（4）由系统的初步危险表导出软件的危险表。

（5）分析功能流程图、编程语言、数据流图、存储和时序分配图表及其他的程序文档，以确保满足安全性要求。

2. 概要设计危险分析

概要设计危险分析在软件需求规格说明评审后进行，是软件需求危险分析的深入和继续。分析结果提交给初步设计评审人员，作为初步设计评审的内容。这个项目的要点如下。

（1）从软件的危险表出发。分析其中的危险事件与软件的组成单元的关系，将与这些危险事件有关的软件单元确定为软件安全关键单元。

（2）检查软件。确定软件的各个单元、模块、表、变量之间是否相关，确定其相关的程度，对软件安全关键单元有直接或间接影响的其他单元，也要确定为软件安全关键单元，并且分析它们对安全性的影响。

（3）分析软件安全关键单元的概要设计是否符合安全性要求，分析结果应送交软件设计人员和项目主管。

3. 详细设计危险分析

详细设计危险分析在初步设计评审之后进行，是概要设计危险分析的深入和继续。详细设计危险分析应在软件编码前完成，分析结果提交给关键设计评审人员，作为关键设计评审的内容。这个项目的要点如下。

（1）根据软件需求危险分析、概要设计危险分析确定的危险事件，分析这些事件与低结构层次软件单元的关系，将对危险事件有影响的单元确定为软件安全关键单元，分析这些单元对危险事件产生影响的方式和途径。

（2）在低结构层次上考察软件的各个单元、模块、表、变量之间的相关程度，将直接或间接影响软件安全关键单元的其他单元也确定为软件安全关键单元，分析它们对安全性的影响。

（3）分析软件安全关键单元的详细设计是否符合安全性设计的要求，分析结果应送交软件设计人员和项目主管。

（4）确定在测试计划、说明和规程中需要包含的安全性要求。

（5）确定在系统操作员手册、软件用户手册、系统诊断手册及其他手册中需要包含的安全性要求。

（6）确保编程人员了解软件安全关键单元，向编程人员提供有关安全性的编程建议和要求。

4. 软件编程危险分析

软件编程危险分析用来考察软件安全关键单元及其他单元的源程序和目标程序是否实现了安全性设计的要求，这项工作应与编程同时进行，应该按照安全性设计的要求不断地修改程序，一直持续到测试完成，分析中需要确定危险事件发生的可能性降低的程度，分析人员还应参加程序的走查和评审工作。这个项目的要点如下。

（1）考察软件安全关键单元的正确性，考察它们对输入或输出时序、多重事件、错误事件、失序事件、恶劣环境、死锁及输入数据错误的反应和敏感性。

（2）考察程序、模块或单元中是否存在影响安全性的编程错误。

（3）考察软件安全关键单元是否符合系统说明、分系统说明和软件需求规格说明中提出的安全性要求，这种考察必须在源程序和目标程序中进行。

（4）考察软件安全关键单元安全性设计要求的实现情况，确保达到所要求的目标，确保硬件和其他模块的失效不致影响软件的安全性。

（5）使系统在危险状态下运行，考察硬件或软件失效、单个或多重事件、失序事件、程序的非正常转移对安全性的影响。

（6）考察超界、过载输入对安全性的影响。

（7）评审正在制定的软件文档，确保这些文档中包含软件的安全性要求。

5. 软件安全性测试

软件安全性测试项目的要点如下。

（1）对软件安全关键单元进行安全性测试，保证危险事件发生的可能性降低到可接受的水平。

（2）向测试人员提供软件安全关键单元的安全性测试案例。

（3）确保所有软件安全关键单元按预定测试方案进行安全性测试，准确记录测试结果。

（4）除在正常状态下进行测试以外，还要在异常环境和异常输入状态下测试软件，确保软件在这些状态下仍能安全运行。

（5）进行软件强度测试，确保软件能安全运行。

（6）确保外购软件能安全运行。

（7）订购方所提供的软件，不管是否进行了修改，都需要进行测试，以保证这些软件能在系统中安全运行。

（8）确保在系统综合测试和系统验收测试中所发现的危险事件已经得到纠正，确保对这些事件进行了重新测试，没有遗留问题。

6. 软件与用户接口危险分析

软件与用户接口危险分析项目的要点如下。

（1）提供检测危险征兆或潜在危险状态的方法，预防安全事故的发生。

（2）控制危险事件，使其只有在特殊情况和操作员特定命令下才可能发生。

（3）向操作员、用户和其他人员提供报警功能，指示可能出现或正在出现的潜在危险。

（4）当危险事件发生后，确保系统能够生存。

（5）当预防和控制危险的规程失败后或危险事件发生时，能提供控制损害程度的规程和恢复到安全状态的规程。

（6）提供在严重危险状态下使系统生存和恢复功能的规程。

（7）具有安全终止某个事件和安全终止程序运行的能力。

（8）具有向操作员提供系统或软件失效报警的功能。

（9）具有向操作员提供安全性决策所需信息的功能，确保危险数据能够明确显示。

7. 软件更改危险分析

软件更改危险分析用来考察和分析说明书、软件设计、源程序和目标程序的更改对安全性的影响。这个项目的要点如下。

（1）分析系统、分系统接口、逻辑和其他设计的更改对安全性的影响，确保这些更改不会产生新的危险，不会触发已消除的危险，不会使现存危险变得更严重，不会对有关的设计和程序产生任何有害的影响。

（2）对更改进行测试，确保更改后的软件不包含危险事件。

（3）确保软件更改已在编程中准确实现。

（4）评审和修改有关文档，以反映这些更改。

（5）将执行软件更改危险分析的方法和程序纳入软件配置管理计划。

12.2 软件系统级 FMEA 知识本体构建

故障模式及影响分析（FMEA）是一种发现潜在故障的方法，主要目的是发现可能对系统功能或性能造成不良影响的潜在故障模式，并通过计算风险优先数（RPN）对其进行排序。当前 FMEA 的研究热点之一是知识的重用。FMEA 的效果极大地依赖于分析人员的经验及其对分析系统所属领域的熟悉程度。同时，故障模式极大地依赖于组件，在多次 FMEA 活动中可以被重用。本体是共享概念模型的明确、形式化的规范说明。近年来，采用本体方法对关键系统进行可靠性分析一直是一个热点。V. Ebrahimipour 采用本体方法以支持 FMEA 研究，其主要思想是应用本体使 FMEA 结果表格中的词汇形式化。Martin Molhanec 提出了一种基于本体的无铅锡焊 FMEA 方法。此外，本体方法的使用也能够在一定程度上克服传统 FMEA 方法基于文本描述的局限性，并且能提供查询及定位功能。

1979 年，Reifer 首次将 FMEA 方法引入软件分析。在众多软件可信属性中，安全性和可靠性对软件系统的质量尤为重要，因此软件故障模式及影响分析（SFMEA）作为一种重要的安全性和可靠性分析方法也日益受到人们的重视。SFMEA 由硬件 FMEA 发展而来，用于分析软件故障可能对软件系统造成的影响。在实施 FMEA 时，不论是对硬件还是对软件，基本过程都是类似的：首先，识别系统中已知或潜在的故障模式；然后，评估这些故障模式的影响；最后，提出修改措施和改进意见以减少或消除这些故障。软件系统级 FMEA 是一种自下而上的分析方法，通常在软件开发的需求分析和概要设计阶段开展。它的分析对象主要是体系结构层的构件、功能模块或子系统。由此可见，软件系统级 FMEA 的真正目的是在软件开发早期就对各种可能的故障进行预计及量化评估，若有必要，还应采取相应措施加以防止及避免。因此，可以认为软件系统级 FMEA 是一种质量管理工具，其实质是一个多目标决策（MODM）问题，这需要一个合理的评估方法和结构。

12.2.1 软件系统级 FMEA 过程模型

本节首先给出基于知识本体的软件系统级 FMEA 过程模型，如图 12.1 所示。该模型包括分析了解目标软件、构建软件系统级 FMEA 知识本体、确定系统功能并划分模块、软件系统级故障模式分析、软件系统级故障原因分析、软件系统级故障影响分析、软件危害性分析、提出改进措施、形成软件系统级 FMEA 报告、更新软件故障模式库。这一模型在传统模型的基础上增加了构建软件系统级 FMEA 知识本体这一过程，使得 FMEA 知识的重用成为可能，并有助于提高 FMEA 质量和效率。下面详细介绍软件系统级 FMEA 知识本体构建相关内容。

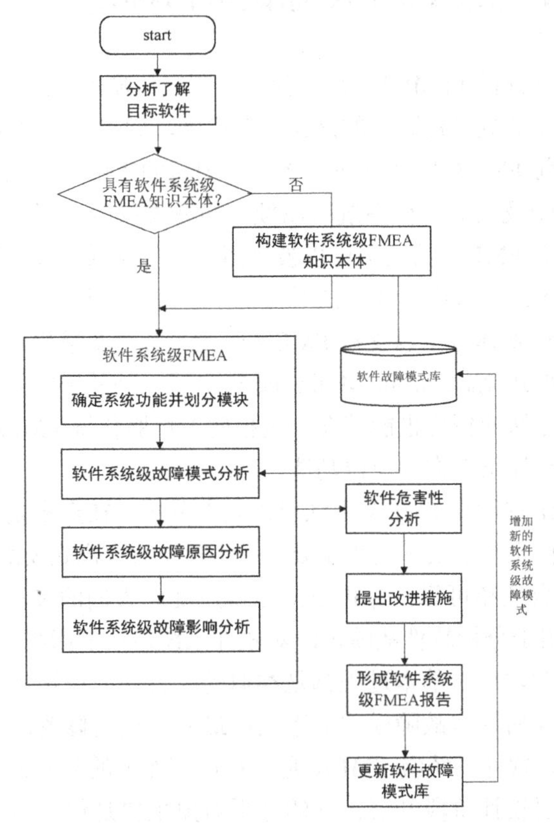

图 12.1 基于知识本体的软件系统级 FMEA 过程模型

12.2.2 软件系统级 FMEA 知识多本体框架

借助 6.2 节中介绍的 KADS 对 FMEA 知识系统进行建模，在此基础上通过使用本体，保留了该模型中知识层次划分清晰、各层知识具有良好的可维护性和可重用性的优点，同时消除了各层知识间缺乏强有力的纽带及领域层包含的知识不完备的缺点。依据本体建模论域的抽象层次可把本体分为多种类型，包括泛化本体、领域本体、任务本体、应用本体。其中，泛化本体描述独立于特定问题或领域的泛化概念，位于本体结构的顶层；领域本体和任务本体是对通用领域的描述，也是对泛化本体的特化；应用本体依赖于特定领域和任务，是对领域本体和任务本体的特化。软件系统级 FMEA（领域层）将其范围限定为本体的泛化层和领域层。软件系统级 FMEA 知识多本体框架如图 12.2 所示。

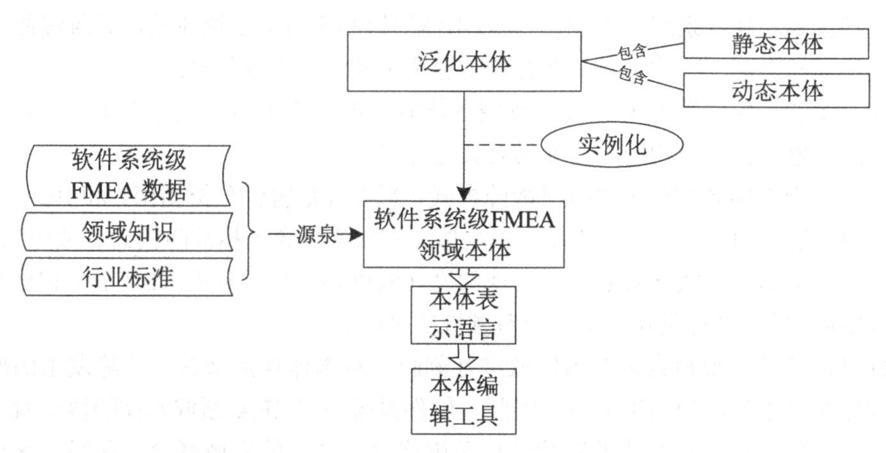

图 12.2 软件系统级 FMEA 知识多本体框架

由图 12.2 可见，本体间存在类层次关系。泛化本体可经实例化得到软件系统级 FMEA 领域本体。泛化本体可划分为静态本体（静态视角）和动态本体（动态视角）。领域本体能在相同领域重用。该框架中，软件系统级 FMEA 数据、领域知识和行业标准均为软件系统级 FMEA 领域本体的源泉，各利益相关者均能参与到多本体框架的构建过程中，故该框架是基于多视点的。

12.2.3 软件系统级 FMEA 知识本体定义

1. 本体的形式化表示

本体的形式化表示相关内容参见 6.3.3.2 节。

2. 软件系统级 FMEA 知识本体层次结构

1）泛化本体的概念类及类层次构建

泛化本体的概念类层次如图 6.7 所示。带*号的概念类为非终结概念类，其余的为终结概念类。继承关系定义如下。

定义 12.1　继承关系是指泛化本体的概念类层次中子类自动共享父类属性和结构的机制。

因此，非终结概念类下的子类与父类构成继承关系。定义 12.1 表明，可在一个现存概念类的基础上实现一个新类，将现存类定义的内容作为自身内容，并加入若干新内容。可以证明概念关联中的继承关系是偏序关系，表示为 $a \leqslant b$。

2）软件系统级 FMEA 领域本体概念空间构建

领域本体概念空间应当包含领域概念、属性及关联，并提供领域中发生的活动及主要理论等。软件系统级 FMEA 领域本体的核心实质上是描述软件系统级故障模式及其原因和影响，因此可以从静态和动态两个视角对其进行刻画。

定义 12.2　软件系统级 FMEA 领域本体概念集 C 中的每个概念用来表示相同种类的一组对象，并能用相同的属性集对其进行描述。

本书基于 GJB/Z 1391—2006《故障模式、影响及危害性分析指南》和 IEEE STD 1044-1993 构建软件系统级 FMEA 知识本体。其核心概念包括故障模式、故障原因、故障影响、故障风险数（SRPN）、出现频度（SOPR）、严重程度（SESR）和检测指数（SDDR）等。这也是从静态视角对领域的刻画。

此外，从动态视角也可对该领域进行刻画。从本体观点来看，故障发生的原因及故障影响可被建模为因果关系。因此，软件系统级 FMEA 领域本体的核心就是由一系列这样的因果关系构成的链状结构及围绕这一结构的领域概念、关联。这种链状结构的形成是由故障影响的传递性导致的。表 12.1 所示为软件系统级 FMEA 表示例。由表 12.1 可见，故障影响可分为局部影响、高一层次影响和最终影响。对某个给定的层次，其故障影响是其紧邻的上一层的故障表现，即故障模式。这种不同层级间的传递性也使软件系统级 FMEA 的因果关系链得以形成，如图 12.3 所示。

表 12.1　软件系统级 FMEA 表示例

序号	单元	功能	故障模式	故障原因	故障影响			危害性等级	改进措施
					局部影响	高一层次影响	最终影响		

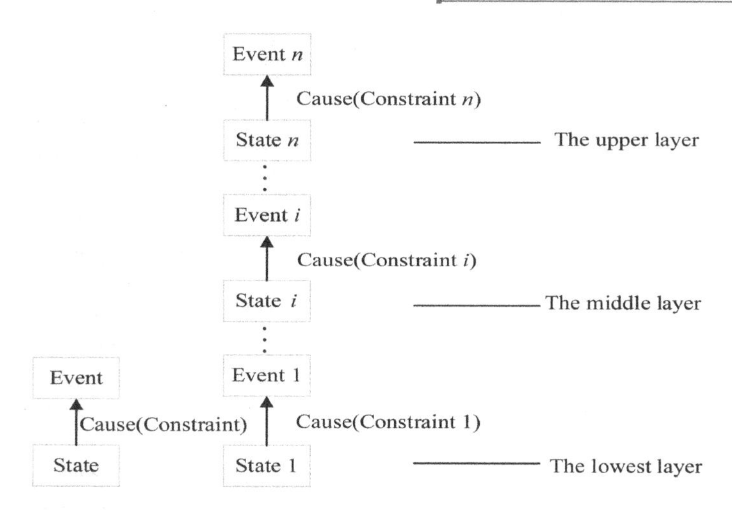

图 12.3 软件系统级 FMEA 的因果关系链

在前述分析基础上，得到软件系统级 FMEA 领域本体概念类层次，如图 12.4 所示。其概念关联如表 12.2 所示。

表 12.2 软件系统级 FMEA 领域本体概念关联

概念关联关系	属性特征	描述
cause	—	State → Event
kind_of	partial order	StaticEntity → System
part_of	—	Component → System

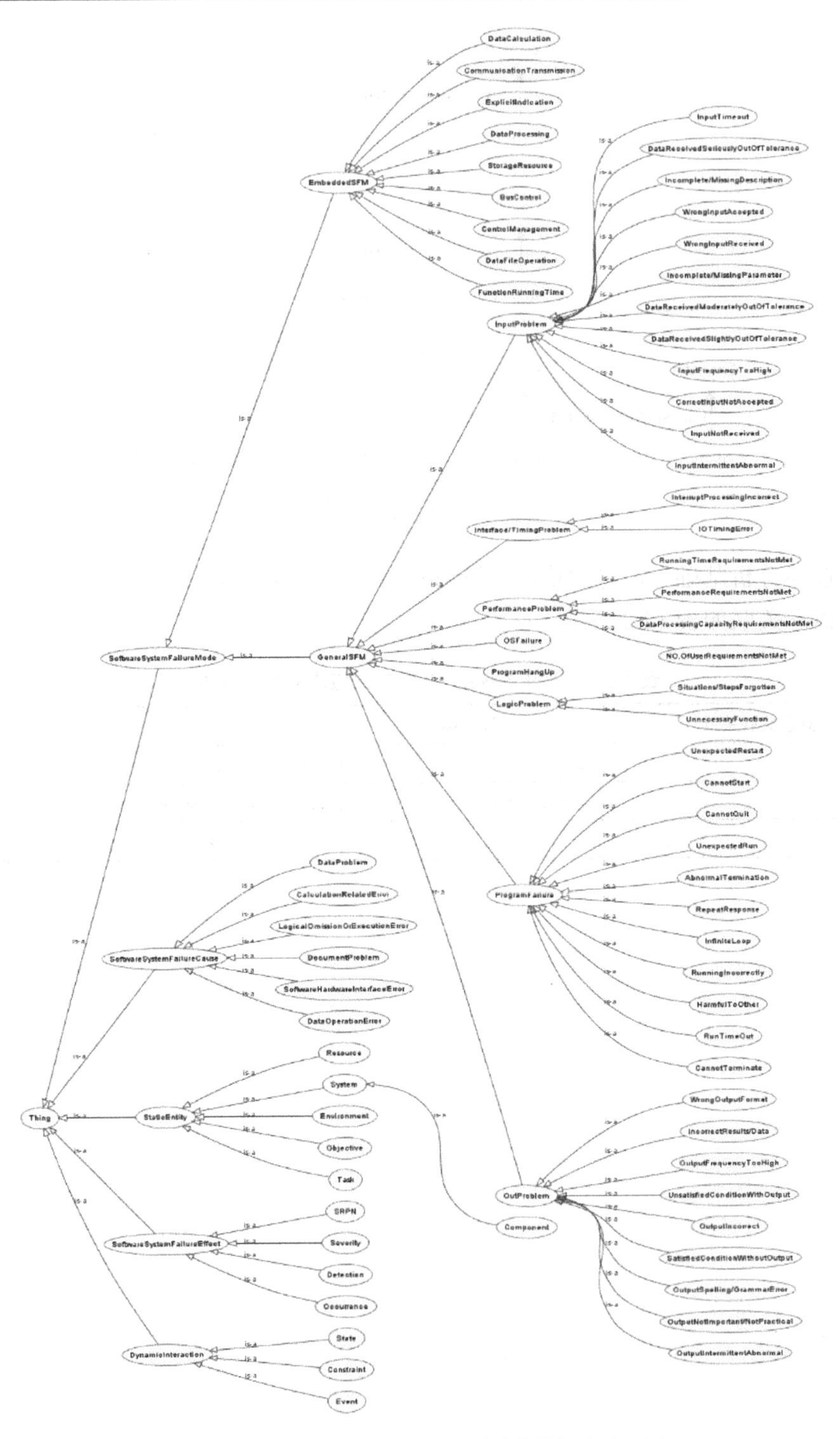

图 12.4 软件系统级 FMEA 领域本体概念类层次

12.3 软件系统级模糊 FMEA

12.2 节介绍了软件系统级 FMEA 知识本体定义，明确了领域内的核心概念、关联，为相似领域的重用提供了可能。FMEA 的另一个重要组成部分是风险评级。本节就介绍如何采用模糊方法对故障模式进行风险评级。

12.3.1 基于软件模块复杂度的风险因子评估

传统软件系统级 FMEA 方法通过使用 RPN 来确定故障模式的优先级，其中的很多信息都是通过专家的主观评价得到的，忽略了系统本身的客观属性，因此很难进行精确评价。Mackel 描述了软件系统构件复杂度的信息和风险因子（出现频度和检测指数）之间的关系，但没有提出一种系统的风险评估策略。Yacoub 等人提出了一种基于严重度和复杂度的风险评估体系，但只使用简单的两者相乘结果来评估该系统的风险。考虑到逼近理想解技术（TOPSIS）的灵活性特点，Sachdeva 等人利用熵值概念来获得每个风险因子的权重，并将精确 TOPSIS 应用到 FMEA 中。然而，精确 TOPSIS 并不适用于 FMEA，因为风险因子是不容易被精确评价的。Kutlu 等人通过将模糊 AHP 和模糊 TOPSIS 结合来改进 FMEA。虽然模糊 TOPSIS 的使用克服了精确 TOPSIS 方法的缺点，但它忽略了风险因子客观的内在联系。本节介绍一种基于软件体系结构的模糊 FMEA 方法，通过改进风险因子的评估策略和故障模式的优先级排序算法，对传统软件系统级 FMEA 方法进行改进，弥补了其前述不足。

对故障模式进行评级，要先对故障模式的风险因子进行评估。传统软件系统级 FMEA 方法存在如下不足：首先，忽视了系统本身的客观属性，过于主观；其次，所有的分析指标由自然语言定义，指标间没有明确分界。所以这种采用精确值表示模糊语义的评分策略是不合理的。一些研究发现软件系统本身的复杂度和系统中存在的故障数量存在一定的相关性。所以通过将复杂度引入评分体系就可以得到更为准确和合理的评分值。此外，针对原有评分系统的第二个缺点，本节采用模糊数学理论对这些模糊的语义进行量化，能够避免前述的不合理性。

1. 构件复杂度计算

系统在实际运行过程中存在多个场景，在不同场景下，构件的使用概率不同。本节通过结合每个场景发生的概率，计算每个构件的平均运行复杂度：

$$\mathrm{cpx}(C_i)=\sum_{k=1}^{|S|}\mathrm{PS}_k\times\mathrm{cpx}_k(C_i) \tag{12.1}$$

式中，PS_k为每个场景发生的概率；$|S|$为场景数量。之后，为保证所有系统的一致性，需要将每个构件的复杂度除以最大的构件复杂度，得到归一化的构件复杂度：

$$N\_cpx(C_i)=\frac{cpx(C_i)}{\max\left(cpx(C_j)\right)} \tag{12.2}$$

2．故障出现频度、检测指数、严重程度的模糊评估

假设一般情况下构件复杂度越高，故障出现频度越高，故障被检出概率越低；构件复杂度越低，故障出现频度越低，故障被检出概率越高。图 12.5 所示为模糊评估策略，上半部分给出的是故障出现频度评估策略，下半部分给出的是故障检测指数评估策略。每个构件复杂度在专家给出的“高”“中”“低”的水平上都对应以三元组形式表示的一组评估值。这种模糊表示法避免了采用单个精确值表示模糊语义的弊端。

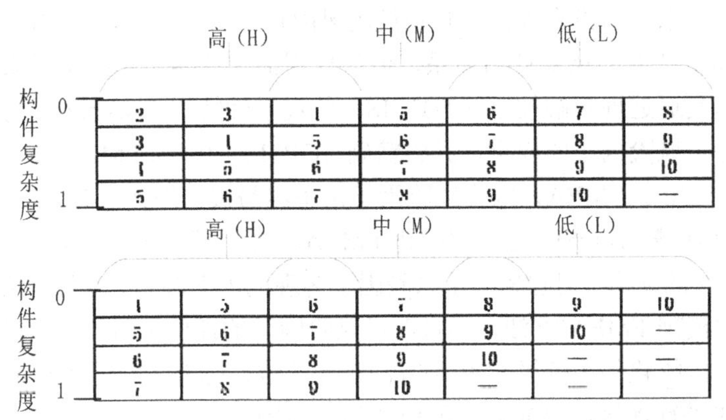

图 12.5　模糊评估策略

软件故障严重程度和构件复杂度并没有太大的相关性，因此本书借鉴传统的故障模式严重程度评分方法给出表 12.3。

表 12.3　故障模式严重程度模糊评分表

等　级	严 重 程 度	模 糊 评 分
A	严重影响系统安全，无告警	(9,10,10)
B	严重影响系统安全，有告警	(8,9,10)
C	系统故障导致灾难性危害	(7,8,9)
D	系统故障导致已知危害	(6,7,8)
E	系统故障导致较小危害	(5,6,7)
F	系统故障无危害	(4,5,6)

续表

等　级	严重程度	模糊评分
G	系统运行性能明显下降	(3,4,5)
H	系统运行性能小幅降低	(2,3,4)
I	影响极小	(1,2,3)
J	无影响	(1,1,2)

传统软件系统级 FMEA 方法中故障模式优先级的排序仅参照 RPN，忽视了各项指标的权重差异，简单的相乘运算可能造成不同故障模式的评判结果相同。因此，本节采用一种基于熵权和模糊 TOPSIS 的故障模式排序法以避免上述弊端。

12.3.2 基于熵权和模糊 TOPSIS 的故障模式评级

设有 m 个故障模式 FM_i（i=1,2,…,m）和 n 个评估指标，每个故障模式的第 j 个指标值 C_j（j=1,2,…,n）由多个专家的评估获得。设有 k 个专家进行决策，k 组专家语义评估结果可以转化为模糊数集合。每个故障模式对每个指标的计算结果为

$$\tilde{x}_{ij}=\left(\tilde{x}_{ij}^{1}+\tilde{x}_{ij}^{2}+\cdots+\tilde{x}_{ij}^{k}\right)/k \tag{12.3}$$

式中，$\tilde{x}_{ij}^{k}$ 表示第 k 组的第 i 个故障模式的第 j 个指标的评估模糊结果。软件系统的 FMEA 的排序问题可看作一个模糊多目标决策问题，可表示成一个模糊决策矩阵 $\boldsymbol{D}$：

$$\boldsymbol{D}=\begin{array}{c} \\ \mathrm{FM}_1 \\ \mathrm{FM}_2 \\ \vdots \\ \mathrm{FM}_m \end{array}\begin{array}{c} \begin{array}{cccc} C_1 & C_2 & \cdots & C_n \end{array} \\ \begin{pmatrix} \tilde{x}_{11} & \tilde{x}_{12} & \cdots & \tilde{x}_{1n} \\ \tilde{x}_{21} & \tilde{x}_{22} & \cdots & \tilde{x}_{2n} \\ \vdots & \vdots & & \vdots \\ \tilde{x}_{m1} & \tilde{x}_{m2} & \cdots & \tilde{x}_{mn} \end{pmatrix} \end{array} \tag{12.4}$$

1．计算熵权

首先给出熵的定义如下：

$$H\left(p_1,p_2,\cdots,p_n\right)=-\sum_{i=1}^{n}p_i\lg(p_i) \tag{12.5}$$

式中，p_i（i=1,2,…,n）是由概率密度函数 P 计算而来的随机变量概率。

熵不能直接处理模糊矩阵，所以需要将其中的模糊数转化成精确值。本节采用式（12.6）将模糊数 $\tilde{N}(m,n,l)$ 转化成精确数：

$$P\left(\tilde{N}\right)=\left(m+4n+l\right)/6 \tag{12.6}$$

为了计算每个数据的比例，采用归一化函数，设：

$$p_{ij} = x_{ij} / \sum_{i=1}^{m} x_{ij}, \quad i = 1,2,\cdots,m, \quad j = 1,2,\cdots,n \tag{12.7}$$

式中，x_{ij}表示第 i 个故障模式对第 j 个指标的精确值。这一步将不同指标的不同单位或尺度转化为同样的度量单位。

设：

$$e_j = -k \sum_{i=1}^{m} p_{ij} \ln p_{ij} \tag{12.8}$$

式中，$k>0$; $e_j \geqslant 0$；ln 是自然对数。若对于 j 指标，所有的 x_{ij} 都是相等的，即 $p_{ij} = x_{ij} / \sum_{i=1}^{m} x_{ij} = 1/m$，那么 e_j 取到最大值：

$$e_j = -k \sum_{i=1}^{m} p_{ij} \ln p_{ij} = k \ln m \tag{12.9}$$

此处令 $k=1/\ln m$，则有 $0 \leqslant e_j \leqslant 1$。

对于给定 j 指标，x_{ij} 变化越小，熵值 e_j 越大。当所有 x_{ij} 相等时，$e_j=\max e_j=1$。x_{ij} 变化越大，熵值 e_j 越小，j 指标的权重应当越大。故定义 $g_j=1-e_j$ 为多样化指标，g_j 越大，对应指标的权重应当越大。

当得到所有多样化指标后，获得的因子权重为

$$w_j = g_j / \sum_{j=1}^{n} g_j, \quad j = 1,2,\cdots,n \tag{12.10}$$

2. 模糊 TOPSIS 方法

TOPSIS 是一种多目标决策问题的解决方法，允许在各个指标间进行权衡，相比传统软件系统级 FMEA 的 RPN 更加合理。Chen 利用三角模糊数和欧几里得距离，将 TOPSIS 方法扩展到模糊决策问题范围。下面介绍基于熵权的模糊 TOPSIS 方法的具体应用步骤。

首先，将模糊决策矩阵归一化，记为 $\tilde{\boldsymbol{R}} = \left[\tilde{r}_{ij}\right]_{m\times n}$，其中，

$$\tilde{r}_{ij} = \left(\frac{a_{ij}}{c_j^*}, \frac{b_{ij}}{c_j^*}, \frac{c_{ij}}{c_j^*}\right), \quad j \in B, \quad c_j^* = \max_j \left(c_{ij}\right), \quad j \in B \tag{12.11}$$

其次，计算加权模糊决策矩阵 $\tilde{\boldsymbol{V}}$：

$$\tilde{\boldsymbol{V}} = (\tilde{v}_{ij})_{m\times n} = (w_j \tilde{r}_{ij})_{m\times n} \tag{12.12}$$

确定“正理想解”和“负理想解”分别为

$$\boldsymbol{A}^* = \left(\tilde{v}_1^*, \tilde{v}_2^*, \cdots, \tilde{v}_n^*\right), \quad \boldsymbol{A}^- = \left(\tilde{v}_1^-, \tilde{v}_2^-, \cdots, \tilde{v}_n^-\right) \tag{12.13}$$

再次，计算理想解距离为

$$d_i^* = \sum_{j=1}^{n} d\left(\tilde{v}_{ij}, \tilde{v}_j^*\right),\ i = 1,2,\cdots,m$$
$$d_i^- = \sum_{j=1}^{n} d\left(\tilde{v}_{ij}, \tilde{v}_j^-\right),\ i = 1,2,\cdots,m \quad (12.14)$$

$d(\tilde{p},\tilde{q})$ 表示两个模糊数的间距。本节使用欧几里得距离计算公式 $d(\tilde{p},\tilde{q})$：

$$d(\tilde{p},\tilde{q}) = \sqrt{\frac{1}{3}[(p_1 - q_1)^2 + (p_2 - q_2)^2 + (p_3 - q_3)^2]} \quad (12.15)$$

式中，$\tilde{p} = (p_1, p_2, p_3)$ 和 $\tilde{q} = (q_1, q_2, q_3)$ 是两个三角模糊数。

最后，在得到理想解距离后，利用贴近度对所有故障模式进行排序，贴近度计算公式如下：

$$\mathrm{CC}_i = d_i^- / \left(d_i^* + d_i^-\right),\ i = 1,2,\cdots,m \quad (12.16)$$

12.3.3 实例验证

下面通过将前述软件系统级模糊 FMEA 方法应用于某型无人机 FCMS 软件来说明方法的有效性。FCMS 软件是 FCMS 的核心部分，负责采集无人机外部设备的状态信息和机载传感器输出的信息，按照设计的控制逻辑，实时解算出对外部设备和执行机构的控制量，实现对无人机从滑跑、起飞、空中飞行直至进场着陆整个飞行过程的控制。此外，还需要实时接收地面控制人员发送的遥控指令，执行指令动作，同时将无人机飞行状态参数、位置参数及无人机子系统的状态信息通过遥测信息发送回地面测控中心。正因为 FCMS 软件的重要性，对其软件体系结构进行建模并在需求及设计阶段进行 SFMEA 是非常必要的。本节根据实际应用情况定义三个运行场景：程序控制、遥控控制和手动控制。基于不同的场景，构件的使用概率也不相同。本节选取的验证对象及其构件、场景等均是对 12.2 节给出的 FMEA 知识本体的实例化。

12.3.3.1 故障模式模糊风险因子计算

故障模式模糊风险因子计算需要利用构件复杂度。表 12.4 所示为某型无人机 FCMS 软件构件复杂度。假设场景概率如下：程序控制为 0.80、遥控控制为 0.15、手动控制为 0.05。利用这些场景概率，可以计算得出表 12.4 中的最后一行，即每个构件的复杂度对最大复杂度的归一化结果。

表 12.4　某型无人机 FCMS 软件构件复杂度

场景	初始化	任务调度	飞行前自检	串行数据输入输出	模拟数据输入输出	离散数据输入输出	任务数据	通道数据交互	同步	输入信号表决监控
程序控制（0.80）	1	2	6	5	5	5	6	5	3	10
遥控控制（0.15）	1	2	6	5	5	5	6	5	3	10
手动控制（0.05）	1	2	6	6	6	6	—	6	3	13
体系结构复杂度/%	1	2	6	5.05	5.05	5.05	5.7	5.05	3	10.15
归一化复杂度	0.099	0.197	0.591	0.498	0.498	0.498	0.562	0.498	0.296	1
场景	输出信号表决	飞行控制	飞行任务管理	导航管理	遥控	遥测	飞参数据记录	故障检测与记录	重构与故障恢复	通道故障逻辑
程序控制（0.80）	6	10	10	8	—	2	2	5	4	5
遥控控制（0.15）	6	9	9	7	3	2	2	5	4	5
手动控制（0.05）	6	13	—	11	—	2	2	6	5	6
体系结构复杂度/%	6	10	9.35	8	0.45	2	2	5.05	4.05	5.05
归一化复杂度	0.591	0.985	0.921	0.788	0.044	0.197	0.197	0.498	0.399	0.498

进一步请两位专家来对每个故障模式进行主观评估。评分内容包括故障模式、故障出现频度、故障检测质量和危害性，评分结果如表 12.5 所示。其中，故障出现频度和故障检测质量都由高（H）、中（M）、低（L）三个评价层次衡量。危害性评价层次可参考表 12.3。

表 12.5　专家主观评估值表

构件复杂度	故障模式		故障出现频度	故障检测质量	危害性
初始化：0.099	FM1	硬件配置初始化错误	L　L	H　H	A　A
	FM2	软件变量初始化错误	M　L	L　M	A　A
任务调度：0.197	FM3	任务调度周期错误	L　L	M　M	A　A
	FM4	未喂看门狗，软件重启	L　L	M　M	B　B
同步：0.296	FM5	各通道软件运行不同步	L　L	H　M	B　B
飞行前自检：0.591	FM6	未检测出应发现的传感器故障	L　L	M　M	C　C
	FM7	未检测出应发现的电源故障	L　L	M　M	C　C
串行数据输入输出：0.498	FM8	输入的串行数据解析错误	M　M	L　L	E　D
	FM9	输出错误的串行数据	M　L	L　L	E　D

续表

构件复杂度	故障模式		故障出现频度	故障检测质量	危害性
模拟数据输入输出：0.498	FM10	输入的模拟量数据解析错误	M M	L L	E D
	FM11	输出错误的模拟量数据	M L	L L	E D
离散数据输入输出：0.498	FM12	输入的离散量数据解析错误	M M	L L	E D
	FM13	输出错误的离散量数据	M L	L L	E D
任务数据：0.562	FM14	输入的任务数据解析错误	M L	M H	D D
通道数据交互：0.498	FM15	通道间传递的数据错误	M L	H M	D D
	FM16	各通道间传递的数据不同步	L M	H H	D D
输入信号表决监控：1	FM17	对多余度输入信号量的有效性判断错误	M M	M M	E D
	FM18	对多余度输入信号量的采用值计算错误	M M	M M	D D
输出信号表决：0.591	FM19	对多余度输出信号量的采用值计算错误	M M	M M	D D
飞行控制：0.985	FM20	对各个舵面偏转量控制错误	L L	H H	A A
	FM21	对飞行动力的控制错误	L L	H H	A A
飞行任务管理：0.921	FM22	对航线、航点的管理出错	L M	H H	D C
	FM23	对当前处于什么飞行阶段的判断出错	L L	M H	C C
导航管理：0.788	FM24	判断各个导航传感器的有效性出错	M L	L M	D C
	FM25	对飞机当前位置的计算出错	L L	M M	D C
	FM26	对目标点位置的距离计算出错	L L	M M	D C
遥控：0.044	FM27	链路失效，无法接收到遥控指令	L M	L L	D D
	FM28	对遥控命令的解析错误	H M	M L	D D
	FM29	对遥控命令的响应错误	M M	M L	E D
遥测：0.197	FM30	链路失效，无法发送出遥测数据	L L	L L	F F
	FM31	发送出错误的遥测数据	H M	M L	I I
飞参数据记录：0.197	FM32	飞参数据无法记录	L L	L L	I F
	FM33	记录了错误的飞参数据	H H	M M	I F
故障检测与记录：0.498	FM34	无法正确地检测出相关故障	M M	H H	C C
	FM35	检测出的故障未被正确记录在NVM中	L L	M M	E D
重构与故障恢复：0.399	FM36	故障状态恢复后，故障未被清除	M M	M H	D D
	FM37	故障仍存在时，故障被错误地恢复	L M	M M	C C

续表

构件复杂度	故障模式		故障出现频度	故障检测质量	危害性
通道故障逻辑：0.498	FM38	某通道已故障时，仍被正常使用	L L	M M	A A
	FM39	某通道故障状态恢复时，故障未被清除	M M	M H	D D

12.3.3.2 熵权的计算和模糊 TOPSIS 排序

上一步得到了每个故障模式风险因子的模糊评估值。接着，采用式（12.3）来建立模糊决策矩阵，模糊决策矩阵值表如表 12.6 所示。这个矩阵中的每个元素都是三角模糊数。基于模糊决策矩阵值表，采用式（12.6）将模糊决策矩阵中的三角模糊值转化为精确数，再利用式（12.7）进行归一化处理来获得精确决策矩阵 $\boldsymbol{D}$：

$$\boldsymbol{D}=\begin{pmatrix}
0.0249 & 0.0154 & 0.0348\\
0.0214 & 0.0246 & 0.0348\\
0.0249 & 0.0215 & 0.0348\\
0.0249 & 0.0215 & 0.0319\\
0.0285 & 0.0215 & 0.0319\\
0.0320 & 0.0277 & 0.0283\\
0.0320 & 0.0277 & 0.0283\\
0.0214 & 0.0302 & 0.0230\\
0.0249 & 0.0302 & 0.0230\\
0.0214 & 0.0302 & 0.0230\\
0.0249 & 0.0302 & 0.0230\\
0.0214 & 0.0302 & 0.0230\\
0.0249 & 0.0302 & 0.0230\\
0.0285 & 0.0246 & 0.0248\\
0.0249 & 0.0215 & 0.0248\\
0.0249 & 0.0185 & 0.0248\\
0.0285 & 0.0302 & 0.0230\\
0.0285 & 0.0302 & 0.0248\\
0.0249 & 0.0277 & 0.0248\\
0.0350 & 0.0246 & 0.0348\\
0.0350 & 0.0246 & 0.0348\\
0.0317 & 0.0246 & 0.0265\\
0.0350 & 0.0274 & 0.0283\\
0.0317 & 0.0305 & 0.0265\\
0.0350 & 0.0302 & 0.0265\\
0.0350 & 0.0302 & 0.0265\\
0.0214 & 0.0277 & 0.0248\\
0.0142 & 0.0246 & 0.0248\\
0.0178 & 0.0246 & 0.0230\\
0.0249 & 0.0277 & 0.0177\\
0.0142 & 0.0246 & 0.0071\\
0.0249 & 0.0277 & 0.0124\\
0.0107 & 0.0215 & 0.0124\\
0.0214 & 0.0185 & 0.0283\\
0.0285 & 0.0246 & 0.0230\\
0.0214 & 0.0215 & 0.0248\\
0.0249 & 0.0246 & 0.0283\\
0.0285 & 0.0246 & 0.0348\\
0.0214 & 0.0215 & 0.0248
\end{pmatrix}$$

表 12.6 模糊决策矩阵值表

故障模式	模糊出现频度	模糊检测质量	模糊危害性	故障模式	模糊出现频度	模糊检测质量	模糊危害性
FM1	(6.00,7.00,8.00)	(4.00,5.00,6.00)	(9.00,10.0,10.0)	FM21	(9.00,10.0,10.0)	(7.00,8.00,9.00)	(9.00,10.0,10.0)
FM2	(5.00,6.00,7.00)	(7.00,8.00,9.00)	(9.00,10.0,10.0)	FM22	(8.00,9.00,9.50)	(7.00,8.00,9.00)	(6.50,7.50,8.50)
FM3	(6.00,7.00,8.00)	(6.00,7.00,8.00)	(9.00,10.0,10.0)	FM23	(9.00,10.0,10.0)	(8.00,9.00,9.50)	(7.00,8.00,9.00)
FM4	(6.00,7.00,8.00)	(6.00,7.00,8.00)	(8.00,9.00,10.0)	FM24	(8.00,9.00,9.50)	(9.50,10.0,10.0)	(6.50,7.50,8.50)
FM5	(7.00,8.00,9.00)	(6.00,7.00,8.00)	(8.00,9.00,10.0)	FM25	(9.00,10.0,10.0)	(9.00,10.0,10.0)	(6.50,7.50,8.50)
FM6	(8.00,9.00,10.0)	(8.00,9.00,10.0)	(7.00,8.00,9.00)	FM26	(9.00,10.0,10.0)	(9.00,10.0,10.0)	(6.50,7.50,8.50)
FM7	(8.00,9.00,10.0)	(8.00,9.00,10.0)	(7.00,8.00,9.00)	FM27	(5.00,6.00,7.00)	(8.00,9.00,10.0)	(6.00,7.00,8.00)
FM8	(5.00,6.00,7.00)	(9.00,10.0,10.0)	(5.50,6.50,7.50)	FM28	(3.00,4.00,5.00)	(7.00,8.00,9.00)	(6.00,7.00,8.00)
FM9	(6.00,7.00,8.00)	(9.00,10.0,10.0)	(5.50,6.50,7.50)	FM29	(4.00,5.00,6.00)	(7.00,8.00,9.00)	(5.50,6.50,7.50)
FM10	(5.00,6.00,7.00)	(9.00,10.0,10.0)	(5.50,6.50,7.50)	FM30	(6.00,7.00,8.00)	(8.00,9.00,10.0)	(4.00,5.00,6.00)
FM11	(6.00,7.00,8.00)	(9.00,10.0,10.0)	(5.50,6.50,7.50)	FM31	(3.00,4.00,5.00)	(7.00,8.00,9.00)	(1.00,2.00,3.00)
FM12	(5.00,6.00,7.00)	(9.00,10.0,10.0)	(5.50,6.50,7.50)	FM32	(6.00,7.00,8.00)	(8.00,9.00,10.0)	(2.50,3.50,4.50)
FM13	(6.00,7.00,8.00)	(9.00,10.0,10.0)	(5.50,6.50,7.50)	FM33	(2.00,3.00,4.00)	(6.00,7.00,8.00)	(2.50,3.50,4.50)
FM14	(7.00,8.00,9.00)	(7.00,8.00,9.00)	(6.00,7.00,8.00)	FM34	(5.00,6.00,7.00)	(5.00,6.00,7.00)	(7.00,8.00,9.00)
FM15	(6.00,7.00,8.00)	(6.00,7.00,8.00)	(6.00,7.00,8.00)	FM35	(7.00,8.00,9.00)	(7.00,8.00,9.00)	(5.50,6.50,7.50)
FM16	(6.00,7.00,8.00)	(5.00,6.00,7.00)	(6.00,7.00,8.00)	FM36	(5.00,6.00,7.00)	(6.00,7.00,8.00)	(6.00,7.00,8.00)
FM17	(7.00,8.00,9.00)	(9.00,10.0,10.0)	(5.50,6.50,7.50)	FM37	(6.00,7.00,8.00)	(7.00,8.00,9.00)	(7.00,8.00,9.00)

续表

故障模式	模糊出现频度	模糊检测质量	模糊危害性	故障模式	模糊出现频度	模糊检测质量	模糊危害性
FM18	(7.00,8.00,9.00)	(9.00,10.0,10.0)	(6.00,7.00,8.00)	FM38	(7.00,8.00,9.00)	(7.00,8.00,9.00)	(9.00,10.0,10.0)
FM19	(6.00,7.00,8.00)	(8.00,9.00,10.0)	(6.00,7.00,8.00)	FM39	(5.00,6.00,7.00)	(6.00,7.00,8.00)	(6.00,7.00,8.00)
FM20	(9.00,10.0,10.0)	(7.00,8.00,9.00)	(9.00,10.0,10.0)				

得到归一化的精确决策矩阵 **D** 之后，使用熵权法计算每个风险因子的权重。首先，使用式（12.8）计算模糊出现频度、模糊检测指数和模糊严重程度的熵值，分别记为 e_O、e_D、e_S；然后，计算多样化指标 g_O、g_D、g_S；最后，得到每个风险因子的权重，如表 12.7 所示。

表 12.7　熵权方法计算结果表

指标	模糊风险因子		
	模糊出现频度	模糊检测指数	模糊严重程度
熵值	e_O=0.9927	e_D=0.9964	e_S=0.9913
多样化指标	g_O=0.0073	g_D=0.0036	g_S=0.0087
权重	0.3724	0.1837	0.4439

接下来，利用基于熵权的 TOPSIS 方法对故障模式进行排序。SFMEA 优先级的确定是一个多目标决策问题，3 个风险因子可被看作有益指标。利用针对有益指标的式（12.11）将模糊决策矩阵归一化，然后利用式（12.12）将前面计算得到的熵权重赋予归一化矩阵，得到用来进行 TOPSIS 排序的模糊决策矩阵 $\boldsymbol{D}_{\text{TOPSIS}}$：

$$
\boldsymbol{D}_{\mathrm{TOPSIS}}=\begin{pmatrix}
(0.2234,0.1286,0.3551) & (0.1490,0.0919,0.2663) & (0.3352,0.1837,0.4439)\\
(0.1862,0.1102,0.3107) & (0.2607,0.1470,0.3995) & (0.3352,0.1837,0.4439)\\
(0.2234,0.1286,0.3551) & (0.2234,0.1286,0.3551) & (0.3352,0.1837,0.4439)\\
(0.2234,0.1286,0.3551) & (0.2234,0.1286,0.3551) & (0.2979,0.1653,0.4439)\\
(0.2607,0.1470,0.3995) & (0.2234,0.1286,0.3551) & (0.2979,0.1653,0.4439)\\
(0.2979,0.1653,0.4439) & (0.2979,0.1653,0.4439) & (0.2607,0.1470,0.3995)\\
(0.2979,0.1653,0.4439) & (0.2979,0.1653,0.4439) & (0.2607,0.1470,0.3995)\\
(0.1862,0.1102,0.3107) & (0.3352,0.1837,0.4439) & (0.2048,0.1194,0.3329)\\
(0.2234,0.1286,0.3551) & (0.3352,0.1837,0.4439) & (0.2048,0.1194,0.3329)\\
(0.1862,0.1102,0.3107) & (0.3352,0.1837,0.4439) & (0.2048,0.1194,0.3329)\\
(0.2234,0.1286,0.3551) & (0.3352,0.1837,0.4439) & (0.2048,0.1194,0.3329)\\
(0.1862,0.1102,0.3107) & (0.3352,0.1837,0.4439) & (0.2048,0.1194,0.3329)\\
(0.2234,0.1286,0.3551) & (0.3352,0.1837,0.4439) & (0.2048,0.1194,0.3329)\\
(0.2607,0.1470,0.3995) & (0.2607,0.1470,0.3995) & (0.2234,0.1286,0.3551)\\
(0.2234,0.1286,0.3551) & (0.2234,0.1286,0.3551) & (0.2234,0.1286,0.3551)\\
(0.2234,0.1286,0.3551) & (0.1862,0.1102,0.3107) & (0.2234,0.1286,0.3551)\\
(0.2607,0.1470,0.3995) & (0.3352,0.1837,0.4439) & (0.2048,0.1194,0.3329)\\
(0.2607,0.1470,0.3995) & (0.3352,0.1837,0.4439) & (0.2234,0.1286,0.3551)\\
(0.2234,0.1286,0.3551) & (0.2979,0.1653,0.4439) & (0.2234,0.1286,0.3551)\\
(0.3352,0.1837,0.4439) & (0.2607,0.1470,0.3995) & (0.3352,0.1837,0.4439)\\
(0.3352,0.1837,0.4439) & (0.2607,0.1470,0.3995) & (0.3352,0.1837,0.4439)\\
(0.2979,0.1653,0.4217) & (0.2607,0.1470,0.3995) & (0.2421,0.1378,0.3773)\\
(0.3352,0.1837,0.4439) & (0.2979,0.1653,0.4217) & (0.2607,0.1470,0.3995)\\
(0.2979,0.1653,0.4217) & (0.3538,0.1837,0.4439) & (0.2421,0.1378,0.3773)\\
(0.3352,0.1837,0.4439) & (0.3352,0.1837,0.4439) & (0.2421,0.1378,0.3773)\\
(0.3352,0.1837,0.4439) & (0.3352,0.1837,0.4439) & (0.2421,0.1378,0.3773)\\
(0.1862,0.1102,0.3107) & (0.2979,0.1653,0.4439) & (0.2234,0.1286,0.3551)\\
(0.1117,0.0735,0.2220) & (0.2607,0.1470,0.3995) & (0.2234,0.1286,0.3551)\\
(0.1490,0.0919,0.2663) & (0.2607,0.1470,0.3995) & (0.2048,0.1194,0.3329)\\
(0.2234,0.1286,0.3551) & (0.2979,0.1653,0.4439) & (0.1490,0.0919,0.2663)\\
(0.1117,0.0735,0.2220) & (0.2607,0.1470,0.3995) & (0.0372,0.0367,0.1332)\\
(0.2234,0.1286,0.3551) & (0.2979,0.1653,0.4439) & (0.0931,0.0643,0.1998)\\
(0.0745,0.0551,0.1776) & (0.2234,0.1286,0.3551) & (0.0931,0.0643,0.1998)\\
(0.1862,0.1102,0.3107) & (0.1862,0.1102,0.3107) & (0.2607,0.1470,0.3995)\\
(0.2607,0.1470,0.3995) & (0.2607,0.1470,0.3995) & (0.2048,0.1194,0.3329)\\
(0.1862,0.1102,0.3107) & (0.2234,0.1286,0.3551) & (0.2234,0.1286,0.3551)\\
(0.2234,0.1286,0.3551) & (0.2607,0.1470,0.3995) & (0.2607,0.1470,0.3995)\\
(0.2607,0.1470,0.3995) & (0.2607,0.1470,0.3995) & (0.3352,0.1837,0.4439)\\
(0.1862,0.1102,0.3107) & (0.2234,0.1286,0.3551) & (0.2234,0.1286,0.3551)
\end{pmatrix}
$$

由于 3 个风险因子是作为有益指标来处理的，所以将“正理想解”和“负理想解”分别设为A^{*}=[(1,1,1); (1,1,1); (1,1,1)]和A^{-}=[(0,0,0); (0,0,0); (0,0,0)]。接下来，利用式（12.15）来计算每个故障模式和理想解之间的距离。按照式（12.14）中的第一个式子，可以得到故障模式 i 和“正理想解”之间的距离为d_i^{*}；按照式（12.14）中的第二个式子，可以得到故障模式 i 和“负理想解”之间的距离为d_i^{-}。最后，可以根据式（12.16）计算得到故障模式 i 的贴近度 CC_i，并对结果进行排序，确定故障模式优先级。模糊 TOPSIS 方法计算结果表如表 12.8 所示。

表 12.8　模糊 TOPSIS 方法计算结果表

故障模式编号	d_i^*	d_i^-	CC_i	排序	故障模式编号	d_i^*	d_i^-	CC_i	排序
FM1	2.2914	0.7755	0.2529	28	FM21	2.1130	0.9646	0.3134	1
FM2	2.2275	0.8450	0.2750	14	FM22	2.2050	0.8820	0.2857	11
FM3	2.2272	0.8449	0.2750	14	FM23	2.1384	0.9394	0.3052	5
FM4	2.2467	0.8297	0.2697	16	FM24	2.1482	0.9282	0.3017	8
FM5	2.2150	0.8646	0.2808	12	FM25	2.1288	0.9472	0.3079	3
FM6	2.1519	0.9343	0.3027	6	FM26	2.1288	0.9472	0.3079	3
FM7	2.1519	0.9343	0.3027	6	FM27	2.2787	0.7950	0.2586	24
FM8	2.2752	0.7928	0.2584	25	FM28	2.3747	0.6912	0.2254	37
FM9	2.2432	0.8275	0.2695	19	FM29	2.3582	0.7081	0.2309	36
FM10	2.2752	0.7928	0.2584	25	FM30	2.3109	0.7604	0.2476	29
FM11	2.2432	0.8275	0.2695	19	FM31	2.5368	0.5204	0.1702	38
FM12	2.2752	0.7928	0.2584	25	FM32	2.3596	0.7090	0.2310	35
FM13	2.2432	0.8275	0.2695	19	FM33	2.5520	0.5016	0.1643	39
FM14	2.2463	0.8297	0.2697	16	FM34	2.3420	0.7254	0.2365	31
FM15	2.3098	0.7600	0.2476	29	FM35	2.2623	0.8123	0.2642	23
FM16	2.3417	0.7253	0.2365	31	FM36	2.3417	0.7253	0.2365	31
FM17	2.2115	0.8624	0.2806	13	FM37	2.2463	0.8297	0.2697	16
FM18	2.1955	0.8797	0.2861	10	FM38	2.1638	0.9146	0.2971	9
FM19	2.2467	0.8297	0.2670	22	FM39	2.3417	0.7253	0.2365	31
FM20	2.1130	0.9646	0.3134	1					

12.3.3.3　结果分析

表 12.9 所示为模糊 FMEA 方法和传统 FMEA 方法结果的对比。由表 12.9 可见，大部分故障模式在这两种排序方法中的结果都不相同，在两种方法中排位相同的故障模式如表 12.9 中粗体字所示。传统 FMEA 方法中有些故障模式的 RPN 相同，排在同样的优先级位置。例如，FM21 和 FM25 有相同的 RPN800，但是相应的检测指数和危害性都是不同的。将不同的两个故障模式放在相同的优先级位置是不合理的。造成这种问题的原因在于，传统 FMEA 方法只是把 3 个风险因子的值简单相乘而忽略了权重。

表 12.9 模糊 FMEA 方法和传统 FMEA 方法结果的对比

故障模式	出现频度	检测指数	危害性	CC_i	排序	RPN	排序	故障模式	出现频度	检测指数	危害性	CC_i	排序	RPN	排序
FM1	**7**	**5**	**10**	**0.2529**	**28**	**350**	**28**	**FM21**	**10**	**8**	**10**	**0.3134**	**1**	**800**	**1**
FM2	6	8	10	0.2750	14	480	18	FM22	9	8	8	0.2857	11	576	10
FM3	**7**	**7**	**10**	**0.2750**	**14**	**490**	**14**	**FM23**	**10**	**9**	**8**	**0.3052**	**5**	**720**	**5**
FM4	7	7	9	0.2697	16	441	22	FM24	9	10	8	0.3017	8	720	5
FM5	8	7	9	0.2808	12	504	13	FM25	10	10	8	0.3079	3	800	1
FM6	9	9	8	0.3027	6	648	7	FM26	10	10	8	0.3079	3	800	1
FM7	9	9	8	0.3027	6	648	7	FM27	6	9	7	0.2586	24	378	27
FM8	6	10	7	0.2584	25	420	24	**FM28**	**4**	**8**	**7**	**0.2254**	**37**	**224**	**37**
FM9	7	10	7	0.2695	19	490	14	FM29	5	8	7	0.2309	36	280	35
FM10	6	10	7	0.2584	25	420	24	FM30	7	9	5	0.2476	29	315	30
FM11	7	10	7	0.2695	19	490	14	FM31	4	8	2	0.1702	38	64	39
FM12	6	10	7	0.2584	25	420	24	FM32	7	9	4	0.2310	35	252	36
FM13	7	10	7	0.2695	19	490	14	FM33	3	7	4	0.1643	39	84	38
FM14	8	8	7	0.2697	16	448	19	FM34	6	6	8	0.2365	31	288	34
FM15	**7**	**7**	**7**	**0.2476**	**29**	**343**	**29**	FM35	8	8	7	0.2642	23	448	19
FM16	**7**	**6**	**7**	**0.2365**	**31**	**294**	**31**	**FM36**	**6**	**7**	**7**	**0.2365**	**31**	**294**	**31**
FM17	8	10	7	0.2806	13	560	11	FM37	7	8	8	0.2697	16	448	19
FM18	8	10	7	0.2861	10	560	11	**FM38**	**8**	**8**	**10**	**0.2971**	**9**	**640**	**9**
FM19	**7**	**9**	**7**	**0.2670**	**22**	**441**	**22**	**FM39**	**6**	**7**	**7**	**0.2365**	**31**	**294**	**31**
FM20	**10**	**8**	**10**	**0.3134**	**1**	**800**	**1**								

本节采用基于熵权的模糊 TOPSIS 优先级排序算法，计算得出 FM21 的贴近度高于 FM25，因此 FM21 的优先级应当高于 FM25。此外，传统 FMEA 方法将 FM20、FM21、FM25 和 FM26 都定为最关键的故障模式（RPN=800），而本节采用的方法仅将 FM20、FM21 定为最关键的故障模式。FM20 和 FM21 对应“飞行控制”构件，而 FM25、FM26 对应“导航管理”构件。一般而言，由于“飞行控制”构件所对应的功能更显著地影响整个系统的安全性和可靠性，其对应的故障模式更加致命，因此 FM20 和 FM21 应当比 FM25 和 FM26 更关键。

12.4 软硬件综合 FMEA

软件作为一种逻辑产品，故障模式与硬件故障模式存在极大的不同。在很多事故发生时，操作人员操作正确，硬件也未出现故障，从软件工程的角度看，软件表现符合软件需求规格说明，也没有故障。故障发生的原因在于，软件与外部运行环境之间出现一种超出设计人员设想的相互作用方式，也就是说与软件相关的大部分系统故障是由软件对外部输入的处理及其相关时序的设计缺陷而非单纯的软件故障造成的。为此，美国国家航空航天局（National Aeronautics and Space Administration，NASA）定义了一种软件交互故障模式，并规定对所有的安全性关键软件和任务关键软件均须在进行系统、功能等顶层设计时加强软件与外部环境间动态交互的分析。本节介绍的软硬件综合 FMEA 就基于此类软件交互故障。

12.4.1 软硬件综合故障生命周期

与 4.1.1 节类似，可以认为软硬件综合系统也是一个知识序列，而软硬件综合故障是指在作为主体的人依据知识序列创造软硬件综合系统这一客体后，由软硬件综合系统客体中存在的与所依据知识序列不一致的偏差所导致的软硬件综合系统客体无法或将无法实现预定功能的事件或状态，并且需要对上述事件或状态进行修正。软硬件综合故障生命周期如图 12.6 所示。

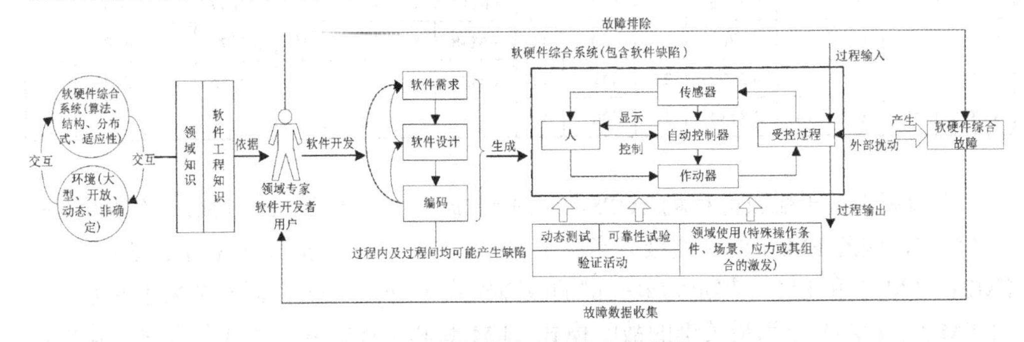

图 12.6 软硬件综合故障生命周期

软硬件综合系统是随着从对算法、结构的研究向对分布式、并发系统及具有适应性系统的研究转变而产生的。由图 12.6 可见，软硬件综合故障也遵循“错误→缺陷→故障”的产生过程，但其独特之处在于错误产生源于所依据知识序列的差异性及软硬件综合系统与交互对象相互作用以触发故障的特殊性。领域专家、软件开发者和用户依据领域知识和软件工程知识通过构想、理解、修改、重用等活动实现软件开发，在这一过程中引入缺陷的途径包括某些知识点本身不正确、由人为疏漏造成软件隐错、对正确知识的错误使用。这造成开发过程在横向上可能产生过程内缺陷；在纵向上相邻及不相邻层间知识的不一致可能导致过程间缺陷。之后生成包含软件缺陷的软硬件综合系统，软硬件综合系统要经历验证活动，随后投入领域使用。此处的验证活动特指动态测试和可靠性试验。验证活动和领域使用都能发现软硬件综合故障。随后，通过故障数据收集将相关信息反馈给软件开发人员并进行故障排除。显然，图 12.6 中包含两个过程控制循环：一是通过验证活动和领域使用对软硬件综合故障进行暴露；二是故障数据的收集和排除。但还有部分缺陷仍存在于软硬件综合系统中未表现出来。由此可见，软硬件综合故障源于软硬件综合系统开发阶段，在验证阶段部分暴露，在领域使用阶段全面暴露。故对其的研究应兼顾开发者、测试者和使用者的多重视点。

12.4.2　软硬件综合故障模式

软硬件综合系统一般具有如下特点：具有极强的专用外部设备处理要求，和硬件联系紧密；通常要求强实时性；通常运行于特定或具有特殊条件的环境，与交互环境相关；安全性要求高。上述特点也催生出了一类软硬件综合缺陷（模式）。这类缺陷（模式）产生于需求分析阶段，是软件需求缺陷（模式）的子类，由环境条件和操作条件的不确定性及系统与环境间的复杂交互所引发。它们逐渐成为软硬件综合系统在外场使用过程中产生的重要缺陷（模式）之一，并且危害极大，因此亟须对这类缺陷（模式）及其故障（模式）进行研究。软硬件综合故障模式研究流程如图 12.7 所示。

图 12.7 首先给出了几种数据来源，包括现有文献资料、外场使用故障数据、可靠性试验故障数据、软件测试故障数据。图 12.7 中的虚线表明现有文献资料中并不直接包含与软硬件综合故障直接相关的信息。依据这些数据来源可设计故障数据收集表，并以此为依据开展新的故障数据收集活动，并对故障数据进行分析。之后，可构建软硬件综合故障机理模型，从根本上明确其产生原因。接下来研究软硬件综合故障模式定义、分类及本体表示并建立软硬件综合故障模式集。当该模式集中的软硬件综合故障模式个数满足给定的要求时，上述流程即可终止；若不满足要求，则需要重复上述流程直至满足要求。由于对软硬件综合故障的研究尚处于起步阶段，并且发现该类故障在实际工程中数量不多，对其进行收集有一定难度，因此流程图中将故障模式数定为 10 个。

就实际情况来看，能为故障数据收集提供最为丰富数据的渠道是对外场使用故障数据进行收集，因此外场使用故障数据收集很重要。目前，数据的来源主要包括一些地面装备系统，包括运输机、轰炸机、歼击机、直升机、特种飞机等多种机型在内的飞机系统，以及其他系统在外场使用过程中发生的故障。以飞机系统在外场使用过程中发生的故障为例，表 12.10 给出了故障数据收集表的模板。类似地可获得其他系统的故障数据收集表模板。尽管这些表格在细节上有所不同，但其核心内容是相同的，即至少应包含故障判据、操作环境、使用条件、使用剖面，以及故障现象、原因、定位、处理和后果等要素。

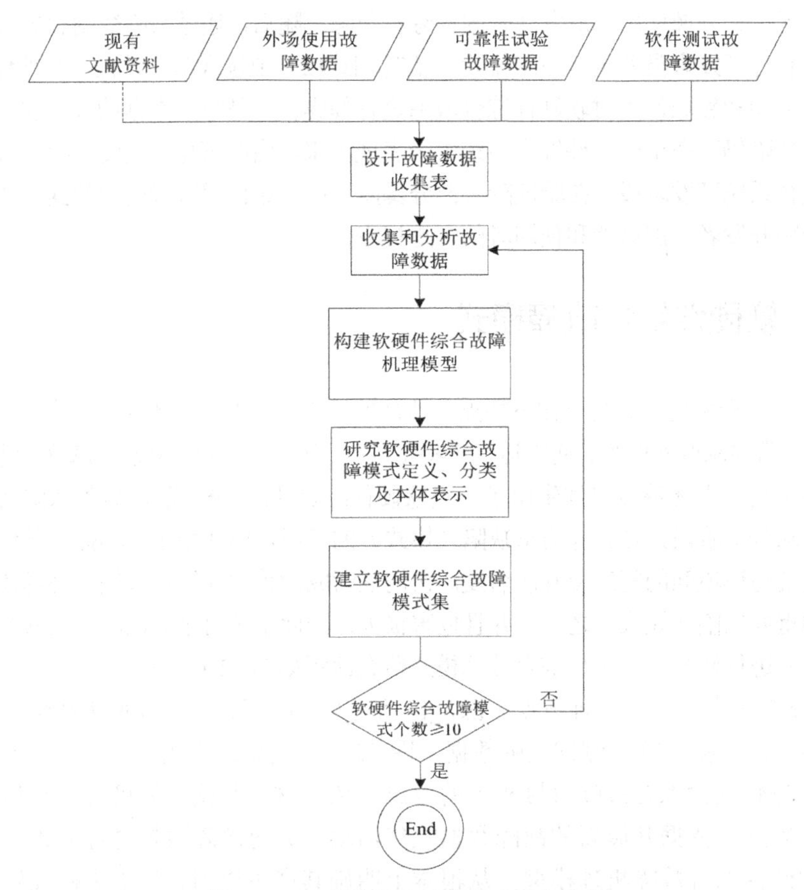

图 12.7 软硬件综合故障模式研究流程

表 12.10 故障数据收集表的模板

故障名称		型号	
安装位置		所属系统	
发现时机	□ 飞行前 □ 飞行中 □ 再次出动 □ 飞行后 □ 定检 □ 地面试验 □ 地面试车 □ 其他	判断方法	□ 人工 □ 地面设备 □ BIT 方式： □加电 BIT □启动 BIT □周期 BIT □维护 BIT □飞行前 BIT

续表

<table>
<tr><td>故障判据</td><td colspan="3">判据即故障的界限，故障判据即判定产品故障的标准</td></tr>
<tr><td>操作环境</td><td colspan="3">□ 温度： □ 湿度： □ 振动：
□ 电应力： □ 其他：
（“操作环境条件”项目涉及的温度、湿度、振动等信息，在无实测值的情况下，可参考填写理论推算值；如确无相关参考信息，可省略）</td></tr>
<tr><td>飞行条件</td><td colspan="3">机型： 起飞质量： 燃料质量：
起飞重心位置： 飞行时间： 能见度：
云高： 风速： 风向： 气温： 湿度：
动作区气象要求：</td></tr>
<tr><td>飞行剖面</td><td colspan="3">（请对照任务单试飞任务、飞行过程示意图章节填写）
试飞科目：
飞行过程：
试飞动作要求：
飞行过程示意图：</td></tr>
<tr><td>其他要求</td><td colspan="3">（请对照任务单完成科目所需的设备仪器、其他要求、本次飞行限制数据章节填写）
如完成科目所需的设备仪器、其他要求、本次飞行限制数据</td></tr>
<tr><td>操作步骤</td><td colspan="3">（为选填项，可根据实际情况填写，并注明）</td></tr>
<tr><td>故障现象</td><td colspan="3"></td></tr>
<tr><td>故障原因</td><td colspan="3">（请将研制单位归零报告中的故障原因分析附上；对研制单位未提供归零报告的故障，应根据实际分析结果填写）</td></tr>
<tr><td>故障定位</td><td colspan="3">（请将研制单位归零报告中的故障定位过程附上；对研制单位未提供归零报告的故障，应根据实际分析结果填写）</td></tr>
<tr><td>故障处理</td><td colspan="3">（请将研制单位归零报告中的故障处理过程附上；对研制单位未提供归零报告的故障，应根据实际分析结果填写）</td></tr>
<tr><td>故障后果</td><td colspan="2">□等级事故□地面事故□事故征候□中断起飞□提前返航
□任务中断□停飞□其他</td><td>（请描述故障对系统的影响）</td></tr>
<tr><td>故障隔离</td><td>□ 隔离到 1LRU
□ 隔离到 2LRU
□ 隔离到 3LRU 及以上</td><td>故障维修性指标</td><td>故障定位时间 人/ h min
故障处理时间 人/ h min
故障验证时间 人/ h min</td></tr>
<tr><td>故障组件/器件名称</td><td></td><td>签字栏</td><td>故障记录人： 签 名
故障核对人： 签 名
故障确认人： 签 名</td></tr>
</table>

由于对故障模式的研究通常来说应涵盖其机理、定义和分类等方面，因此本节将针对软硬件综合故障的上述几个方面进行介绍。

12.4.2.1 软硬件综合故障模式定义

定义 12.3　软硬件综合故障模式是指在某种环境（Environments）下，不可预见的具有物理、化学或其他属性的操作或应力或操作和应力的组合直接作用于软硬件综合系统硬件/软件部件，随着时间累积/状态迁移，进一步作用于软件/硬件部件内部单元，最终作用于系统，进而引发的系统行为与预期不一致的可观察的表现（Representations）。这种表现在特定环境中具有一般性和共性，能够造成相应的故障后果（Severity），并能够通过某种手段（Solutions）给予修正。上述构成要素均能被实例化。

进一步将软硬件综合故障模式表示为：软硬件综合故障模式:= < Environments < Operations, Stresses, Combinations >, Representations, Causes, Severity, Solutions, Detection mechanism, Indications, Occurrence probabilities, Instances>。

上述定义的核心是环境、表现、原因、严重度等级、解决方案和实例。环境同时反映了测试者和使用者视点，描述了故障发生的语境，包括操作（Operations）、应力（Stresses）及其组合（Combinations）。表现也同时反映了测试者和使用者视点，描述了系统行为与预期不一致的可观察的表现形式。原因反映了开发者视点，指出了产生故障的根源。严重度等级是指故障造成的后果，通常考虑了最坏情况下的潜在故障后果。解决方案反映了开发者视点，给出了避免故障产生并实现正确意图的方法，包括对导致故障的缺陷的修改及相关准则的制定。实例是将具有较高抽象层次的软硬件综合故障模式概念映射到具体应用案例所获得的结果。除上述要素以外，软硬件综合故障模式还具有一些可剪裁的要素：探测方法（Detection mechanism）、发生概率（Occurrence probabilities）、指示（Indications）等。

图 12.8 以类的形式给出了基于实践经验和相关文献获得的软硬件综合故障模式及其构成要素值集。由图 12.8 可见，软硬件综合故障模式及其构成要素均可被视作一个类，它们之间为聚合关系环境类有 3 个子类。软硬件综合故障模式类具有过程度量（measure）、指导开发（development）和指导验证（verification）3 种操作。严重度等级故障表现类等具有 1 维过程度量（1 dimension measure）操作。这些构成要素的值可作为相应类的属性而存在。其他的类情况类似，此处不再赘述。上述类均可实例化，对应软硬件综合故障模式的构成要素——实例。软硬件综合故障模式本质上属于潜在故障模式的范畴。硬件意义上的潜在故障是指产品或产品的一部分将不能完成预定功能的事件或状态，是指示功能故障将要发生的一种可鉴别（人工观察或仪器检测）的状态。软硬件综合故障模式对应故障发生的先决条件是具备相关应

力或操作或应力和操作的组合，一旦条件满足，就会发生故障或失效。

软硬件综合故障模式抽象出故障的一组属性，它们各自独立，无冗余信息，因此均两两正交。由此可将软硬件综合故障模式看作笛卡儿空间中的一个点，各坐标均代表一个故障属性。

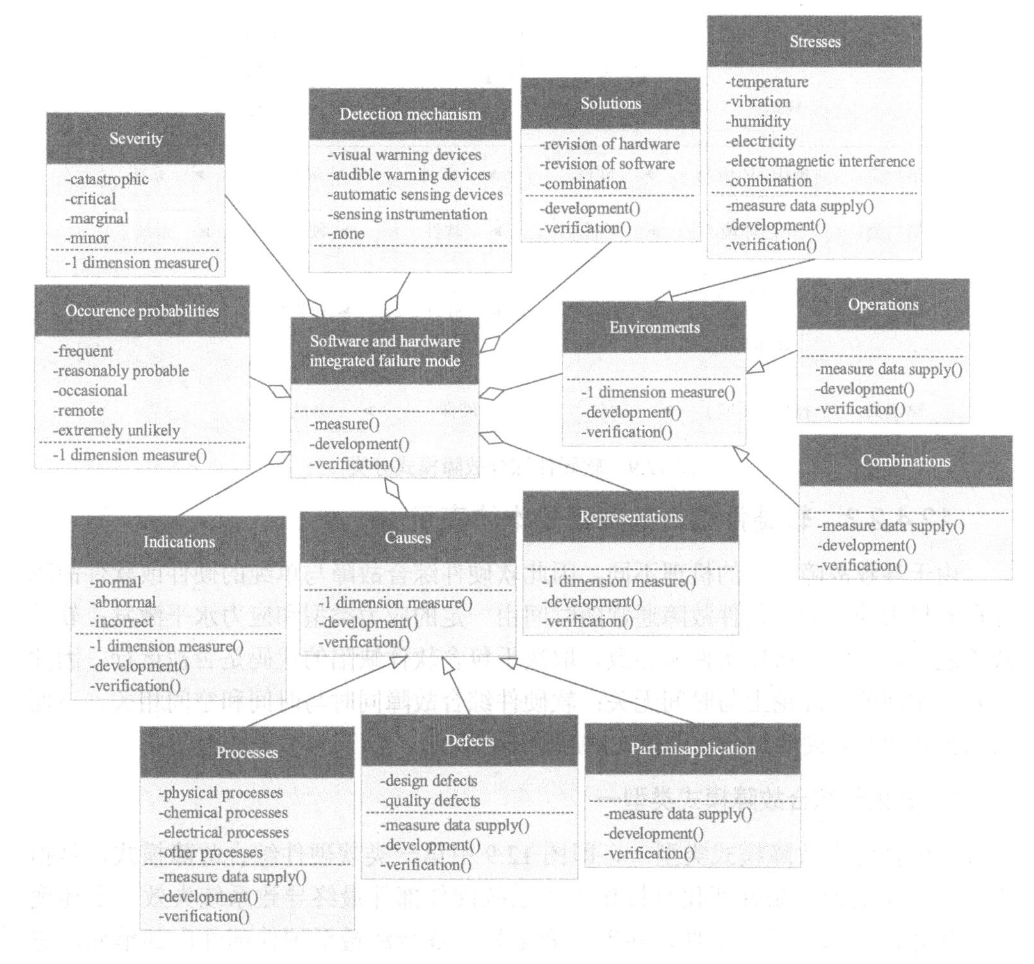

图 12.8 软硬件综合故障模式及其构成要素值集

12.4.2.2 软硬件综合故障模式分类

由于软硬件综合系统由硬件和软件共同构成，并且人也是系统不可或缺的操作主体，因此可得系统 = 软件 + 硬件 + 人，即软件、硬件和人共同构成软硬件综合系统，构成要素之一的人通过操作使得系统完成预期功能。此外，系统与外部环境之间具有交互作用。上述内容可表示为图 12.9 的上半部分，图 12.9 中虚线框表示该要素不具有实际形态，而实线框表示该要素具有实际形态。进一步可以故障产生机

理为依据，对软硬件综合故障模式进行分类，表示为图 12.9 的下半部分。由图 12.9 可见，软硬件综合故障模式共分为四大类。以第一类软硬件综合故障模式为例，遵循“操作（环境）→硬件→软件→硬件′→系统”的产生过程。另外三类软硬件综合故障模式的产生过程可类似地获得。

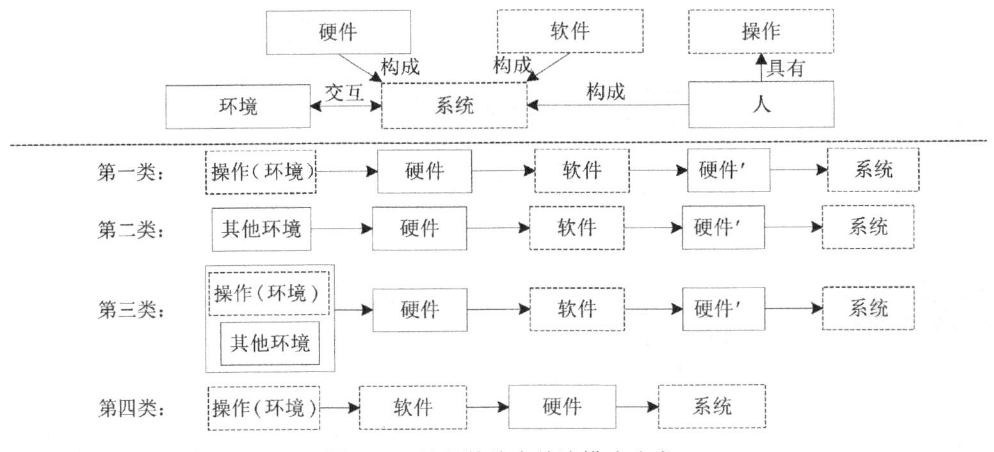

图 12.9　软硬件综合故障模式分类

12.4.2.3　软硬件综合故障模式本体表示

由于导致故障产生的机理不同，因此软硬件综合故障与单纯的硬件或软件故障存在着极大的不同。硬件故障通常随时间由一定的应力类型和应力水平激发；软件故障通常由一定的操作条件所导致，取决于包含软件缺陷的代码是否被运行，因此是基于空间的，理论上与时间无关；软硬件综合故障同时与时间和空间相关。下面给出上述四类软硬件综合故障模式对应的本体表示。

1. 软硬件综合故障模式类型一

软硬件综合故障模式类型一，即图 12.9 中第一类软硬件综合故障模式，是指由不可预见的操作条件变化直接作用于系统硬件部件最终导致系统失效。上述变化直接作用于系统硬件部件，随着时间累积，逐步渗透至硬件部件内部单元，进而影响元器件或线路特性，产生的异常电信号将作为软件输入通过软硬件接口作用于软件，从而导致软件运行异常，再反作用于硬件部件内部单元′，进而反作用于系统硬件部件′，最终造成系统全局或局部故障。上述过程如图 12.10 所示。图 12.10 中的“硬件部件内部单元′”和“系统硬件部件′”分别表示相应部分的状态发生了变化，由正常迁移至故障。这是一个闭环反馈过程，并且每一步都伴随着状态的迁移。

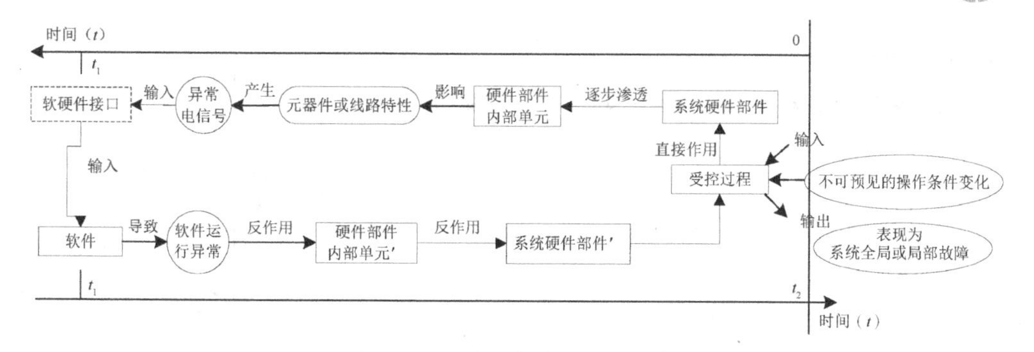

图 12.10　软硬件综合故障模式类型一

下面给出对应软硬件综合故障模式类型一核心三要素本体表示的具体内容。

需求不完备场景。

场景 1：

$\text{constraints}_k(\text{interacts}_i) \in \text{Constraints}(1 \leqslant k \leqslant l,\ 1 \leqslant i \leqslant n,\ k \in \mathbf{N},\ l \in \mathbf{N},\ i \in \mathbf{N},\ n \in \mathbf{N})$。

$\exists\ (\text{interacts}_i \notin \text{Interacts}) \rightarrow (\text{state}_i(\text{hardware}) \notin \text{State}(\text{hardware})) \rightarrow (\text{state}_i(\text{software}) \notin \text{State}(\text{software})) \rightarrow (\text{state}_j(\text{hardware}) \notin \text{State}(\text{hardware}))$。

缺陷表现：安全性问题。

解决方案：给出完备的预定义操作条件集及领域约束集，以构建完备的领域知识本体。

2. 软硬件综合故障模式类型二

软硬件综合故障模式类型二，即图 12.9 中第二类软硬件综合故障模式，是指由不可预见的环境变化直接作用于系统硬件部件最终导致系统失效。上述变化直接作用于系统硬件部件，随着时间累积，逐步渗透至硬件部件内部单元，进而影响元器件或线路特性，产生的异常电信号将作为软件输入通过软硬件接口作用于软件，从而导致软件运行异常，再反作用于硬件部件内部单元′，进而反作用于系统硬件部件′，最终造成系统全局或局部故障。上述过程如图 12.11 所示。图 12.11 中的“硬件部件内部单元′”和“系统硬件部件′”分别表示相应部分的状态发生了变化，由正常迁移至故障。这是一个闭环反馈过程，并且每一步都伴随着状态的迁移。

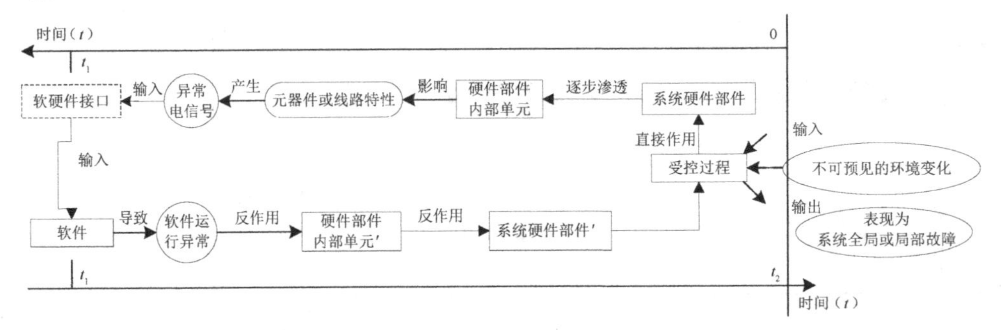

图 12.11　软硬件综合故障模式类型二

下面给出对应软硬件综合故障模式类型二核心三要素本体表示的具体内容。

需求不完备场景。

场景 2：

$\text{constraints}_k(\text{interacts}_i) \in \text{Constraints}(1 \leqslant k \leqslant l,\ 1 \leqslant i \leqslant n,\ k \in \mathbf{N},\ l \in \mathbf{N},\ i \in \mathbf{N},\ n \in \mathbf{N})$。

子场景 2-1：

$\exists\ (\text{t-Envi}_s \notin \text{RecessiveEnvironment}) \rightarrow ((\text{t-Envi}_s \cup \text{RecessiveEnvironment}) \not\subset \text{Environment}) \rightarrow (\text{state}_i(\text{hardware}) \notin \text{State}(\text{hardware})) \rightarrow (\text{state}_i(\text{software}) \notin \text{State}(\text{software})) \rightarrow (\text{state}_j(\text{hardware}) \notin \text{State}(\text{hardware}))\ (s1 \leqslant s,\ s \in \mathbf{N})$。

子场景 2-2：

$\exists\ (\text{v-Envi}_s \notin \text{RecessiveEnvironment}) \rightarrow ((\text{v-Envi}_s \cup \text{RecessiveEnvironment}) \not\subset \text{Environment}) \rightarrow (\text{state}_i(\text{hardware}) \notin \text{State}(\text{hardware})) \rightarrow (\text{state}_i(\text{software}) \notin \text{State}(\text{software})) \rightarrow (\text{state}_j(\text{hardware}) \notin \text{State}(\text{hardware}))(s2 \leqslant s,\ s \in \mathbf{N})$。

子场景 2-3：

$\exists\ (\text{h-Envi}_s \notin \text{RecessiveEnvironment}) \rightarrow ((\text{h-Envi}_s \cup \text{RecessiveEnvironment}) \not\subset \text{Environment}) \rightarrow (\text{state}_i(\text{hardware}) \notin \text{State}(\text{hardware})) \rightarrow (\text{state}_i(\text{software}) \notin \text{State}(\text{software})) \rightarrow (\text{state}_j(\text{hardware}) \notin \text{State}(\text{hardware}))\ (s3 \leqslant s,\ s \in \mathbf{N})$。

子场景 2-4：

$\exists\ (\text{e-Envi}_s \notin \text{RecessiveEnvironment}) \rightarrow ((\text{e-Envi}_s \cup \text{RecessiveEnvironment}) \not\subset \text{Environment}) \rightarrow (\text{state}_i(\text{hardware}) \notin \text{State}(\text{hardware})) \rightarrow (\text{state}_i(\text{software}) \notin \text{State}(\text{software})) \rightarrow (\text{state}_j(\text{hardware}) \notin \text{State}(\text{hardware}))\ (s4 \leqslant s,\ s \in \mathbf{N})$。

子场景 2-5：

$\exists\ (\text{c-Envi}_s \notin \text{RecessiveEnvironment}) \rightarrow ((\text{c-Envi}_s \cup \text{RecessiveEnvironment}) \not\subset \text{Environment}) \rightarrow (\text{state}_i(\text{hardware}) \notin \text{State}(\text{hardware})) \rightarrow (\text{state}_i(\text{software}) \notin \text{State}(\text{software})) \rightarrow (\text{state}_j(\text{hardware}) \notin \text{State}(\text{hardware}))\ (s5 \leqslant s,\ s \in \mathbf{N})$。

子场景 2-6：

$\exists$ (EM-Envi$_s \not\in$ RecessiveEnvironment)→((EM-Envi$_s$ $\cup$ RecessiveEnvironment) $\not\subset$ Environment) → (state$_i$(hardware) $\not\in$ State(hardware)) → (state$_i$(software) $\not\in$ State(software)) → (state$_j$(hardware) $\not\in$ State(hardware)) ($s6 \leqslant s$, $s \in \mathbf{N}$)。

子场景 2-7：

$\exists$ (g-Envi$_s \not\in$ RecessiveEnvironment)→((g-Envi$_s$ $\cup$ RecessiveEnvironment) $\not\subset$ Environment) → (state$_i$(hardware) $\not\in$ State(hardware)) → (state$_i$(software) $\not\in$ State(software)) → (state$_j$(hardware) $\not\in$State(hardware)) ($s7 \leqslant s$, $s \in \mathbf{N}$)。

子场景 2-8：

$\exists$ (a-Envi$_s \not\in$ RecessiveEnvironment)→((a-Envi$_s$ $\cup$ RecessiveEnvironment) $\not\subset$ Environment) → (state$_i$(hardware) $\not\in$ State(hardware)) → (state$_i$(software) $\not\in$ State(software)) → (state$_j$(hardware) $\not\in$ State(hardware)) ($s8 \leqslant s$, $s \in \mathbf{N}$)。

缺陷表现：安全性问题。

解决方案：给出完备的预定义环境集及领域约束集，以构建完备的领域知识本体。

3. 软硬件综合故障模式类型三

软硬件综合故障模式类型三，即图 12.9 中第三类软硬件综合故障模式，是指由不可预见的操作条件变化及环境变化直接作用于系统硬件部件最终导致系统失效。上述变化直接作用于系统硬件部件，随着时间累积，逐步渗透至硬件部件内部单元，进而影响元器件或线路特性，产生的异常电信号将作为软件输入通过软硬件接口作用于软件，从而导致软件运行异常，再反作用于硬件部件内部单元′，进而反作用于系统硬件部件′，最终造成系统全局或局部故障。上述过程如图 12.12 所示。图 12.12 中的“硬件部件内部单元′”和“系统硬件部件′”分别表示相应部分的状态发生了变化，由正常迁移至故障。这是一个闭环反馈过程，并且每一步都伴随着状态的迁移。

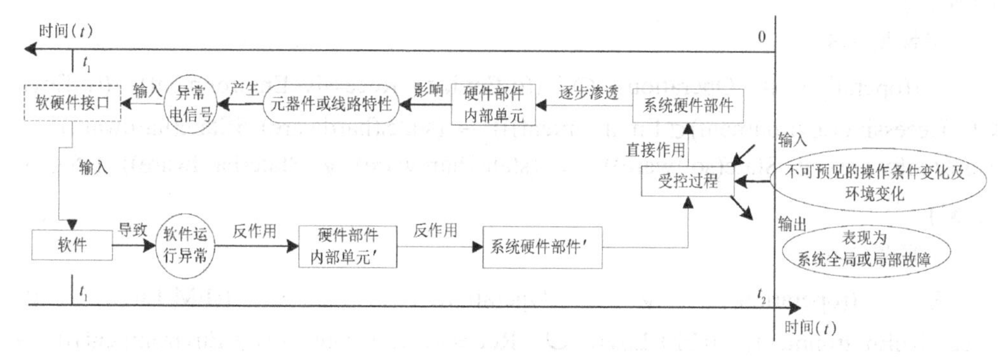

图 12.12 软硬件综合缺陷模式类型三

下面给出对应软硬件综合故障模式类型三核心三要素本体表示的具体内容。

需求不完备场景。

场景 3：

$constraints_k(interacts_i) \in Constraints(1 \leqslant k \leqslant l, 1 \leqslant i \leqslant n, k \in \mathbf{N}, l \in \mathbf{N}, i \in \mathbf{N}, n \in \mathbf{N}$。

子场景 3-1：

$\exists ((operation_i \notin Operation) \cap ((t\text{-}Envi_s \notin RecessiveEnvironment) \rightarrow ((t\text{-}Envi_s \cup RecessiveEnvironment) \not\subset Environment))) \rightarrow (state_i(hardware) \notin State(hardware)) \rightarrow (state_i(software) \notin State(software)) \rightarrow (state_j(hardware) \notin State(hardware))$ $(s1 \leqslant s, s \in \mathbf{N})$。

子场景 3-2：

$\exists ((operation_i \notin Operation) \cap ((v\text{-}Envi_s \notin RecessiveEnvironment) \rightarrow ((v\text{-}Envi_s \cup RecessiveEnvironment) \not\subset Environment))) \rightarrow (state_i(hardware) \notin State(hardware)) \rightarrow (state_i(software) \notin State(software)) \rightarrow (state_j(hardware) \notin State(hardware))$ $(s2 \leqslant s, s \in \mathbf{N})$。

子场景 3-3：

$\exists ((operation_i \notin Operation) \cap ((h\text{-}Envi_s \notin RecessiveEnvironment) \rightarrow ((h\text{-}Envi_s \cup RecessiveEnvironment) \not\subset Environment))) \rightarrow (state_i(hardware) \notin State(hardware)) \rightarrow (state_i(software) \notin State(software)) \rightarrow (state_j(hardware) \notin State(hardware))$ $(s3 \leqslant s, s \in \mathbf{N})$。

子场景 3-4：

$\exists ((operation_i \notin Operation) \cap ((e\text{-}Envi_s \notin RecessiveEnvironment) \rightarrow ((e\text{-}Envi_s \cup RecessiveEnvironment) \not\subset Environment))) \rightarrow (state_i(hardware) \notin State(hardware)) \rightarrow (state_i(software) \notin State(software)) \rightarrow (state_j(hardware) \notin State(hardware))$ $(s4 \leqslant s, s \in \mathbf{N}$。)

子场景 3-5：

$\exists ((operation_i \notin Operation) \cap ((c\text{-}Envi_s \notin RecessiveEnvironment) \rightarrow ((c\text{-}Envi_s \cup RecessiveEnvironment) \not\subset Environment))) \rightarrow (state_i(hardware) \notin State(hardware)) \rightarrow (state_i(software) \notin State(software)) \rightarrow (state_j(hardware) \notin State(hardware))$ $(s5 \leqslant s, s \in \mathbf{N})$。

子场景 3-6：

$\exists ((operation_i \notin Operation) \cap ((EM\text{-}Envi_s \notin RecessiveEnvironment) \rightarrow ((EM\text{-}Envi_s \cup RecessiveEnvironment) \not\subset Environment))) \rightarrow (state_i(hardware) \notin State(hardware)) \rightarrow (state_i(software) \notin State(software)) \rightarrow (state_j(hardware) \notin State(hardware))$ $(s6 \leqslant s, s \in \mathbf{N})$。

子场景 3-7：

$\exists$ ((operation$_i$ $\notin$ Operation) $\cap$ ((g-Envi$_s$ $\notin$ RecessiveEnvironment)$\rightarrow$((g-Envi$_s$ $\cup$ RecessiveEnvironment) $\not\subset$ Environment))) $\rightarrow$ (state$_i$(hardware) $\notin$State(hardware)) $\rightarrow$ (state$_i$(software) $\notin$ State(software)) $\rightarrow$ (state$_j$(hardware) $\notin$ State(hardware)) ($s7 \leqslant s$, $s \in \mathbf{N}$)。

子场景 3-8：

$\exists$ ((operation$_i$ $\notin$ Operation) $\cap$ ((a-Envi$_s$ $\notin$ RecessiveEnvironment)$\rightarrow$((a-Envi$_s$ $\cup$ RecessiveEnvironment) $\not\subset$ Environment))) $\rightarrow$ (state$_i$(hardware) $\notin$ State(hardware)) $\rightarrow$ (state$_i$(software) $\notin$ State(software)) $\rightarrow$ (state$_j$(hardware) $\notin$ State(hardware)) ($s8 \leqslant s$, $s \in \mathbf{N}$)。

缺陷表现：安全性问题。

解决方案：给出完备的预定义环境集、操作条件集及领域约束集，以构建完备的领域知识本体。

4．软硬件综合故障模式类型四

软硬件综合故障模式类型四，即图 12.9 中第四类软硬件综合故障模式，是指由不可预见的操作条件变化直接作用于软件最终导致系统失效。上述变化直接作用于软件，进而导致软件运行异常。这种软件运行异常通过软硬件接口产生异常电信号，异常电信号直接作用于系统硬件部件内部单元，进一步作用于硬件部件，最终造成系统的全局或局部故障。上述过程如图 12.13 所示。这是一个闭环反馈过程，并且每一步都伴随着状态的迁移。

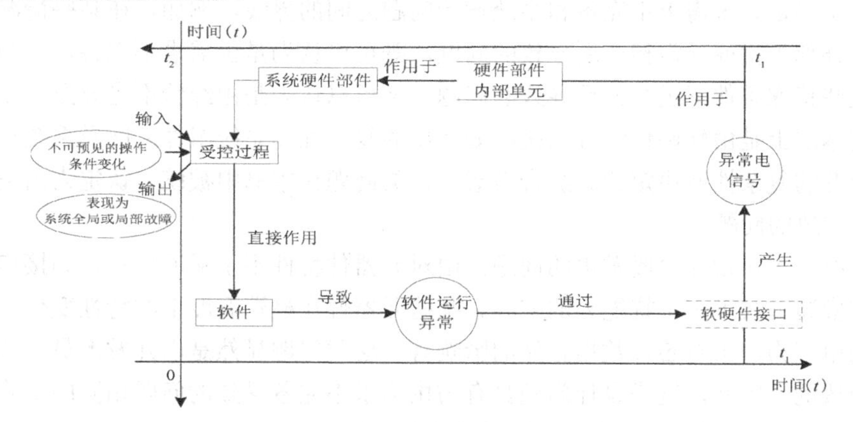

图 12.13　软硬件综合缺陷模式类型四

下面给出对应软硬件综合故障模式类型四核心三要素本体表示的具体内容。

需求不完备场景。

场景 4：

$\text{constraints}_k(\text{interacts}_i) \in \text{Constraints}(1 \leqslant k \leqslant l,\ 1 \leqslant i \leqslant n,\ k \in \mathbf{N},\ l \in \mathbf{N},\ i \in \mathbf{N},\ n \in \mathbf{N})$。

$\exists\ (\text{interacts}_i \notin \text{Interacts}) \to (\text{state}_i(\text{software}) \notin \text{State}(\text{software})) \to (\text{state}_j(\text{hardware}) \notin \text{State}(\text{hardware}))$。

缺陷表现：安全性问题。

解决方案：给出完备的预定义操作条件集及领域约束集，以构建完备的领域知识本体。

目前，几乎所有对工程化系统故障机理的分析都是基于故障事件因果的链状或树状模型进行的，只能描述事件间的直接、线性关系。因此这种传统模型在刻画随时间累积而发生的环境扰动所导致的软硬件综合故障方面显得无能为力。图 12.10～图 12.13 所示模型与传统故障模型有着极大的不同。这种模型基于控制论，能够描述间接、非线性关系及状态迁移，刻画随时间累积而发生的环境扰动所导致的软硬件综合故障。

12.4.3 软硬件综合 FMEA 本体结构

就目前获得的软硬件综合故障模式并结合图 12.9 中的软硬件综合故障模式类型来看，尽管最终都是通过改进设计的方法解决了故障问题，但故障的产生原因既可能是系统需求不完备，又可能是系统设计问题，还可能是两种问题的结合，而且有时也很难界定系统需求不完备和系统设计问题之间的界线。例如，在某些情况下由未考虑外部干扰或异常指令所导致的问题，既可以认为是由需求不完备，未明确指出在某些特殊条件下进行处理导致的问题，又可以认为是由经验不足导致的设计问题。这本质上是由软硬件综合系统所处环境的复杂性和系统组件之间及系统与环境之间交互的复杂性所决定的。综合考虑，这类问题在本书中被统一认定为由需求不完备所导致的问题。

还有一类在设计阶段发生的问题，由对元器件特性不了解所导致，如接口芯片在某些安装方式下抗干扰能力的差异、某些元器件在极端温度下的特性变化、开关机时的电应力冲击对芯片数据存储的影响等。这类问题显然是由开发人员的知识不完备导致的。因此，这类设计问题具有与由需求不完备导致的问题相同的形式。由此，可将两类问题都统一到知识不完备的框架下。

目前，知识工程领域存在的一个很大的问题是知识共享和复用问题。由于信息化手段的不断发展，知识的广度和深度日益增加。如何使不同领域的从业人员或同一领域从事不同工作的人员达成对某一事物的一致性认识，形成一个互联互通的集共享和复用特性为一体的知识平台，并以此为基础进行进一步的体系化、工程化的研究或活动是当前急需解决的问题。解决上述问题的关键在于将领域知识建模为一个可共享的知识框架，这样扮演不同角色的人可以对领域问题达成一致的认识，同时最大限度地消除多视点、多范型带来的异质性。

本体是共享概念的明确、形式化的表示。通过采用本体方法，知识被表示为本体概念及其关联，因此是清晰、完整和一致的，并且有利于知识的共享和重用。下面介绍基于本体方法的软硬件综合故障模式研究。

12.4.3.1 软硬件综合 FMEA 知识多本体框架

本节在 KADS 知识模型的基础上，借鉴企业本体研究成果并总结实践经验，得到软硬件综合 FMEA 知识多本体框架，如图 12.14 所示，它保留了 KADS 知识模型知识层次划分清晰且具有良好可维护性和重用性的优点，避免了知识层次一体性差和领域知识不完备的缺点。

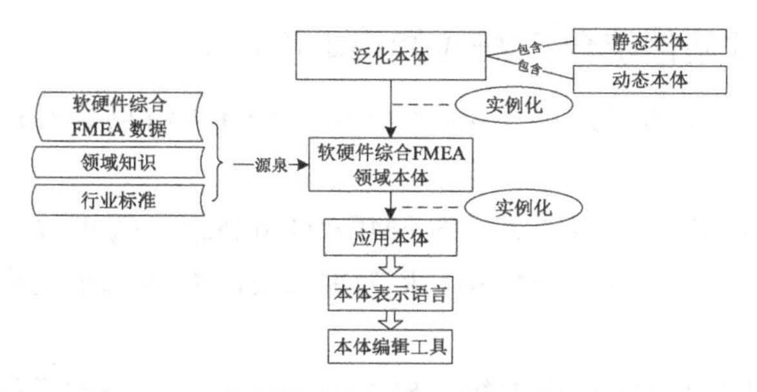

图 12.14 软硬件综合 FMEA 知识多本体框架

图 12.14 中软硬件综合 FMEA 领域本体经实例化得到应用本体。泛化本体分为静态本体和动态本体。静态本体是对概念、属性、关系等要素的描述；动态本体是对事件、活动等工作流的描述。领域专家、开发者、测试者和使用者均能参与到多本体框架的构建过程中，故该框架是基于多视点的。知识的来源包括：软硬件综合系统可靠性设计分析、试验及实际使用环境中提取的故障信息；从专家及特定软硬件综合系统质量数据中获取的经验性和规则性知识；从文档中提取的实例性软硬件综合 FMEA 知识；从行业标准、规定中提取的约束性知识。

领域知识的存在形式多种多样，主要包含显性知识和隐性知识。可通过采用软硬件综合 FMEA 领域本体将领域中的隐性知识显性化。

软硬件综合 FMEA 知识本体构建流程如图 12.15 所示。基于上述多本体框架，按照“领域层—应用层”的顺序构造各层本体。给出各层本体的概念、层次结构、关联关系、属性、规则、实例等要素的明确、无二义定义，以及各层本体间的映射关系。

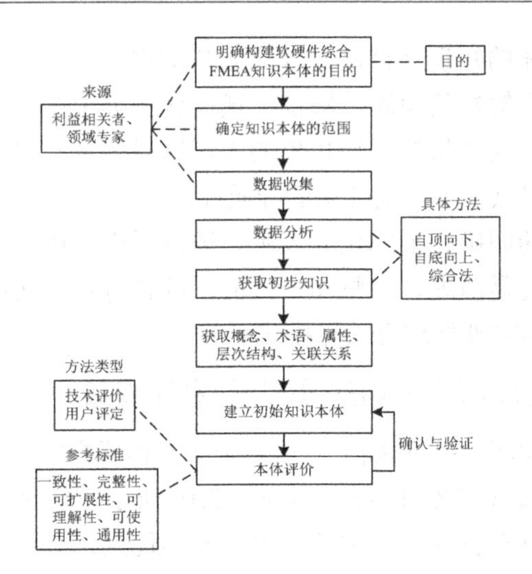

图 12.15　软硬件综合 FMEA 知识本体构建流程

12.4.3.2　软硬件综合 FMEA 知识本体定义

参照通常的知识本体定义并结合软硬件综合 FMEA 特点给出 FMEA 知识本体定义如下。

定义 12.4　FMEA 知识本体定义为 FMEA Ontology=$<C, A^C, R, A^R, H, I>$。其中，C 为概念集，A^C 为每个概念的属性集，R 为关系集，A^R 为每个关系的属性集，H 为概念层次，I 为实例集。

定义 12.5　概念集 C。C 中的每个概念 C_i 用来表示相同种类的一组对象，并能用相同的属性集进行描述，在 FMEA 领域内是指各种故障形式的集合，如电磁干扰引起的故障、温度应力引起的故障、振动应力引起的故障等。

定义 12.6　概念的属性集 $A^C(C_i)$。在 FMEA 本体中，属性是指故障模式实例的各项属性，如潜在故障后果、严重度等级（Severity）、发生概率（Occurrence Probabilities）和探测方法（Detection Mechanism）等。

定义 12.7　关系集 $R_i(C_p, C_q)$。$R_i(C_p, C_q)$中的每个关系 r_i 表示概念 C_p 和 C_q 之间的二元关联，并且该关系的实例是一对概念对象(C_p, C_q)。

定义 12.8　关系的属性集 $A^R(r_i)$。$A^R(r_i)$用于表示关系 r_i 的属性。在 FMEA 本体中，概念间的关系属性有 part-of、instance-of、attribute-of 等。

定义 12.9　概念层次 H。H 是概念集 C 的概念层次，并且是 C 中概念之间的一组父子（或父类-子类）关系。例如，如果 C_q 是 C_p 的子类或子概念，则$(C_p, C_q)\in H$。事实上，概念层次 H 也可看作父类与子类之间的继承关系。

若将继承关系定义为 FMEA 知识本体概念类层次中子类自动共享父类属性和结构的机制，那么非终结概念类下的子类与父类构成继承关系。这表明可在现存概念类基础上实现一个新类，以现存类的内容为基础，并加入若干新内容。

定理 12.1　概念关联中的继承关系是偏序关系。

证明：此处略。

定义 12.10　实例集 I。I 表示支撑概念与关系的具体实例。

采用 Protégé 进行本体编辑，将软硬件综合 FMEA 知识本体固化在本体库中。进一步得到基于运行时间/状态的软硬件综合 FMEA 知识本体模型，如图 12.16 所示。

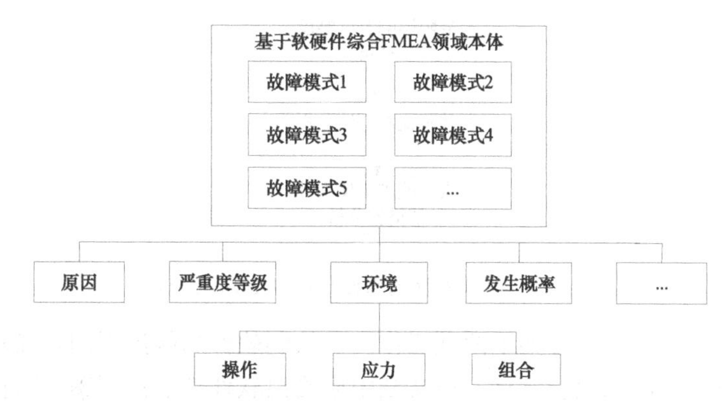

图 12.16　软硬件综合 FMEA 知识本体模型

12.4.3.3　软硬件综合 FMEA 方法

本节介绍以软硬件综合 FMEA 知识本体为基础的 FMEA 方法，该方法考虑软硬件综合系统由硬件和软件构成的复杂性，以独立实施的硬件 FMEA 及软件 FMEA 方法为基础，通过添加构成软硬件综合 FMEA 知识本体的要素，对通常的硬件 FMEA 及软件 FMEA 方法进行修改和完善，形成基于本体的软硬件综合 FMEA 方法，如图 12.17 所示。

该方法与一般 FMEA 方法的区别在于通过构建软硬件综合 FMEA 知识本体为后续活动提供指导。以系统定义为例，对硬件来说，需要进行如下两项工作：①产品功能分析。在描述产品任务后，对产品在不同任务剖面下的主要功能、工作方式（如连续工作、间歇工作或不工作等）和工作时间等进行分析，并应充分考虑产品接口。②绘制功能框图及任务可靠性框图。描述产品的功能可以采用功能框图的方法。功能框图用于表示产品各组成部分所承担的任务或功能间的相互关系，以及产品每个约定层次间的功能逻辑顺序、数据（信息）流、接口。可靠性框图用于描述产品整体可靠性与其组成部分的可靠性之间的关系，它不反映产品间的功能关系，而表示故障影响的逻辑关系。如果产品具有多项任务或多个工作模式，则应分别建立相应的任务可靠性框图。

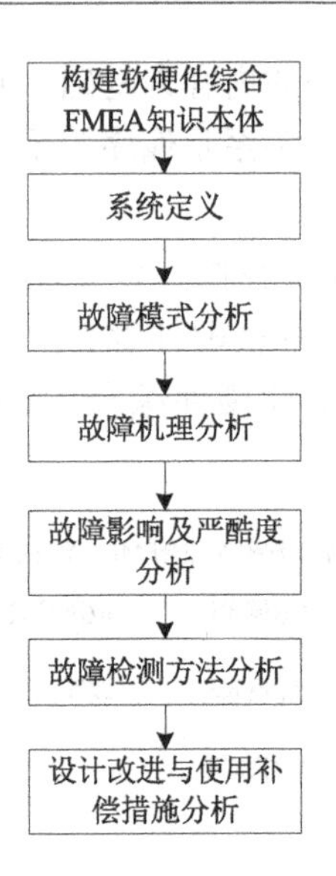

图 12.17　基于本体的软硬件综合 FMEA 方法

对软件来说，需要进行如下两项工作：①绘制软件功能流程图。在软件需求分析阶段应形成软件需求说明文档，在文档中应给出软件功能流程图。软件功能流程图中给出软硬件综合系统中每个软件部件或软件单元之间的功能逻辑关系，表示软硬件综合系统自上而下的层次关系。②定义软件约定层次。软件由程序、分程序、模块和程序单元组成。软件约定层次可包括初始约定层次、最低约定层次、约定层次”等。软件约定层次定义的深度，同样影响着软件 FMEA 的工作量和难度。在定义软件约定层次时，应根据实际需要重点考虑关键的、重要功能的软件部件或模块。

上述工作实施所依赖的知识都来源于 FMEA 知识本体，FMEA 知识本体是共享概念模型的明确、形式化的规范说明，它能够以一种明确、形式化的方式表示领域知识，促进知识共享。除系统定义之外，上述流程中从“故障模式分析”到“设计改进与使用补偿措施分析”的内容都可与前述软硬件综合故障模式构成要素的内容相对应，因此已被包含在 FMEA 知识本体中，所以可以采用同系统定义类似的方式实施。

此外，软硬件综合 FMEA 方法中的另一重要部分是故障模式及机理分析，尤其是故障机理分析。这是由导致这类故障产生的机理所具备的特点决定的。研究软硬件综合故障探测方法需要具备的前提条件是在可靠性试验中模拟实际使用情况下的各种应力。然而仅依靠这一条件还不够，因为在某些情况下某个操作也有可能导致软硬件综合故障。笼统地说，操作既可以指一种人与软件的交互行为，又可以指软件指令。因此，需要将这一模糊的概念转化为某个较为客观且便于观测的量。本书中采用对系统中组成电子设备的某些元器件的性能参数及软件中相关变量的状态进行实时监测的方法达到判断操作正确性的目的。通过上述做法首先能确保已掌握的故障模式的相关内容与试验中的情况一致，当出现不一致的情况时也可以及时发现问题并解决问题，在最大限度节约资源成本的前提下保证试验的正常进行。

由于研究过程涉及电子设备的相关内容，同时又是为软硬件可靠性综合试验服务的，因此需要参考 GJB 299C—2006《电子设备可靠性预计手册》，该手册首先对电子设备的应用环境进行了分类，如表 12.11 所示。

表 12.11　环境分类

环境类别	说明
地面良好	能保持正常气候条件，机械应力接近于零的地面良好环境，其维护条件良好，如有温湿度控制的实验室或大型地面站等
导弹发射井	发射井中的导弹及其辅助设备所处的环境
一般地面固定	在普通的建筑物内或通风较好的固定机架上，受振动、冲击影响很小的环境条件，如固定雷达、通信设备和电视机、收录机等家用电器的环境
恶劣地面固定	只有简陋气候防护设施的地面环境或地下坑道，其环境条件较恶劣，如高温、低温、温度变化大、高湿、霉菌、盐雾和化学气体等环境
平稳地面移动	在比较平稳的移动状态下，有振动与冲击的环境，如在公路上行驶的专用车辆及火车车厢环境
剧烈地面移动	安装在履带车辆上，在较剧烈的移动状态下工作，受振动、冲击影响较大，通风及温湿度控制条件受限制的环境，使用中维修条件差，如装甲车内的环境
背负	由人携带的越野环境，维护条件差
潜艇	潜艇内的环境
舰船良好舱内	行驶时较为平稳，且受盐雾、水汽影响较小的舰船舱内，如近海大型运输船和内河船只的空调舱
舰船普通舱内	能防风雨的普通舰船舱内，常有较强烈的冲击和振动，如水面战船舱内或甲板以下的环境
舰船舱外	舰船甲板上的典型环境，经常有强烈的冲击和振动，包括无防护、暴露于风雨下的环境
战斗机座舱	战斗机飞行员座舱环境，无太高的温度、压力和过于强烈的冲击和振动
战斗机无人舱	有高温、高压、强烈的冲击和振动等的恶劣环境条件，如战斗机机身、机尾、机翼等部位的设备舱、炸弹舱
运输机座舱	运输机空勤人员的座舱环境
运输机无人舱	运输机上无环境条件控制的非载人区域环境
直升机	在带旋转翼直升机机内或机外的安装环境
宇宙飞行	在地球轨道上飞行，不包括动力飞行和重返大气层，如卫星中电子设备的安装环境
导弹发射	由导弹发射，火箭飞行、射入轨道及重返大气层，降落伞着陆等引起的噪声、振动、冲击及其他恶劣的环境条件
导弹飞行	与吸气助燃推进导弹、巡航导弹的动力飞行和无动力自由飞行导弹相关的环境条件

就目前的研究现状而言，研究对象主要是航空飞行器上的电子设备，因此涉及的环境种类需要在表 12.11 的基础上裁剪，主要包括战斗机座舱、战斗机无人舱、运输机座舱、运输机无人舱、直升机等。这些内容都需要纳入 FMEA 本体库。

在了解了环境类型后，需要根据前期收集的具体故障信息，结合上述标准，确定较易发生已有故障的元器件类型。图 12.18 所示为元器件及组件的主要类型，其中带阴影的三类，即单片双极与 MOS 模拟电路，存储器电路，单片双极与 MOS 数字电路、PLA、PAL（Programmable Array Logic，可编程阵列逻辑）、PLD（Programmable Logic Device，可编程逻辑器件）和 FPGA（Field-Programmable Gate Array，现场可编程门阵列）是目前能够确定的较易发生已有故障的元器件类型。这几类元器件还可分为更细的类型，如表 12.12 所示。上述内容同样需要纳入 FMEA 本体库。

图 12.18　元器件及组件的主要类型

表 12.12　图 12.18 中阴影部分元器件的子类型

单片双极与 MOS 模拟电路	存储器电路	单片双极与 MOS 数字电路、PLA、PAL、PLD 和 FPGA 电路
线性集成电路	RAM	阵列
开关集成电路	ROM	寄存器
通用放大器	—	门电路
运算放大器	—	反相器
电压基准源	—	触发器
电压调整器	—	解码器
比较器	—	驱动器
振荡器	—	计数器/分配器

续表

单片双极与 MOS 模拟电路	存储器电路	单片双极与 MOS 数字电路、PLA、PAL、PLD 和 FPGA 电路
控制器	—	缓冲器/变送器/驱动器
接收/发射器	—	计时器
接口集成电路	—	收发器
A/D 转换器	—	—
D/A 转换器	—	—

下面以雷达系统为例给出一个软硬件综合 FMEA 方法的应用案例。

首先对雷达系统进行介绍。雷达是一种特殊的无线电观测设备，可用来发现待测量目标的位置。如果将它的使用范围缩小，它就是一种测量无源活动目标（如飞机、军舰）的方位和距离的无线电技术仪器。雷达系统的基本任务是探测感兴趣的目标，测定有关目标的距离、方位、速度等状态参数，主要由天线、发射机、接收机、信号处理机、数据处理机、指示器和显示器等部分组成，如图 12.19 所示。

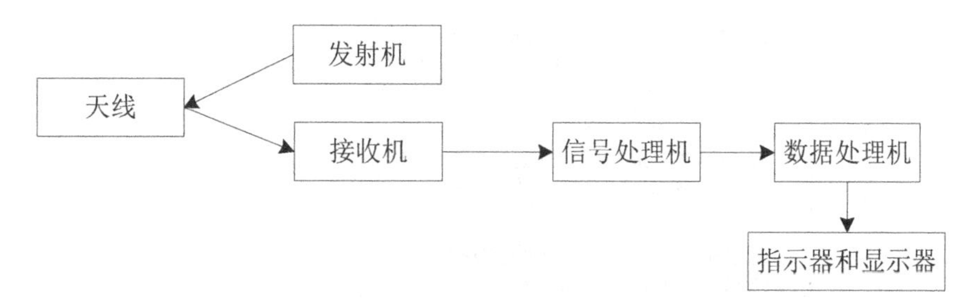

图 12.19 雷达系统的基本组成

按照不同的分类标准，雷达可被分为多种类型。此外，根据实际经验在环境/可靠性试验或外场发现的与雷达相关的软硬件综合故障数量有限，远远少于传统类型的故障。因此，下面给出的应用案不对具体类型的雷达进行区分，而针对与某种应力相关的一类故障进行分析，力图揭示这种应力对雷达系统综合故障的影响。

1. 系统定义

1）功能分析

某型雷达系统的功能是探测目标并测定有关目标的距离、方位、速度等状态参数，其功能原理图如图 12.20 所示。图 12.20 中伺服系统的虚线框表示该部分不是所有雷达系统都具有的，如相控阵雷达系统就不具有伺服系统。指示器和显示器部分现在更常被归类到航电系统。

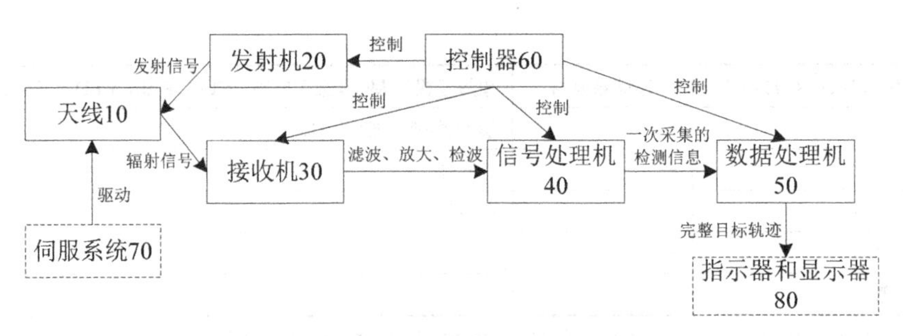

图 12.20　雷达系统功能原理图

2）绘制功能框图、任务可靠性框图

（1）绘制功能框图。某型雷达系统功能层次与结构层次对应图如图 12.21 所示。

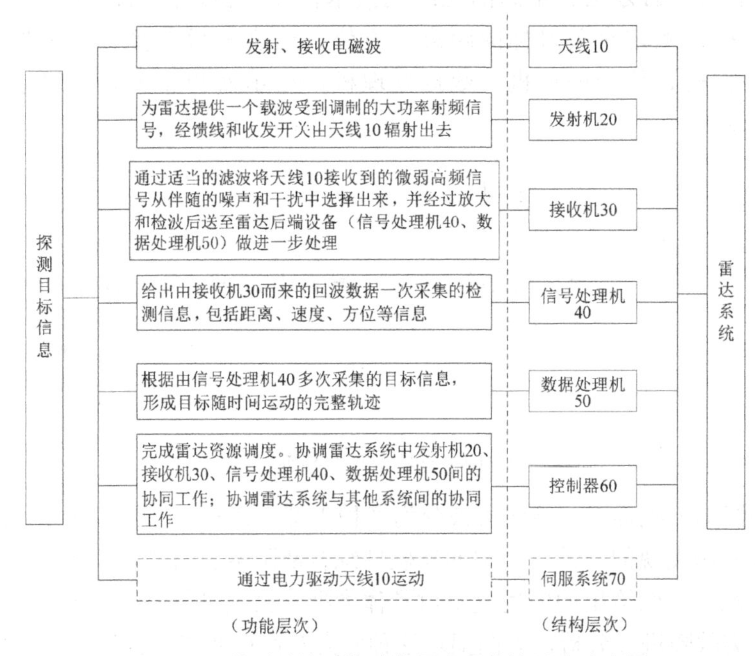

图 12.21　某型雷达系统功能层次及结构层次对应图

（2）绘制任务可靠性框图。某型雷达系统的任务可靠性框图如图 12.22 所示。

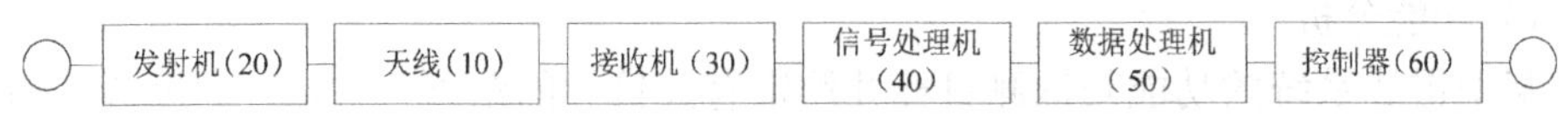

图 12.22　某型雷达系统的任务可靠性框图

2．约定层次

如图 12.23 所示，初始约定层次为飞机；约定层次为雷达系统；最低约定层次为天线（10）、发射机（20）……控制器（60）等。

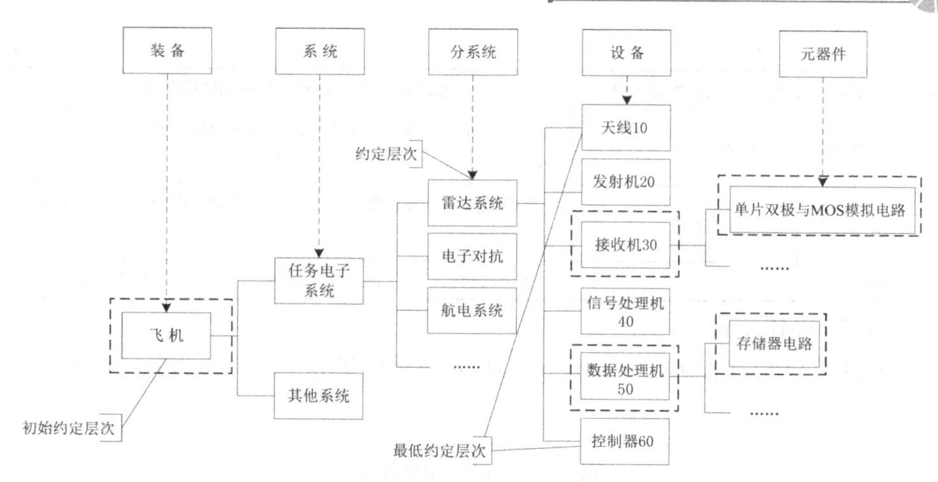

图 12.23 某型任务电子系统约定层次划分的示例

1）严酷度定义

一般来说，飞机上的系统按照分工的不同可粗略地分为完成基本飞行功能的系统（如电源、飞控系统等）和完成特定任务的系统（如任务电子系统，包括雷达系统、电子对抗等分系统）。尽管完成特定任务的系统一般不会对基本飞行功能造成影响，但在实战时会对作战效能产生决定性影响，并影响飞机系统的可靠性和安全性。因此，严酷度定义基于作战效能和基本使用情况给出，如表 12.13 所示。

表 12.13 严酷度类别及定义

严酷度类别	严酷度定义
Ⅰ类（灾难的）	由任务失败导致的作战效能完全丧失，并可能危及人员或飞机安全
Ⅱ类（中等的）	由任务完成效果下降（如延误飞行、中断或取消飞行、降低飞行品质、增加着陆困难、中等程度环境损害等）导致的作战效能下降，并可能造成人员受到中等程度伤害或系统受到中等程度损坏
Ⅲ类（轻度的）	对作战效能无影响或影响很小，但会增加非计划性维护或修理

2）故障模式分析

雷达系统故障模式主要从有关信息中分析获得。故障模式发生概率的等级分为 A、B、C、D、E 五级，其具体定义如表 12.14 所示。

表 12.14 故障模式发生概率的等级划分

等级	定义	故障模式发生概率特征	故障模式发生概率（在产品使用时间内）
A	经常发生	高概率	某个故障模式发生概率大于产品总故障概率的 20%
B	有时发生	中等概率	某个故障模式发生概率大于产品总故障概率的 10%，小于或等于 20%

续表

等级	定义	故障模式发生概率特征	故障模式发生概率（在产品使用时间内）
C	偶然发生	不常发生	某个故障模式发生概率大于产品总故障概率的 1%，小于或等于 10%
D	很少发生	不大可能发生	某个故障模式发生概率大于产品总故障概率的 0.1%，小于或等于 1%
E	极少发生	近乎为零	某个故障模式发生概率小于或等于产品总故障概率的 0.1%

3）填写 FMEA 表

软硬件综合 FMEA 方法是对传统 FMEA 方法的扩充。风险指数定义和风险水平分类分别如表 12.15 和表 12.16 所示。

表 12.15 风险指数定义

故障模式发生可能性等级	严重性等级*		
	Ⅰ（灾难的）	Ⅱ（中等的）	Ⅲ（轻度的）
A（经常发生）	1	5	13
B（有时发生）	2	7	16
C（偶然发生）	4	8	18
D（很少发生）	8	12	19
E（极少发生）	12	16	20

注：表中阴影部分表示在分析中要特别关注，其中序号越小表示风险越大。

表 12.16 风险水平分类

风险评价指数	风险水平	评价准则
1～5	高	不可接受
6～9	严重	不希望（一般不接受）
10～17	中	可接受（但需要经评审）
18～20	低	可接受

根据本案例的具体分析情况，填写某型号雷达系统软硬件综合 FMEA 表，如表 12.17 所示。

总之，可基于实践中收集的故障数据，利用软硬件综合 FMEA 方法，识别所有可能的软硬件综合故障模式，分析故障模式产生的原因，分析故障可能造成的影响，确定危险的严重性和可能性（风险），消除或控制有危险故障的安全性关键产品，制定有效改进措施，以提高产品的可靠性水平。

表 12.17 某型号雷达系统软硬件综合 FMEA 表

初始约定层次：飞机　　分析人员：XXX　　批准：XXX

约定层次：雷达系统　　审　核：XXX　　填表日期：XXXX 年 XX 月 XX 日

代码	产品或功能标识	功能	故障模式		故障原因		任务阶段与工作模式	故障影响			严酷度类别	故障模式概率等级	风险指数	故障检测方法	改进措施
			识别号	模式	机理	应力		局部影响	高一层次影响	最终影响					
10	天线	发射/接收电磁波	101	模式类型一	控制天线的芯片在低温条件下进入了节电模式	温度应力	探测目标信息	芯片在低温条件下进入节电模式，不与伺服系统进行通信	界面未显示天线的自检过程	界面无俯仰显示	Ⅲ类	C	18	视觉	在芯片读写端增加一个上拉电阻
20	发射机	为雷达提供一个载波受到调制的大功率射频信号	201												
30	接收机	通过滤波分离出高频信号，再经放大和检波后送至雷达后端设备	301	模式类型一	延时器件（属于线性集成电路）在低温条件下误差增大			造成相关时序脉冲间不匹配，导致时序波形畸变	用该时序信号控制接收通道数据传输造成传输错位	导致低温状态下雷达无法跟踪目标	Ⅰ类	C	2	视觉	采用软件延时以取代硬件延时
			302	模式类型一	延时器件（属于线性集成电路）的延迟时间随温度上升而改变			外部元器件失效导致另一元器件散热不足，温度上升更改了延时器件的延迟时间	引发数据冲突	造成软件失效，并进一步导致任务失败	Ⅰ类	C	4	视觉	加强元器件筛选，提升元器件可靠性

续表

代码	产品或功能标识	功能	故障模式		故障原因		任务阶段与工作模式	故障影响			严酷度类别	故障模式概率等级	风险指数	故障检测方法	改进措施
			识别号	模式	机理	应力		局部影响	高一层次影响	最终影响					
40	信号处理机	给出由接收机而来的回波数据一次采集的检测信息，包括距离、速度、方位等	401												
50	数据处理机	根据由信号处理机多次采集的目标信息，形成目标随时间运动的完整轨迹	501	模式类型一	数据处理总线仲裁时序在低温条件下与临界值较为接近			报飞行故障、维护故障、成像状态下画面无回波信号	报数据处理机、发射机、接收机故障	导致空中格斗时无法截获目标	I类	B	2	视觉	改进数据处理总线仲裁时序的相关算法设计
60	控制器	完成雷达资源调度。协调雷达系统中发射机、接收机、信号处理机、数据处理机间的协同工作；协调雷达系统与其他系统间的协同工作	601												

12.4.4 基于软硬件综合故障（模式）的软件测试用例生成

故障树是一种特殊的树状逻辑因果关系图，它用规定的事件、逻辑门和其他符号来描述系统中各事件之间的因果关系。位于故障树最底层的事件称为底事件，它是某个逻辑门的输入事件。位于故障树顶端的事件称为顶事件，即系统不希望发生的事件。除顶事件和底事件之外的事件称为中间事件。描述事件之间因果关系的逻辑符号称为逻辑门，如“与门”“或门”“表决门”“非门”等。为了与后面将要介绍的动态逻辑门相区别，称这种逻辑门为静态逻辑门。与此相对应的能表征事件发生顺序的逻辑门称为动态逻辑门，主要包括功能相关门（FDEP）、优先与门（PAND）、顺序相关门（SEQ）、冷备件门（CSP）、温备件门（WSP）和热备件门（HSP）等。

1．优先与门

在容错系统的可靠性分析中，系统的故障模式不仅与基本事件的组合有关，而且与基本事件发生的先后顺序有关。这种特性可用优先与门来表征。优先与门在逻辑上相当于与门，只是附加了一个条件：事件必须以指定的顺序发生。如图12.24（a）上半部分所示，优先与门有两个输入事件A和B。若A和B均已发生，且A在B前发生，则输出事件发生，即优先与门的输出逻辑值为真。若A和B并不都发生，或B在A前发生，则输出事件不发生，即优先与门的输出值为假。

图12.24（a）下半部分是其向Markov链转化的结果。其中，状态的第一个数字表示A的状态（0表示A正常；1表示A故障）；第二个数字表示B的状态（Fa表示顶事件C发生，Op表示顶事件C不发生）；转移上的符号表示该部件故障，其转移率为该部件的失效率。

2．功能相关门

系统中某个部件发生故障（称为激发事件）可能会导致与其相关的其他部件无法进入工作状态或发生故障。如图12.24（b）上半部分所示，功能相关门只有一个输入激发事件（可以是一个基本事件或树中某个门的输出事件）和一个以上的相关基本事件组成。它只表示部件之间的一种相互关系，因此功能相关门并没有实际输出。相关基本事件在功能上依赖于激发事件：当激发事件发生时，相关事件一定发生。在Markov链生成过程中，当满足激发事件的发生条件时，所有相关基本事件都被认为发生了。但是任何单个相关基本事件的发生对激发事件的发生并不产生影响。图12.24（b）下半部分表示功能相关门向Markov链转化的结果。

3．顺序相关门

顺序相关门要求事件以特定的顺序依次发生。输入事件必须以它们在顺序相关门下从左到右的顺序发生，也就是最左边的事件必须在靠近它的右边的事件之前发生，而后者又必须在靠近它的右边的事件之前发生，以此类推，只有这样顺序相关门的输出事件才会发生；否则，顺序相关门的输出事件不发生。第一个输入可以是基本事件或某个门的输出事件，而其他事件只能是基本事件。顺序相关门的表示形式如图 12.24（c）上半部分所示。顺序相关门是优先与门的更一般形式，其 Markov 链转换形式如图 12.24（c）下半部分所示。

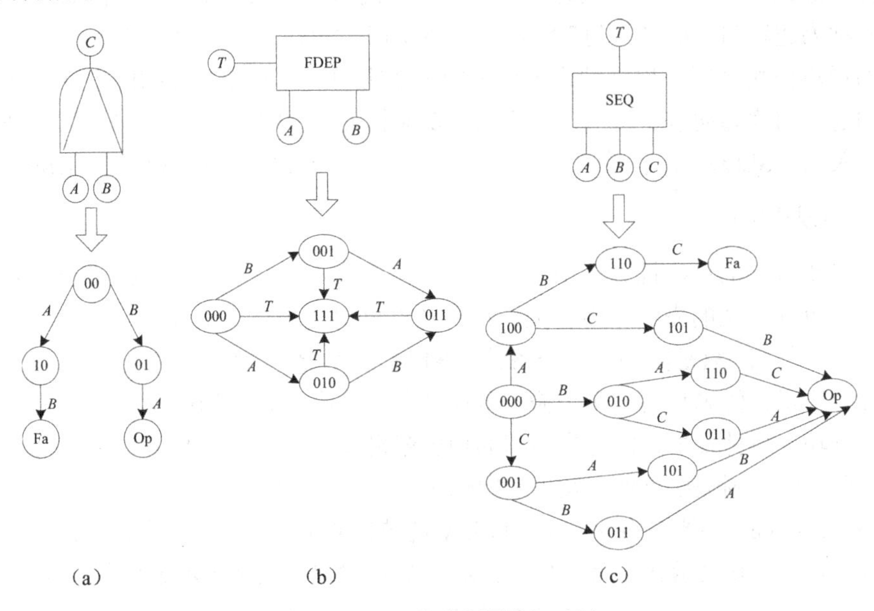

图 12.24　几种动态逻辑门示例

动态故障树（Dynamic Fault Tree，DFT）是指那些至少包含一个专用动态逻辑门的故障树，它把传统的故障树分析扩大到动态系统性能，基本上是静态故障树的一种扩展，具有顺序相关性、公用资源库、各种可修复系统，以及冷、热备件等。与事件出现顺序相关的任何特性都会影响系统的工作状态。例如，若某系统在事件 A 和 B 结合起来才失效，而与事件 A 和 B 出现的顺序无关，就必须使用静态故障树建模；若与事件 A 和 B 发生的顺序有关，如必须是事件 A 先发生，事件 A 和 B 结合才导致系统失效事件发生，即表明事件发生的顺序相关性，就必须使用动态故障树建模。动态系统特性已不能简单地由底事件的组合表征，而必须考虑底事件发生的顺序及部件间的依赖关系。因此，静态故障树的定性和定量分析方法在动态故障树中已不再适用，而需要采用一种新的分析方法——Markov 模型法。

由于动态逻辑门的引入，动态故障树已不能用传统的分析方法进行求解，而必须用 Markov 模型法进行分析。但是，由于动态故障树的规模与相应的 Markov 状态转移图的大小呈指数关系，随着动态故障树规模的增大，Markov 状态转移图变得非常巨大，以至于在现有的硬件条件下无法求解，因此在实际应用中往往将动态故障树模块化成独立的动态子树和独立的静态子树。其中，动态子树可转化成相应的 Markov 链进行求解，静态子树采用很多方法都可求解。因为二元决策图（Binary Decision Diagram，BDD）在求解静态故障树方面的突出表现且该技术发展得已比较成熟，所以静态子树多用它进行求解。

BDD 由美国科学家 Sheldon B. Akers 于 1978 年首先提出，其基本思想是利用“图”的形式定义一种数字函数，通过该函数可以直观地根据函数变量的输入值来确定函数的输出值，从而既能直观地了解函数的结构，又能迅速对函数进行测试以获取结果。实际运算表明，一般情况下，基于 BDD 的单调关联故障树分析方法与传统方法相比，其运算速度要快 6～10 倍。

由故障树转化为 BDD，实际上已获得了系统的所有故障模式和传播途径。BDD 的每个中间节点表示系统的底事件，从根节点到叶节点的每一条路径则代表底事件发生或不发生的不交组合。如果一条路径经过某一节点并转向它的 low 分支（=0），那么在这条路径上该节点代表的底事件不发生；如果一条路径经过某一节点并转向它的 high 分支（=1），那么在这条路径上该节点代表的底事件发生。如果一条路径的叶节点（终点）为 1，那么该路径导致系统故障；如果一条路径的叶节点（终点）为 0，那么该路径不导致系统发生故障。

为了获得故障树的最小割集，必须对从根节点到叶节点为 1 的路径进行搜索。在搜索过程中，只注意节点的 high 分支（底事件发生），由这些节点的 high 分支组成的集合就是系统的割集。对这些割集进行最小化，可得最小割集。

当构成系统的各部件的寿命和故障后的修理时间均服从指数分布时，只要适当定义系统的状态，就总可以用 Markov 过程来描述该系统。用 Markov 过程描述的系统包括状态转移图、状态转移矩阵和状态转移概率等。

在利用 Markov 过程方法建立模型时，应当做出下列补充假设。

第一，在时刻$(t, \mathrm{d}t)$发生故障的条件概率是 $\lambda \mathrm{d}t$。

第二，同时出现两次或更多次故障的概率是零。

第三，每次故障事件与所有其他事件无关。

第四，部件的状态转移概率均为常数，保证了其服从指数分布，从而可以用 Markov 过程描述系统。

第五，系统和部件只能取离散的状态，而且只能取正常和故障两种状态。

由动态故障树相应的状态转移图可得其所有的故障模式和传播途径。在状态转移图中，每一步转移都对应着系统的某个部件故障，若一条 Markov 链最终状态为系统故障，则该 Markov 链上所有的转移加上对应的顺序关系就为系统的一种故障模式。

以系统故障的状态为起点，沿 Markov 链向前回溯，就可以找出动态故障树对应的所有故障模式。与以往方法不同的是，动态故障树中故障模式存在顺序问题，事件以不同的顺序发生，导致的系统最终状态是不同的。因此，为了表示这种顺序关系，引入新的故障模式表示法，如故障模式“A 先故障，B 后故障，系统故障”表示为 $\overline{AB}$。

运用动态故障树进行测试用例设计，首先根据故障判决模式画出动态故障树，将该树作为测试用例设计树，然后运用 BDD 和 Markov 过程对动态故障树进行分析。相应的软件测试用例设计树建立步骤如下。

第一，对软件故障模式进行分析，确保对故障模式的理解准确无误。

第二，将故障模式作为顶事件，用矩阵表示。

第三，建立动态故障树。

第四，对动态故障树进行转换。

第五，对动态故障树进行定性和定量分析，获得最小割集。最小割集即生成的测试用例。

下面给出一个实例。某航电系统嵌入式软件的某故障模式如图 12.25 所示。其中，x_1、x_2、x_3、x_4 和 x_5 为软件的输入参数。由图 12.25 可见，该动态故障树可分为两个动态故障子树和一个静态故障子树。

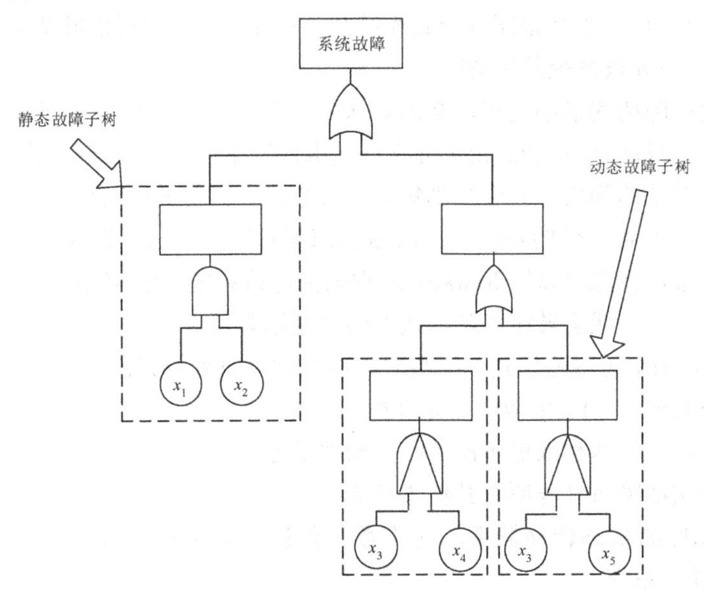

图 12.25　某航电系统嵌入式软件的某故障模式

在进行上述分析后，对图 12.25 进行进一步简化，然后运用 BDD 算法进行最小割集分析。简化图如图 12.26（a）所示。其中，D_1、D_2 为两个动态故障子树。图 12.26 的等效 BDD 图如图 12.26（b）所示。BDD 变量排列的顺序是$\{D_1, D_2, x_1, x_2\}$。

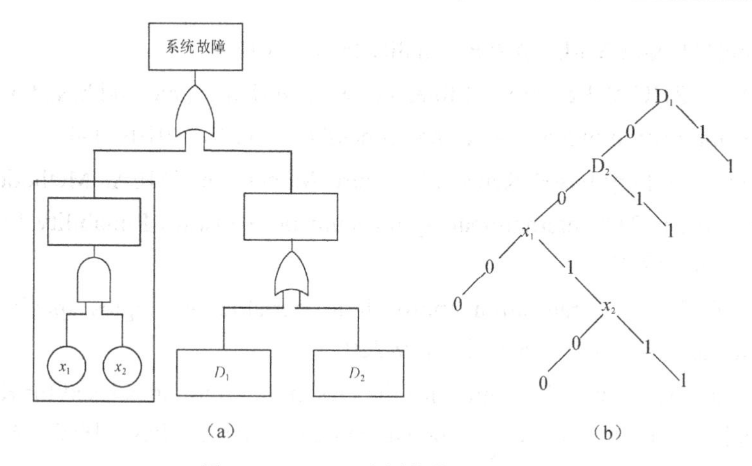

图 12.26 BDD 分析简化图及分析图

由图 12.26 可得最小割集为$\left\{\overline{D_1}D_2, \overline{D_1 D_2}x_1x_2, D_1\right\}$。

由于 D_1 和 D_2 事件是由动态故障子树产生的，运用 Markov 状态转移图进行分析，D_1 和 D_2 事件的 Markov 状态转移图如图 12.27 所示。

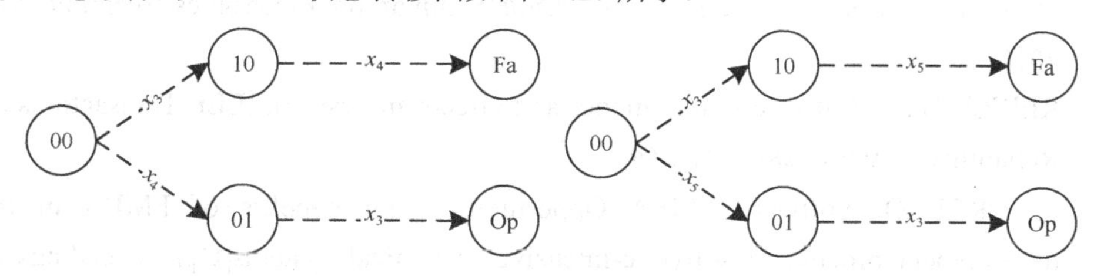

图 12.27 D_1 和 D_2 事件的 Markov 状态转移图

根据图 12.26 和图 12.27 的分析结果对最小割集进行修改可得

$$\{\overline{D_1}D_2, \overline{D_1 D_2}x_1x_2, D_1\} = \{\overline{\overline{x_3 x_4}\,\overline{x_3 x_5}}, \overline{\overline{x_3 x_4 x_3 x_5}}x_1 x_2, \overline{x_3 x_4}\}$$

所以生成的故障模式测试用例为

$$\begin{cases} \overline{\overline{x_3 x_4}\,\overline{x_3 x_5}} \\ \overline{\overline{x_3 x_4 x_3 x_5}}x_1 x_2 \\ \overline{x_3 x_4} \end{cases}$$

参考文献

[1] GJB/Z 299C—2006：电子设备可靠性预计手册[S].

[2] STAMATIS D H. Failure mode and effect analysis: FMEA from theory to

excution[M]. New York：ASQC Quality Press，1995.

[3] ZHAO X，ZHU Y. Research of fmea knowledge sharing method based on ontology and the application in manufacturing process[J]. DBTA，2010：1-4.

[4] LI G Q. Ontology-based Reuse of Failure Modes for FMEA: Methodology and Tool[C]. IEEE 23rd International Symposium on Software Reliability Engineering Workshops：17-18.

[5] GRUBER T R. A translation approach to portable ontologies specifications[J]. Knowledge Acquisition，5（2）：199-220.

[6] GRUBER T R. Toward Principles for the Design of Ontologies Used for Knowledge Sharing[J]. International Journal of Human-computer Studies，1995，43（5-6）：907-928.

[7] EBRAHIMIPOUR V，Rezaie K，Shokravi S. An Ontology Approach to Support FMEA Studies[J]. Expert Systems with Applications，2010，37：671-677.

[8] MOLHANEC M，MACH P，MENSAH D A B.The ontology based fmea of lead free soldering process[C]. International Spring Seminar on Electronics Technology，2010.

[9] REIFER D J. Software failure modes and effects analysis[J]. IEEE Transactions on Reliability，1979，28：247-249.

[10] MACKEL O. Software FMEA Opportunities and benefits of FMEA in the development process of software-intensive technical systems[C]//Proceedings of 5th International Symposium on Programmable Electronic Systems in Safety Related Applications. 2002.

[11] YACOUB S M，AMMAR H H. A methodology for architecture-level reliability risk analysis[J]. Software Engineering，IEEE Transactions on，2002，28（6）：529-547.

[12] SACHDEVA A，KUMAR P，KUMAR D. Maintenance criticality analysis using TOPSIS[C]//Industrial Engineering and Engineering Management. IEEE International Conference. 2009：199-203.

[13] KUTLU A C，EKMEKÇIOĞLU M. Fuzzy failure modes and effects analysis by using fuzzy TOPSIS-based fuzzy AHP[J]. Expert Systems with Applications，2012，39（1）：61-67.

[14] FU X Y，HUANG L P，SU G N，et al. Using entropy weight-based TOPSIS to implement failure mode and effects analysis[C]. Proceedings of the 6th Asia-Pacific Symposium on Internetware on Internetware，2014：89-96.

[15] BANDEIRA J，BITTENCOURT I I，ESPINHEIRA P，et al. FOCA: A Methodology

for Ontology Evaluation[J]. Applied Ontology 3，2015：1-3.

[16] GJB/Z 1391—2006：故障模式、影响及危害性分析指南[S].

[17] IEEE Std 1044-1993：IEEE Standard Classification for Software Anomalies[S]

[18] MUNSON J，KHOSHGOFTAAR T. Software Metrics for Reliability Assessment, Handbook of Software Reliability Eng[M]. New York：McGraw-Hill Companies，1996.

[19] SHANNON C E. A mathematical theory of communication[J]. ACM SIGMOBILE Mobile Computing and Communications Review，2001，5（1）：3-55.

[20] HWANG C L，YOON K. Multiple Attribute Decision Making: Methods and Applications, A State of the Art Survey[J]. New York：Springer-Verlag，1981.

[21] CHEN C T. Extensions of the TOPSIS for group decision-making under fuzzy environment[J]. Fuzzy sets and systems，2000，114（1）：1-9.

第13章

基于确信可靠度的软硬件综合系统可靠性评价

目前，软硬件综合系统已在多个领域得到广泛应用。但是由于这类系统中硬件与软件之间是相互影响的，因此为了准确评价其可靠性，必须从软硬件综合的角度建立系统的评价方法。此外，软硬件综合故障也日益成为困扰广大开发人员和用户，并极大影响软硬件综合系统可靠性水平的重要因素。诱发这类故障的直接原因一般是软硬件综合系统相关的不可预见的操作条件或环境条件变化。因此，针对这类故障的软硬件可靠性综合试验的开展也会对系统的认知不确定性产生影响。综上，认知不确定因子的取值可以依据上述两类活动的结果确定。

13.1 确信可靠度定义

确信可靠度是一种适用于描述固有、认知两类不确定性共同作用下系统故障规律的可靠性度量指标，其定义如下：

$$R_B = \Phi\left(\frac{M_d}{U_a + U_e}\right) \tag{13.1}$$

$$\Phi(x) = \frac{1}{\sqrt{2\pi}} \int_{-\infty}^{x} \exp\left(-\frac{t^2}{2}\right) dt \tag{13.2}$$

式中，M_d为设计裕量（系统性能裕量分布的均值），$-\infty < M_d < +\infty$，设计裕量是导致故障的确定性原因的表征；U_a表示固有不确定度，用以表征固有不确定性对产品可靠性造成的影响，$U_a \geqslant 0$，通常U_a用性能裕量分布的标准差来度量；U_e表示认知不确定度，用以表征认知不确定性对产品可靠性造成的影响，$U_e \geqslant 0$，参数U_e可以通过评价与认知不确定性相关的工程活动的应用效果确定。为了方便计算，通常对性能裕量的固有不确定度和认知不确定度进行归一化处理，并定义固有不确定因子α_a

及认知不确定因子 α_e 为

$$\alpha_a = \frac{U_a}{|M_d|} \geqslant 0 \tag{13.3}$$

$$\alpha_e = \frac{U_e}{|M_d|} \geqslant 0 \tag{13.4}$$

则确信可靠度为

$$R = \begin{cases} \Phi\left(\dfrac{1}{\alpha_a + \alpha_e}\right), & M_d \geqslant 0 \\ 1 - \Phi\left(\dfrac{1}{\alpha_a + \alpha_e}\right), & M_d < 0 \end{cases} \tag{13.5}$$

13.2 软硬件综合系统认知不确定因子的确定

本节首先以文献[12]、[13]、[16]中提出的方法为基础，通过在第一类认知不确定因子的确定方法——FMEA 的实施过程中添加与软硬件综合故障相关的内容，得到软硬件综合系统与 FMEA 相关的认知不确定因子。然后基于第二类认知不确定因子的确定方法——软硬件可靠性综合试验，得到软硬件综合系统与软硬件可靠性综合试验相关的认知不确定因子。进一步将两类认知不确定因子综合得到综合认知不确定因子。最后考虑软硬件综合系统性能参数的设计裕量与固有不确定因子的影响，给出软硬件综合系统的确信可靠度。

13.2.1 FMEA 应用效果评价

定义变量 E 以表征 FMEA 的应用效果。规定：E 越大，表示 FMEA 的应用效果越好。将影响 E 的主要因素划分为以下 4 个方面：故障模式认知程度、故障原因认知程度、故障影响认知程度和改进措施有效程度。针对每个方面分别建立评价准则，以评价该方面因素对 E 的影响，如表 13.1 所示。表 13.1 中 E_1～E_4 分别反映故障模式认知程度、故障原因认知程度、故障影响认知程度和改进措施有效程度，并且有 $E_i \in [0,1]$，i=1,2,3,4。规定：E_i 越接近 1，表示该方面完成情况越好。

表 13.1　软硬件综合系统 FMEA 应用效果评价准则

<table>
<tr><th rowspan="2">影响因素</th><th colspan="2">评价准则</th><th colspan="2" rowspan="2">评分准则</th></tr>
<tr><th>评价要点</th><th>评价要求</th></tr>
<tr><td rowspan="19">故障模式认知程度 E_1</td><td rowspan="6">故障判据定义质量 E_{11}</td><td rowspan="3">故障判据定义无二义 E_{111}</td><td>依据所定义的故障判据，能够明确、清晰地判断产品是否发生故障</td><td>E_{111}=3</td></tr>
<tr><td>依据所定义的故障判据，能够较为明确、清晰地判断产品是否发生故障</td><td>E_{111}=1</td></tr>
<tr><td>依据所定义的故障判据，无法明确、清晰地判断产品是否发生故障</td><td>E_{111}=0</td></tr>
<tr><td rowspan="3">故障判据定义完备 E_{112}</td><td>故障判据能够支撑对故障模式的全面分析，综合考虑了软硬件综合系统中的硬件和软件因素</td><td>E_{112}=3</td></tr>
<tr><td>故障判据能够支撑对故障模式较为全面的分析，考虑了传统意义上的硬件因素，但未考虑软件因素</td><td>E_{112}=1</td></tr>
<tr><td>故障判据无法支撑对故障模式的全面分析</td><td>E_{112}=0</td></tr>
<tr><td rowspan="10">故障模式分析完整程度 E_{12}</td><td rowspan="3">故障模式分析应考虑产品需要完成的所有功能 E_{121}</td><td>经过评审专家确认，功能覆盖具有完整性</td><td>E_{121}=3</td></tr>
<tr><td>经过专家评审，部分非关键功能遗漏</td><td>E_{121}=1</td></tr>
<tr><td>经过专家评审，大量关键功能遗漏</td><td>E_{121}=0</td></tr>
<tr><td rowspan="4">故障模式分析应涵盖产品可能经历的各种使用和环境条件 E_{122}</td><td>经过评审专家确认，使用与环境条件覆盖具有完整性，此处完整性的含义不仅包含传统意义上的使用与环境条件，还包含与软硬件综合故障对应的操作条件和使用环境，即考虑了软件因素</td><td>E_{122}=3</td></tr>
<tr><td>经过专家评审，全面考虑了传统意义上可能导致故障的使用与环境条件，但未考虑与软硬件综合故障对应的操作条件和使用环境，即未考虑软件因素</td><td>E_{122}=1</td></tr>
<tr><td>经过专家评审，考虑了部分传统意义上可能导致故障的使用与环境条件，但未考虑与软硬件综合故障对应的操作条件和使用环境，即未考虑软件因素</td><td>E_{122}=0.6</td></tr>
<tr><td>经过专家评审，大量传统意义上可能导致故障的使用与环境条件，以及与软硬件综合故障对应的操作条件和使用环境均未考虑</td><td>E_{122}=0</td></tr>
<tr><td rowspan="3">故障模式应包括完全丧失功能与功能降级状态 E_{123}</td><td>丧失功能与功能降级两种类型的故障模式均已考虑</td><td>E_{123}=3</td></tr>
<tr><td>仅分析了一种类型的故障模式</td><td>E_{123}=1</td></tr>
<tr><td>两种类型的故障模式均未分析</td><td>E_{123}=0</td></tr>
<tr><td rowspan="3">故障模式来源可信程度 E_{13}</td><td rowspan="3">分析中考虑的故障模式应有可信的来源 E_{131}</td><td>故障模式来源于本产品历史数据或相似产品历史数据</td><td>E_{131}=3</td></tr>
<tr><td>故障模式来源于权威文献、标准、手册</td><td>E_{131}=1</td></tr>
<tr><td>故障模式来源于专家经验</td><td>E_{131}=0</td></tr>
</table>

续表

影响因素	评价准则		评分准则	
	评价要点	评价要求		
故障原因认知程度 E_2	故障原因分析完整程度 E_{21}	分析中考虑的故障原因应该涵盖所有可能出现的情况 E_{211}	经过评审专家确认，故障原因覆盖具有完整性，综合考虑了软硬件综合系统中的硬件和软件因素	$E_{211}=3$
			经过专家评审，硬件故障原因全面覆盖，与软硬件综合系统故障机理模型对应的故障原因未考虑	$E_{211}=1$
			经过专家评审，部分非关键硬件故障原因遗漏，与软硬件综合系统故障机理模型对应的故障原因未考虑	$E_{211}=0.6$
			经过专家评审，大量关键故障原因遗漏	$E_{211}=0$
	传递关系分析完整程度 E_{22}	传递关系分析应包括纵向传递关系分析与横向传递关系分析 E_{221}	横向、纵向传递关系均得到充分分析。其中，纵向传递关系是指下一约定层次发生的故障对上一约定层次的影响；横向传递关系是指同一约定层次各产品之间的故障传递关系	$E_{221}=3$
			仅考虑了纵向传递关系	$E_{221}=1$
			未开展传递关系分析	$E_{221}=0$
故障影响认知程度 E_3	故障影响分析完整程度 E_{31}	故障影响分析应涵盖局部影响、上一层次影响及最终影响 E_{311}	经过评审专家确认，故障影响分析具有完整性	$E_{311}=3$
			经过专家评审，部分故障影响遗漏	$E_{311}=1$
			经过专家评审，大量故障影响遗漏	$E_{311}=0$
	危害性分析准确程度 E_{32}	危害性分析所使用的数据来源应合理可信 E_{321}	危害性分析所使用的数据来源于实测数据	$E_{321}=3$
			危害性分析所使用的数据来源于权威文献或标准、手册	$E_{321}=1$
			危害性分析所使用的数据来源于专家经验	$E_{321}=0$
		危害性分析所使用的方法应合理 E_{322}	使用改进的危害性分析方法	$E_{322}=3$
			使用传统的 RPN 危害性分析方法	$E_{322}=0$
改进措施有效程度 E_4	E_{41} 故障模式被消除的程度	改进措施能够消除分析出的故障模式或降低其发生可能性，并且不会引入新的故障 E_{411}	经过专家评审，全部分析出的故障模式得到改进，包括硬件故障模式和软硬件综合故障模式	$E_{411}=3$
			经过专家评审，全部硬件故障模式得到改进，但软硬件综合故障模式未得到改进	$E_{411}=1$
			经过专家评审，部分硬件故障模式得到改进，但软硬件综合故障模式未得到改进	$E_{411}=0.6$
			经过专家评审，大量分析出的硬件故障模式及软硬件综合故障模式均未得到改进	$E_{411}=0$

续表

影响因素	评价准则		评分准则	
	评价要点	评价要求		
改进措施有效程度 E_4	故障原因被消除的程度 E_{42}	改进措施能够消除分析出的故障原因或降低其发生可能性，并且不会引入新的故障 E_{421}	经过专家评审，全部分析出的故障原因得到改进，包括硬件故障原因和软硬件综合故障原因	E_{421}=3
			经过专家评审，全部硬件故障原因得到改进，但软硬件综合故障原因未得到改进	E_{421}=1
			经过专家评审，部分硬件故障原因得到改进，但软硬件综合故障原因未得到改进	E_{421}=0.6
			经过专家评审，大量分析出的硬件故障原因及软硬件综合故障原因均未得到改进	E_{421}=0
	故障影响被降低的程度 E_{43}	改进措施能够消除分析出的故障影响或降低其发生可能性，并且不会引入新的故障 E_{431}	经过专家评审，全部分析出的故障影响得到改进，包括硬件故障影响和软硬件综合故障影响	E_{431}=3
			经过专家评审，全部硬件故障影响得到改进，但软硬件综合故障影响未得到改进	E_{431}=1
			经过专家评审，部分硬件故障影响得到改进，但软硬件综合故障影响未得到改进	E_{431}=0.6
			经过专家评审，大量分析出的硬件故障影响及软硬件综合故障影响均未得到改进	E_{431}=0

利用表 13.1 中建立的评价准则，可以对 E_1～E_4 进行评价，进而完成对 FMEA 应用效果的评价。具体方法如下：首先，依据表 13.1 中给出的评价准则，分别对系统 FMEA 项目的故障模式认知程度、故障原因认知程度、故障影响认知程度和改进措施有效程度进行评价，以确定 E_1～E_4 的取值。表 13.1 中，针对每个影响因素，给出了若干评价要点；针对每个评价要点，给出了相应的评价要求。为了方便专家做出评判，将评分项按照评价要求进行细化，对每一项（第 i 个影响因素的第 j 个评价要点的第 k 条评价要求）E_{ijk}，邀请专家针对评价对象与评价要求的符合程度给出 3 分、1 分、0.6 分或 0 分的评分。收集专家评分结果后，通过式（13.6）和式（13.7）确定 E_1～E_4 的取值：

$$E_{ij} = \frac{1}{n_k}\sum_{k=1}^{n_k}\frac{E_{ijk}}{3} \tag{13.6}$$

$$E_i = \frac{1}{n_j}\sum_{j=1}^{n_j}E_{ij} \tag{13.7}$$

式中，n_k 为影响因素 i 评价要点 j 包含的评价要求的个数；n_j 为影响因素 i 包含的评价要点的个数。

然后，考虑故障模式认知程度、故障原因认知程度、故障影响认知程度和改进措施有效程度对 FMEA 应用效果的综合作用，最终确定 E 的取值。

用式（13.8）来表征 E_1～E_4 对 E 的综合作用，通过式（13.8），可以确定 E 的取值，完成对 FMEA 应用效果的评价。

$$E = E_4 \cdot \sum_{i=1}^{3}(\omega_i \cdot E_i) \tag{13.8}$$

式中，ω_i 表示 E_i 所占的权重，易见，$0 \leqslant \omega_i \leqslant 1$，且 $\sum_{i=1}^{3}\omega_i = 1$。在本书中，假设故障模式认知程度、故障原因认知程度、故障影响认知程度的贡献相同，故有 $\omega_1 = \omega_2 = \omega_3 = 1/3$。从式（13.8）中还可以看出，当 E_4＝0 时，E＝0。此即，若仅开展 FMEA 而不进行相应的设计改进，这样的工作对于提高系统的可靠性而言是没有意义的。

13.2.2 软硬件可靠性综合试验应用效果评价

软硬件综合故障同时与时间和空间相关，由应力和操作的双重作用所导致。针对这类问题，需要采用“可靠性试验+软件测试”的模式进行软硬件可靠性综合试验。这与传统的可靠性试验或软件测试具有极大的不同。此外，由于软硬件综合故障是通过系统的故障或失效表现的，因此针对其进行的试验的级别必须是系统级，同时必须获得软硬件综合系统的寿命剖面和任务剖面。由应力和操作的双重作用所导致的这一特征使得本书选取可靠性试验中的模拟试验这一试验类型。

在这一点上，本书与文献[17]存在很大差异。文献[17]主张采用加速应力试验（Accelerated Stress Testing，AST）的方法对硬件和软件进行试验，而这基于“需要合适的应力条件激发产品缺陷以使其失效”的假设。采用 AST 方法的最大优点在于无须仿真或重现使用环境中的应力。本书中软硬件综合故障是由应力和操作共同作用的结果，因此单方面施加极端应力并不能发现这类问题。综合以上考虑并结合实际情况，本书选择 RDT 这一试验类型。RDT 一般在较高层次的系统上进行，以便能充分考核接口的情况，提高试验的真实性。这一试验时机也符合发现基于运行时间/状态的故障的先决条件。

试验实施过程需要先从已有软硬件综合故障类型集中选取某几类故障构成试验验证的故障类型集，本书选取温度故障、振动故障和电应力故障。之后给出对应该集合中故障类型的实例，给出故障实例所对应的各类应力的应力水平，可参考表 13.2 的形式。

表 13.2　故障实例对应应力值表

故障类型	温度应力值/°C	振动应力值 W_0	电应力值（通/断）	相对湿度/%
温度故障（实例）				
振动故障（实例）				
电应力故障（实例）				

注：表中各应力具体值略。

本书中软硬件可靠性综合试验质量的评价指标包括试验模式质量、试验实施质量、试验结果质量。软硬件可靠性综合试验质量评价流程如图 13.1 所示。

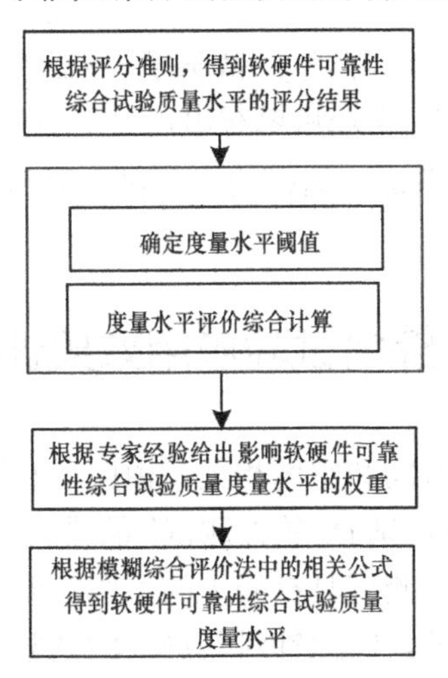

图 13.1　软硬件可靠性综合试验质量评价流程

首先，根据评分准则，得到软硬件可靠性综合试验质量水平的评分结果，进而确定度量水平阈值并进行度量水平评价综合计算。

（1）确定度量水平阈值。

确定度量指标质量是评价软硬件可靠性综合试验质量的关键。由于半梯形分布和梯形分布是构造隶属度函数的常用分布，且符合质量渐变连续的特点，因此在用模糊方法评价质量时一般使用这两种分布。本书采用半梯形分布和梯形分布构造质量等级{poor,average,good,excellent}的隶属度函数。

设论域 U={poor,average,good,excellent}，A 为指标在 U 上的模糊子集，则构造的隶属度函数为

$$A_1(r)=\begin{cases}1, & v_1 \leqslant r \leqslant v_2 \\ \dfrac{r-c_2}{v_2-c_2}, & v_2 < r < c_2 \\ 0, & \text{other}\end{cases} \tag{13.9}$$

$$A_2(r)=\begin{cases}1, & v_2 \leqslant r \leqslant v_3 \\ \dfrac{r-c_1}{v_2-c_1}, & c_1<r<v_2 \\ \dfrac{r-c_3}{v_3-c_3}, & v_3<r<c_3 \\ 0, & \text{other}\end{cases} \tag{13.10}$$

$$A_3(r)=\begin{cases}1, & v_3 \leqslant r \leqslant v_4 \\ \dfrac{r-c_2}{v_3-c_2}, & c_2<r<v_3 \\ \dfrac{r-c_4}{v_4-c_4}, & v_4<r<c_4 \\ 0, & \text{other}\end{cases} \tag{13.11}$$

$$A_4(r)=\begin{cases}1, & v_4 \leqslant r \leqslant v_5 \\ \dfrac{r-c_3}{v_4-c_3}, & c_3<r<v_4 \\ 0, & \text{other}\end{cases} \tag{13.12}$$

（2）度量水平评价综合计算

设共有 M 个专家，第 k 个专家根据度量 u_i 的计算值对其水平的定性评分记为 $r(i,k)$。共得到 M 个评分结果，其代数平均值即可作为度量 u_i 水平的评价综合值，记为 $R(i)=\dfrac{1}{M}\sum r(i,k)$。

将 $R(i)$代入上述隶属度函数，得到各度量指标的水平模糊综合评价结果。对上述结果进行归一化处理后，构造评判矩阵。

其次，根据专家经验给出影响软硬件可靠性综合试验质量度量水平的权重。最后，根据模糊综合评价法中的式（13.13）得到软硬件可靠性综合试验质量度量水平。

$$\mathbf{RU}(i)=\mathbf{WR}=\{w_{i1},w_{i2},\cdots,w_{in}\}\begin{bmatrix} r'_{11} & r'_{12} & r'_{13} & r'_{14} \\ r'_{21} & r'_{22} & r'_{23} & r'_{24} \\ \vdots & \vdots & \vdots & \vdots \\ r'_{n1} & r'_{n2} & r'_{n3} & r'_{n4}\end{bmatrix}=\{\mathrm{RU}_i^1,\mathrm{RU}_i^2,\mathrm{RU}_i^3,\mathrm{RU}_i^4\} \tag{13.13}$$

RU 的意义：软硬件可靠性综合试验质量水平的模糊综合评价结果在“poor”等级上的隶属度为 RU_i^1，在“average”等级上的隶属度为 RU_i^2，在“good”等级上的隶属度为 RU_i^3，在“excellent”等级上的隶属度为 RU_i^4。进一步按照最大隶属度原则，确认质量水平的等级。

在本书中，定义变量 T，以表征软硬件可靠性综合试验的应用效果。规定：T 越大，表示应用效果越好，并且有 $T\in[0,1]$。表 13.3 进一步给出了试验质量水平等级与试验应用效果（认知不确定因子值）的对应关系。

表 13.3　试验质量水平等级与试验应用效果（认知不确定因子值）的对应关系

试验质量水平等级	对应的认知不确定因子值
excellent	0.9
good	0.8
average	0.6
poor	0.1

13.2.3　认知不确定因子的计算

由前述内容可知，有如下影响认知不确定性的因素：与 FMEA 相关的认知不确定性、与软硬件可靠性综合试验相关的认知不确定性。因此，α_e 由 E 和 T 共同确定。由文献[13]可知，$\alpha_e \in [0,+\infty)$，并且 $\alpha_e = 0$ 与 $\alpha_e = +\infty$ 分别表示认知不确定性最小与最大的状态。在本书中，用式（13.14）描述 α_e 与 E、T 之间的关系。

$$\alpha_e = \frac{d}{(\beta \times E + \gamma \times T)^2} \tag{13.14}$$

式中，d 为一个比例常数，通常取 d=0.5；β 和 γ 为两个比例系数，根据经验获得，此处分别取 β=0.65 和 γ=0.35。

13.3 实例验证

本节选取某软硬件综合系统的子系统为实验对象进行实例验证。该子系统包含温度传感器和相关软件。对实验对象进行仿真建模得到设计裕量 M_{design}=0.0254，固有不确定因子 α_a=0.4538。下面给出认知不确定因子的计算过程，并进一步给出系统确信可靠度。

1．确定认知不确定因子

1）与 FMEA 相关的认知不确定因子的计算

按照认知不确定因子的确定方法，首先邀请 3 位专家基于系统的 FMEA 报告，按照表 13.1 中给出的评分准则，对该系统的 FMEA 应用效果开展评价，将评价结果代入式（13.8）得到 3 位专家的评分结果 E_A、E_B、E_C，如表 13.4 所示。

表 13.4 某系统的 FMEA 应用效果评价

影响因素	专家 A	专家 B	专家 C
故障模式认知程度	0.7	0.8	0.7
故障原因认知程度	0.8	0.8	0.7
故障影响认知程度	0.7	0.7	0.6
改进措施有效程度	0.9	0.8	0.9
评分结果	0.66	0.61	0.60

将 3 位专家评分结果的均值作为最终评分结果 E，有

$$E=\frac{E_{\mathrm{A}}+E_{\mathrm{B}}+E_{\mathrm{C}}}{3}\approx 0.62$$

2）与软硬件可靠性综合试验相关的认知不确定因子的计算

将各个等级的取值范围设为 poor(0.0,0.8)、average(0.8,0.9)、good(0.9,0.95)、excellent(0.95,1.0)，通过计算得到 $C_1=0.4$、$C_2=0.85$、$C_3=0.925$、$C_4=0.975$。将它们代入上述隶属度函数，即式（13.9）～式（13.12），可得

$$A_1(r)=\begin{cases}1，0\leqslant r\leqslant 0.8\\ \dfrac{0.85-r}{0.05}，0.8<r<0.85\\ 0，\text{other}\end{cases}\tag{13.15}$$

$$A_2(r)=\begin{cases}1，0.8\leqslant r\leqslant 0.9\\ \dfrac{r-0.4}{0.4}，0.4<r<0.8\\ \dfrac{0.925-r}{0.025}，0.9<r<0.925\\ 0，\text{other}\end{cases}\tag{13.16}$$

$$A_3(r)=\begin{cases}1，0.9\leqslant r\leqslant 0.95\\ \dfrac{r-0.85}{0.05}，0.85<r<0.9\\ \dfrac{0.975-r}{0.025}，0.95<r<0.975\\ 0，\text{other}\end{cases}\tag{13.17}$$

$$A_4(r)=\begin{cases}1，0.95\leqslant r\leqslant 1.0\\ \dfrac{r-0.925}{0.025}，0.925<r<0.95\\ 0，\text{other}\end{cases}\tag{13.18}$$

邀请 3 位专家从试验模式质量、试验实施质量和试验结果质量 3 个方面对软硬件可靠性综合试验应用效果开展评价，结果如表 13.5 所示。

表 13.5　软硬件可靠性综合试验应用效果评价结果

度量指标	试验模式质量	试验实施质量	试验结果质量
专家 1	0.8	0.8	0.9
专家 2	0.8	0.7	0.8
专家 3	0.9	0.9	0.9

由此可知，R_1=0.83、R_2=0.80、R_3=0.87，从而得到上述应用效果水平的隶属度为

$$R_1: A_1(r)=0.4,\ A_2(r)=1,\ A_3(r)=0,\ A_4(r)=0$$

$$R_2: A_1(r)=1,\ A_2(r)=1,\ A_3(r)=0,\ A_4(r)=0$$

$$R_3: A_1(r)=0,\ A_2(r)=1,\ A_3(r)=0.4,\ A_4(r)=0$$

此即

$$\boldsymbol{U}_1| \rightarrow (0.4,1,0,0)$$

$$\boldsymbol{U}_2| \rightarrow (1,1,0,0)$$

$$\boldsymbol{U}_3| \rightarrow (0,1,0.4,0)$$

进行归一化后有

$$\boldsymbol{U}_{1|} \rightarrow (0.2857,0.7143,0,0)$$

$$\boldsymbol{U}_2| \rightarrow (0.5,0.5,0,0)$$

$$\boldsymbol{U}_3| \rightarrow (0,0.7143,0.2857,0)$$

将以上 3 个式子组成如下评判矩阵：

$$\boldsymbol{R}=\begin{bmatrix} 0.2857 & 0.7143 & 0 & 0 \\ 0.5 & 0.5 & 0 & 0 \\ 0 & 0.7143 & 0.2857 & 0 \end{bmatrix}$$

设 3 个应用效果水平权值均为 1/3，则有

$$\mathbf{RU}=\begin{bmatrix} 1/3 & 1/3 & 1/3 \end{bmatrix}\begin{bmatrix} 0.2857 & 0.7143 & 0 & 0 \\ 0.5 & 0.5 & 0 & 0 \\ 0 & 0.7143 & 0.2857 & 0 \end{bmatrix}=\begin{bmatrix} 0.2619 & 0.6429 & 0.0952 & 0 \end{bmatrix}$$

RU 的意义：应用效果水平的模糊综合评价结果在“poor”等级上的隶属度为 0.2619，在“average”等级上的隶属度为 0.6429，在“good”等级上的隶属度为 0.0952，在“excellent”级上的隶属度为 0。按照最大隶属度原则，该评价对象的质量等级为“average”。按照表 13.3 的对应关系，对应的认知不确定因子值为 0.6。

3）系统综合认知不确定因子的计算

将 E=0.62、T=0.6 代入式（13.14），可得

$$\alpha_{\mathrm{e}}=\frac{d}{(\beta\times E+\gamma\times M)^2}=\frac{0.5}{(0.65\times 0.62+0.35\times 0.6)^2}\approx 1.3306$$

2．计算系统确信可靠度

将 M_{design}=0.0254>0、α_{a}=0.4538 和 α_{e}=1.3306 代入式（13.1）及式（13.2），得到系统确信可靠度为

$$R_{\text{B}}=\Phi\left(\frac{1}{\alpha_{\text{a}}+\alpha_{\text{e}}}\right)=\Phi\left(\frac{1}{0.4538+1.3306}\right)\approx 0.7124$$

若不考虑认知不确定性的影响，即令 $\alpha_{\text{e}}=0$，则系统的可靠度为

$$R=\Phi\left(\frac{1}{\alpha_{\text{a}}}\right)=\Phi\left(\frac{1}{0.4538}\right)\approx 0.9862$$

对比计算结果，考虑了认知不确定性影响的确信可靠度比仅考虑固有不确定性影响的可靠度明显偏低，造成这一差异的原因在于该系统的 FMEA 和软硬件可靠性综合试验的效果还需要进一步提升，因此认知不确定性对该系统的影响较为显著。总之，在系统的设计过程中，一方面要控制固有不确定性的影响，另一方面要进一步完善系统的 FMEA、软硬件可靠性综合试验等可靠性工作，以不断减小认知不确定性的影响，提升系统可靠度。

参考文献

[1] WIRSING M. Beyond the horizon-final report[R]. Thematic group 6 on software intensive systems，2006：1-39.

[2] PURWANTORO Y，BENNETT S. Decomposition technique for integrated dependability evaluation of hardware-software systems using stochastic Activity Networks [C]. The 25th EUROMICRO，1999：142-145.

[3] BOYD M A，MONAHAN C M. Developing integrated hardware-software reliability models : difficulties and issues [C]. In Proceedings of Digital Avionics Systems Conference，1995：193-198.

[4] PARK J，KIM H J，SHIN J H，et al. An embedded software reliability model with consideration of hardware related software failures[C]. IEEE Sixth InternationalvConference on Software Security and Reliability，2012：207-214.

[5] SCHNEIDEWIND N F. Computer，Network，Software，and Hardware Engineering with Applications [M]. Hoboken：John Wiley & Sons，2012.

[6] CANO J，RIOS D. Reliability forecasting in complex hardware/software systems[C]. ARES，2006：1-5.

[7] TENG X L，PHAM H，JESKE D R. Reliability modeling of hardware and software

interactions, and its applications[J]. IEEE Transactions on Reliability, 2006, 55(4): 571-578.

[8] UPADHYAYULA K, DASGUPTA A. Physics-of-failure guidelines for accelerated qualification of electronic systems[J]. Quality and Reliability Engineering International, 1998, 14 (6): 433-447.

[9] APOSTOLAKIS G. The concept of probability in safety assessments of technological systems[J]. Science, 1990, 250 (4986): 1359-1364.

[10] PATÉ-CORNELL M E. Uncertainties in risk analysis: six levels of treatment[J]. Reliability Engineering & Systems Safety, 1996, 54 (2/3): 95-111.

[11] ELDRED M S, SWILER L P, TANG G. Mixed aleatory-epistemic uncertainty quantification with stochastic expansions and optimization-based interval estimation [J]. Reliability Engineering & System Safety, 2011, 96 (9): 1092-1113.

[12] ZENG Z G, WEN M L, KANG R. Belief reliability: a new metrics for products' reliability [J]. Fuzzy Optimization and Decision Making, 2013, 12 (1), 15-27.

[13] ZENG Z G, KANG R, WEN M L, et al.Measuring reliability during product development considering aleatory and epistemic uncertainty [C]//Reliability and Maintainability Symposium, 2015: 1-6.

[14] Failure modes and effects analysis (FMEA and FMECA)[S]. IEC 60812, 2018.

[15] HU X, YANG C H, et al. The Time/State-based Software-Intensive Systems Failure Mode Researches[C]. 2013 Seventh International Conference on Software Security and Reliability Companion, 2013: 116-124.

[16] 范梦飞，曾志国，康锐. 基于确信可靠度的可靠性评价方法[J]. 系统工程与电子技术，2015，37（11）：2648-2653.

[17] CHAN H A. Accelerated Stress Testing for both Hardware and Software[C]. Proceedings of RAMS, 2004: 346-351.

[18] 胡璇. 复杂系统可靠性综合试验及分析方法研究[R]. 华南理工大学/工业和信息化部电子第五研究所联合招收博士后研究工作报告，2014.

[19] LI H F. Research on Qualitative Evaluation Technology of Software Reliability[D]. Beijing: Beihang University, 2006.

反侵权盗版声明

举报电话：（010）88254396；（010）88258888
传　　真：（010）88254397
E-mail:　　dbqq@phei.com.cn
通信地址：北京市万寿路 173 信箱
　　　　　电子工业出版社总编办公室
邮　　编：100036